中国工程院重点咨询项目

# 气候变化对中国沿海城市工程的影响和适应对策

杜祥琬　丁一汇等　著

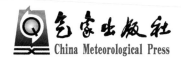

气象出版社
China Meteorological Press

**图书在版编目(CIP)数据**

气候变化对中国沿海城市工程的影响和适应对策 /
杜祥琬等著. — 北京：气象出版社，2021.5
ISBN 978-7-5029-7431-2

Ⅰ.①气… Ⅱ.①杜… Ⅲ.①气候变化-影响-沿海
-城市建设-建筑工程-研究 Ⅳ.①TU984

中国版本图书馆 CIP 数据核字(2021)第 081392 号

**气候变化对中国沿海城市工程的影响和适应对策**

Qihou Bianhua dui Zhongguo Yanhai Chengshi Gongcheng de Yingxiang he Shiying Duice

| | | | | |
|---|---|---|---|---|
| **出版发行**：气象出版社 | | | | |
| **地　址**：北京市海淀区中关村南大街 46 号 | | **邮政编码**：100081 | | |
| **电　话**：010-68407112(总编室)　010-68408042(发行部) | | | | |
| **网　址**：http://www.qxcbs.com | | **E-mail**：qxcbs@cma.gov.cn | | |
| **责任编辑**：张　斌 | | **终　审**：吴晓鹏 | | |
| **责任校对**：张硕杰 | | **责任技编**：赵相宁 | | |
| **封面设计**：刀　刀 | | | | |
| **印　刷**：北京地大彩印有限公司 | | | | |
| **开　本**：787 mm×1092 mm　1/16 | | **印　张**：18.25 | | |
| **字　数**：460 千字 | | | | |
| **版　次**：2021 年 5 月第 1 版 | | **印　次**：2021 年 5 月第 1 次印刷 | | |
| **定　价**：180.00 元 | | | | |

本书如存在文字不清、漏印以及缺页、倒页、脱页等，请与本社发行部联系调换

# 项目组成员名单

**组　长：**

杜祥琬　中国工程院,中国工程院院士

丁一汇　国家气候中心,中国工程院院士

**成　员：**

王　浩　中国水利水电科学研究院,中国工程院院士

李立浧　南方电网,中国工程院院士

邹德慈　中国城市规划设计研究院,中国工程院院士

邵益生　中国城市规划设计研究院,党委书记、副院长/研究员

严登华　中国水利水电科学研究院,副所长/教授级高级工程师

陈鲜艳　国家气候中心,研究员

肖伟华　中国水利水电科学研究院,副处长/教授级高级工程师

鲁　帆　中国水利水电科学研究院,教授级高级工程师

阳　林　华南理工大学,副教授

韩永霞　华南理工大学,副教授

徐一剑　中国城市规划设计研究院城镇水务与工程研究分院,主任/研究员

巢清尘　国家气候中心,副主任/研究员

王遵娅　国家气候中心,研究员

梁　萍　上海市气候中心,研究员

宋亚芳　国家气候中心,高级工程师

马晓青　北京市气象局,高级工程师

胡娅敏　广东省气候中心,研究员

何溪澄　广东省气候中心,高级工程师

苗长明　浙江省气象局,研究员

邹旭恺　国家气候中心,研究员

郝立生　天津市气象局,研究员

段丽瑶　天津市气候中心,研究员

梁苏洁　天津市气候中心,高级工程师

梅　梅　国家气候中心,高级工程师

吴　萍　国家气候中心,工程师

李　怡　中国气象局公共气象服务中心,工程师

宋昕熠　中国水利水电科学研究院,博士生

周毓彦　中国水利水电科学研究院,工程师

戴雁宇　中国水利水电科学研究院,硕士生
王贺佳　中国水利水电科学研究院,博士后
谢子波　中国水利水电科学研究院,硕士生
秦天玲　中国水利水电科学研究院,教授级高级工程师
侯保灯　中国水利水电科学研究院,高级工程师
郝艳捧　华南理工大学,教授
戴　栋　华南理工大学,教授
谢从珍　华南理工大学,教授
徐　敏　南方电网,高级工程师
许爱东　南方电网,教授级高级工程师
刘胜波　华南理工大学,研究生
吕红亮　中规院(北京)规划设计有限公司生态市政院,副院长
周　详　中国城市规划设计研究院深圳分院,城市规划师
魏正波　中国城市规划设计研究院深圳分院,副所长、中心主任/高级城市规划师
徐丽丽　中国城市规划设计研究院城镇水务与工程研究分院,助理工程师

# 摘　要

　　全球气候变化背景下中国年降水量长期变化总体上呈增加趋势,但暴雨日数明显增多,极端降水事件有增多趋势。2016年中国平均降水量历史最多且极端性强,长江中下游地区降水比历史同期多25%,为历史最多,出现严重汛情。大城市尤其是沿海城市城市化进程加快,引起更加明显的城市化效应,城市降水出现短、强和局地的特征,给城市发展带来巨大的挑战。

　　自20世纪80年代以来,东亚夏季风减弱带来的南涝北旱降水格局变化,是夏季风年代际主雨带移动的自然气候变化。人类活动造成的温室气体排放增加引起的全球变暖,使主雨带北移。同时,城市化进程导致热岛效应影响城市热平衡、气流场和大气稳定度,增加城市降水强度和集中程度,使得超大城市群暴雨时空特征发生明显变化。

　　与全球变暖一致,全球平均海平面上升速率自20世纪早期以来在不断加快,高海平面加剧了中国沿海风暴潮、洪涝、海岸侵蚀、咸潮及海水入侵等灾害。海平面上升、风暴潮、城市暴雨与内涝叠加,形成了城市内多种灾害叠加的复合灾害。

　　沿海城市临海化发展,人口、经济暴露度高,核电站、港口等重大工程设施的布局使得沿海城市在可持续性发展中的地位进一步提高。在气候变化和城市化双重影响下,台风、暴雨、洪水等自然灾害频繁,高海平面加剧风暴潮、洪涝、海岸侵蚀、咸潮入侵等灾害,由于下游水位顶托,管网和泵站的排水能力进一步被削弱,沿海城市洪涝灾害的风险和强度已经并将继续呈上升趋势,经济发展受到威胁。全球气候变化给沿海城市带来趋势性、复合型、极端性的灾害影响,沿海城市面临着海平面上升、极端天气等诸多挑战与威胁。

　　气候变化相关的海平面上升、持续高温、雷电、台风、盐雾、洪涝、冰雪凝冻和暴雨灾害会对沿海城市的电网基础设施产生破坏,同时对电网安全稳定性产生影响。

　　在充分认识气候变化对中国沿海城市影响的基础上,应将气候变化有关因素纳入城市发展与综合防灾减灾规划之中,从发展理念、规划管理、工程标准、监测预警、有效管控等方面主动适应,增强可持续发展能力。建议:(1)在涉海重大工程建设设计时应充分考虑气候变化因素,确定沿海城市发展布局;建立健全城市规划,在规划初期加入气候变化风险评估、海岸线合理开发利用、风暴潮防御、供水安全保障等内容;(2)重视地面沉降,加强监测和管理防治,减少地下水资源的大规模开采;(3)合理布局海岸防护工程,预留海平面上升的可能影响空间,建立海岸沙丘动态生态系统防护带;(4)确定排水系统布局,重新校订沿海城市防潮排涝标准,开展河流整治,修建各类蓄洪排涝调蓄设施,增加对城市雨洪的调蓄能力,建设气候弹性城市;(5)建立和完善监督、检查与维护等管理体系,有效管控沿海城市气候变化应对措施落实状况;(6)加强和改善观测设施,改进观测方法,提高技术水平和观测精度,提升海平面上升和海洋灾害的立体化监测、评估和预报预警能力;(7)基于沿海地区电网建设的战略发展,防控并举,给出沿海电网安全规划建议,提升电网工程抵御极端天气灾害的能力,为沿海城市的发展和经济开发提供科学支撑。

# 前　言

　　我国是世界上海岸线最长的国家之一,沿海地区是人口密集、经济发达的重要地区,沿海地区布局了大量的重大工程。在全球气候变化的大背景下,全球变暖与海平面上升,将会破坏海岸带生态系统,威胁沿海设施安全,对我国沿海城市及工程造成明显的影响。全球变暖除导致海平面上升外,还会引发或加剧风暴潮、海岸侵蚀、咸潮入侵和海水入侵等海洋灾害。中国沿海地区的三大主要脆弱区将面临沿海低地淹没的风险。沿海地区发生城市内涝的可能性将加大。沿海核电工程的设计、防护与安全运行,以及港口的适航性都将受到重要影响。

　　我国的沿海城市因海岸资源本底及开发潜力不尽相同,自然、社会、经济发展特征也差别较大。目前,我国沿海经济区对海平面上升问题的认识仍显不足,以经济利益为单一价值取向,过度侵占海岸空间,在发展中"面朝大海"的发展战略与格局趋于明显,并呈现出"区域发展沿海化"和"沿海城市临海化"的趋势。因此,加强气候变化和海平面上升的对沿海地区城市发展的影响评估和脆弱性区划,提前进行影响应对措施研制,实施海岸防护、生态保育与适度开发并重策略,是当前气候变化与工程建设中迫切需要研究和解决的重大问题。

　　本书是中国工程院在 2014 年完成的《气候变化对我国重大工程的影响与对策研究》重点咨询报告的延续和深入,针对气候变化和海平面上升对沿海城市发展和规划、沿海电网运行、核电发展等影响进行现状剖析和综合评估,提出沿海地区经济发展面临气候变化的风险与对策,供政府和有关部门参考。

　　本书在编写过程中得到了各有关部门和专家的大力支持,特此表示感谢。

作　者

2020 年 12 月 21 日

# 目　录

# 第一章　中国沿海城市概况

中国沿海地区是人口密集、经济发达的重要地区,土地面积占全国的 13.6%,人口占全国的 43.8%,GDP 占全国的 60.1%,并布局了核电站、港口等重大工程设施。中国"面朝大海"的发展战略与格局趋于明显,并呈现出"区域发展沿海化"和"沿海城市临海化"的趋势,同时也面临着全球气候变暖的诸多挑战。

## 第一节　自然资源状况

中国位于亚洲东部濒临太平洋,近海海域包括渤海、黄海、东海、南海及台湾岛以东海域,海域面积约 470 万 $km^2$。中国是世界上海岸线最长的国家之一,大陆岸线和岛屿岸线总计 32000 km,大陆岸线北起鸭绿江口,南至北仑河口,全长 18000 km,岛屿岸线 14000 km。本书除特别提及外,沿海城市描述文字和图表均不包括台湾省。

中国海岸带从北到东南,其间纵跨温带、亚热带、热带 3 个不同的气候区,气候条件优越。海岸带地处大陆和海洋的结合部,总面积达到 35 万 $km^2$,潮上带面积约 10 万 $km^2$,滩涂 2 万 $km^2$,$0 \sim 5$ m 等深线区域 2.7 万 $km^2$,其余为 5 m 等深线以下海域。由于受波浪、潮汐、海流、台风、海平面变化等因素对海岸的作用,形成复杂多样的海岸地貌,基岩海岸、平原海岸、生物海岸均有分布。

中国的沿海城市因海岸资源本底及开发潜力不尽相同,自然、社会、经济发展特征也差别较大。表 1.1 列出了中国沿海各省(区、市)海岸线自然特征和社会经济发展特征(方煜 等,2010)。

**表 1.1　我国沿海各省(区、市)海洋岸线自然特征及社会经济发展特征(方煜 等,2010)**

| 省份 | 岸线自然特征 |
|---|---|
| 辽宁 | 辽宁省海岸线总长度 2920 km,大陆岸线 2292.4 km,岛屿岸线 627.6 km,深水岸线 400 km |
| 河北 | 河北省海岸线长度 487 km,海岸带总面积 1.1 万 $km^2$。海洋生物资源 200 多种,是我国北方重要的水产品基地 |
| 天津 | 天津市海岸线长度 153.7 km,多淤泥地质,沙滩条件不好,海水含泥沙量较大 |
| 山东 | 山东省海岸线长度 3200 km,约占全国海岸线的 1/6,海岸线生态和景观资源十分丰富独特。海岸带和近海海域蕴藏着丰富的石油、天然气等数十种矿产,渔业产量、原盐产量、地下卤水储量和可建深水泊位的天然港址均居全国第一位 |
| 浙江 | 浙江省海岸线总长度 6500 km,居全国第一位,其中大陆岸线 1840 km;大潮平均高潮位以上面积大于或等于 500 $m^2$ 的海岛约 3061 个,约占全国岛屿总数的 42%,其中面积大于 10 $km^2$ 的有 28 个,海岛陆域面积 1940 $km^2$ |
| 江苏 | 江苏省海岸线长度 954 km,其中粉沙淤泥质海岸共 884 km,占全省标准海岸线的 92.66%;在淤泥质海岸中,淤长型海岸 666 km |
| 上海 | 上海市海岸线长约 172 km。长江入海口处有崇明、长兴、横沙 3 个岛屿 |

| 省份 | 岸线自然特征 |
|---|---|
| 广东 | 广东省大陆海岸线长度 3368.1 km,是我国大陆海岸线最长的省份。拥有港湾 510 多个、大小海岛 1431 个(含东沙群岛),其中海岛面积在 500 m² 以上的 759 个,居全国第三位;海洋岛屿岸线长度 3460 km,居全国第二位;海岛总面积 1592.7 km²;滩涂面积 2529.3 km²,居全国第三位 |
| 广西 | 广西壮族自治区大陆海岸线长度 1500 km,沿海滩涂面积 1000 km²。沿海岛屿 697 个 |
| 海南 | 海南省海岸线总长度 1528.4 km,范围包括海南岛周边 −5 m 海水等深线至海岸线的海域和从海岸线向内陆延伸 10 km 范围以内的地区,面积 9239.17 km² |
| 香港 | 香港地区由香港岛、九龙半岛以及附近的 230 多个小岛组成,总面积 1071.86 km²。整个地区基本上都属于海岸带 |
| 澳门 | 澳门地区总面积为 29.6 km²,包括澳门半岛、氹仔和路环 2 个离岛 |

从沿海各省(区、市)岸线利用率可以看出,开发利用程度最高的区域集中在河北、江苏、辽宁以及广西。受海洋开发利用活动影响,人工岸线比例达到 50.66%,沿海省(区、市)中,上海、江苏、河北的人工岸线比例最高,海南省自然岸线比例最高(表 1.2)。

**表 1.2　我国沿海省(区、市)岸线利用率(方煜 等,2010)**

| 比例 | 全国 | 辽宁 | 河北 | 天津 | 山东 | 江苏 | 上海 | 浙江 | 福建 | 广东 | 广西 | 海南 |
|---|---|---|---|---|---|---|---|---|---|---|---|---|
| 岸线利用率(%) | 42.63 | 75.80 | 93.02 | 52.80 | 47.37 | 78.48 | 15.78 | 27.32 | 35.98 | 35.32 | 71.33 | 29.05 |
| 人工岸线比例(%) | 50.66 | 71.82 | 81.15 | 68.37 | 38.53 | 96.61 | 98.65 | 35.27 | 47.02 | 63.17 | 65.87 | 32.71 |

我国除有漫长的 18000 km 大陆海岸线外,还有 14000 km 岛屿岸线。海岛地处国土前沿,是我国国土的重要组成部分。据《全国海岛资源综合调查报告》统计,我国拥有面积大于 500 m² 的海岛 6961 个(不包括海南岛及台湾、香港、澳门诸岛),其中有居民海岛 433 个,无居民海岛 6528 个;面积在 500 m² 以下的海岛和岩礁近万个(表 1.3)(广东省海岛资源综合调查大队,1996)。

**表 1.3　全国 500 m² 以上海岛地区分布及其基本数据**

| 沿海地区 | 海岛总数(个) | 有人常驻岛(个) | 岛屿陆域总面积(km²) | 岸线长(km) |
|---|---|---|---|---|
| 辽宁 | 265 | 31 | 191.54 | 686.70 |
| 河北 | 132 | 2 | 8.43 | 199.09 |
| 天津 | 1 | — | 0.015 | 0.56 |
| 山东 | 326 | 35 | 136.31 | 686.23 |
| 江苏 | 17 | 6 | 36.46 | 67.76 |
| 上海 | 13 | 3 | 1276.19 | 356.13 |
| 浙江 | 3061 | 189 | 1940.39 | 4792.73 |
| 福建 | 1546 | 102 | 1400.13 | 2804.30 |
| 广东 | 759 | 44 | 1599.93 | 2416.15 |
| 广西 | 651 | 9 | 67.10 | 860.90 |

续表

| 沿海地区 | 海岛总数(个) | 有人常驻岛(个) | 岛屿陆域总面积(km²) | 岸线长(km) |
|---|---|---|---|---|
| 海南 | 231 | 12 | 48.73 | 309.05 |
| 全国合计 | 6961 | 433 | 6690.82 | 12709.51 |

我国的海岛位于亚洲大陆以东,太平洋西部边缘,分布于南北跨度38个纬度,东西跨度17个经度的海域中。辽宁省的小笔架山、海南省的南沙群岛和台湾钓鱼岛诸岛的赤尾屿分居最北、最南和最东。若以海区分布而论,东海的岛屿最多,约占全国海岛总数的58%;南海次之,占28%;黄海、渤海最少,仅占14%。若以各省(区、市)海岛分布的数量而论,浙江省最多,岛屿数约占全国海岛总数的43.9%;其次是福建省、广东省和广西壮族自治区,分别为22.2%、10.9%和10.4%;海岛最少的省(市)属江苏省、天津市和上海市,其海岛数量总和仅占全国海岛总数的0.5%。

海岛蕴藏着极为丰富的生物资源、矿物资源、海洋能资源、港口资源、旅游资源、生态环境资源等,具有无可估量的社会、经济、科研、生态、政治及军事价值,对我国国民经济和社会的可持续发展具有重要意义。

我国近海拥有丰富的自然、经济和人文资源。主要资源类型包括矿产资源、海洋生物资源、海水化学资源、能源资源、滩涂资源、水运交通资源、港口(湾)资源、生活居住环境资源、旅游资源等(表1.4)(方煜 等,2010)。

**表 1.4　我国沿海资源禀赋一览表**

| 资源类型 | 资源数量及特征 |
|---|---|
| 矿产资源 | 石油和天然气的资源量分别为500亿吨和14万亿 m³,现已探明的主要矿产地有90多处,各类矿床195个、矿点110个。各类砂矿总储量约31亿吨,探明可采储量约2700万吨(不含石英砂) |
| 海洋生物资源 | 我国近海已发现鱼类1500多种,重要经济鱼类70多种,是世界上重要渔场之一。我国各海区鱼类年生产量估计值为1500万吨,每年最大持续渔获量估计值为750万吨 |
| 能源资源 | 据普查资料估算,沿海海洋能总蕴藏量至少在10亿千瓦以上 |
| 滩涂资源 | 我国海岸带的滩涂资源约2万 km²,目前已利用20%左右 |
| 水运交通资源 | 拥有广阔的海域以及辽河、黄河、长江、珠江等大型入海河流 |
| 港口(湾)资源 | 我国共有105个海湾具有良好的建港自然条件,可供选择的中级泊位以上的港址有160多个。其中,可建万吨级以上码头的港址有40多处,可建10万吨级泊位的有十几处 |
| 旅游资源 | 我国沿海旅游资源丰富,海岸线绵延曲折,滨海地貌类型繁多,气候多样,自然景观、名胜古迹等丰富多彩,适宜发展不同季节、不同类型、不同方式的滨海旅游活动 |

## 第二节　沿海城市分布

《中国海洋统计年鉴》界定我国沿海地区是指有海岸线(大陆岸线和岛屿岸线)的地区。按行政区划,我国沿海地区共有8个省、2个直辖市、1个自治区和2个特别行政区(台湾省未计入),下辖53个沿海地级市(香港特别行政区、澳门特别行政区未计入),200余个沿海区县。我国沿海省(区)、沿海市空间分布如图1.1所示,沿海地区行政管辖分区如表1.5所示。

图 1.1　我国沿海省(区、市)空间分布

表 1.5　我国沿海地区行政管辖分区表

| 行政区 | 地级市(区) | 地级市数量(个) |
|---|---|---|
| 辽宁省 | 丹东、大连、营口、锦州、盘锦、葫芦岛 | 6 |
| 河北省 | 秦皇岛、唐山、沧州 | 3 |
| 天津市 | 滨海新区 | — |
| 山东省 | 滨州、东营、潍坊、烟台、威海、青岛、日照 | 7 |
| 江苏省 | 连云港、盐城、南通 | 3 |
| 上海市 | 浦东新区、宝山、崇明、奉贤、金山 | — |
| 浙江省 | 杭州、绍兴、嘉兴、宁波、台州、温州、舟山 | 7 |
| 福建省 | 宁德、福州、莆田、泉州、厦门、漳州 | 6 |
| 广东省 | 潮州、汕头、揭阳、汕尾、惠州、深圳、珠海、江门、阳江、<br>茂名、湛江、广州、中山、东莞 | 14 |
| 广西壮族自治区 | 北海、防城港、钦州 | 3 |
| 海南省 | 海口、三亚、儋州、三沙 | 4 |
| 香港特别行政区 | 香港岛、九龙半岛、新界及200多个岛屿组成 | — |

| 行政区 | 地级市（区） | 地级市数量（个） |
|---|---|---|
| 澳门特别行政区 | 澳门市、花地玛堂区（俗称北区）、圣安多尼堂区（即花王堂区）、大堂区、望德堂区、风顺堂区（亦称圣老愣佐堂区）、海岛市、嘉模堂区（包括氹仔和澳门国际机场）、圣方济各堂区（路环） | — |
| 合　计 | | 53 |

从地域上划分,沿海省(区、市)中有东部地区 9 个(天津、河北、上海、江苏、浙江、福建、山东、广东和海南),西部地区 1 个(广西),东北地区 1 个(辽宁)。从经济上划分,沿海省(区、市)中有东部地区 10 个(天津、河北、辽宁、上海、江苏、浙江、福建、山东、广东和海南),西部地区 1个(广西)。

## 第三节　沿海城市群

根据国务院印发的《全国主体功能区规划》中制订的全国"两横三纵"城市化战略格局(图1.2),沿海通道纵轴涵括了环渤海地区、长江三角洲地区、珠江三角洲地区等三大国家层面的优化开发区域以及北部湾地区、海峡西岸经济区、东陇海地区等 3 个国家层面的重点开发区域。

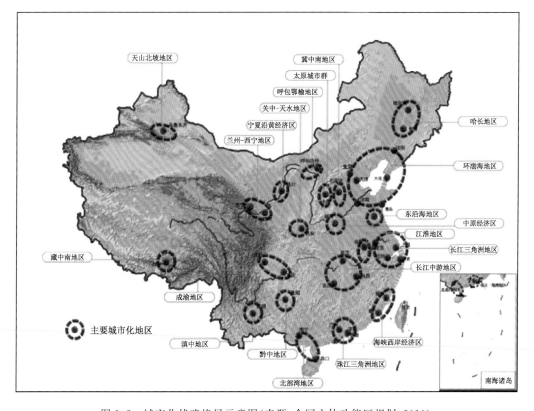

图 1.2　城市化战略格局示意图(来源:全国主体功能区规划,2010)

（1）环渤海地区

环渤海地区位于全国"两横三纵"城市化战略格局中沿海通道纵轴和京哈京广通道纵轴的交汇处，包括京津冀、辽中南和山东半岛地区。该区域地势较为平坦，以海拔 100 m 以下的平原和 500 m 以下的丘陵为主。气候属暖温带半湿润、湿润气候，四季分明，光热资源充足，降水集中在夏季，雨热同期。开发强度较高，未来可作为建设用地的土地资源较为紧张。人均水资源量不足全国平均水平的 1/3。水资源利用已处于过载状态，地下水超采十分严重，形成了大面积地下水漏斗，目前京津冀地区和山东半岛地区依靠跨流域调水保障城市水资源需求。受地理位置和自然条件影响，旱涝灾害潜在威胁较大，尤以春旱最为严重，滨海地区风暴潮和海水入侵也时有发生。

该区域的功能定位是北方地区对外开放的门户，我国参与经济全球化的主体区域，有全球影响力的先进制造业基地和现代服务业基地，全国科技创新与技术研发基地，全国经济发展的重要引擎，辐射带动"三北"地区发展的龙头，我国人口集聚最多、创新能力最强、综合实力最强的三大区域之一。

京津冀地区。京津冀地区位于环渤海地区的中心，包括北京市、天津市和河北省的部分地区。该区域的功能定位是"三北"地区的重要枢纽和出海通道，全国科技创新与技术研发基地，全国现代服务业、先进制造业、高新技术产业和战略性新兴产业基地，我国北方的经济中心。北京地处华北大平原的北部，是全国的政治中心和文化中心，是世界著名古都和现代化国际城市，人口 2000 多万。天津地处太平洋西岸，华北平原东北部，海河流域下游，东临渤海，北依燕山，西靠首都北京，是海河五大支流南运河、子牙河、大清河、永定河、北运河的汇合处和入海口，素有"九河下梢""河海要冲"之称，是中国北方最大的港口城市。天津市海岸线较短，全长 153.67 km，海域面积较小，空间资源十分有限，海域利用多集中于近岸，围填海规模相对较大，大部分海岸线已人工化，自然岸线保有量低。天津市滨海新区位于天津市东部沿海，是北方首个自由贸易试验区、全国综合配套改革试验区、国家自主创新示范区。河北省东临渤海，拥有大陆岸线长 487 km，海岛岸线长 199 km。有深水岸线 44.5 km，其中可建 25 万吨级超深水泊位岸线 8 km，有多处优良的港址资源，秦皇岛港是国内外闻名的世界最大能源输出港，京唐港、黄骅港条件优越，曹妃甸是优良的深水港址。

为疏解北京非首都功能、实现京津冀一体化发展、打造新的经济增长极，2014 年，习近平总书记提出了京津冀协同发展的重大国家战略。2015 年 4 月，国家审议通过了《京津冀协同发展规划纲要》，其核心是京津冀三地作为一个整体协同发展，要以疏解非首都功能、解决北京"大城市病"为基本出发点，调整优化城市布局和空间结构，构建现代化交通网络系统，扩大环境容量与生态空间。规划纲要明确要加快规划建设北京市行政副中心，有序推动北京市属行政事业单位整体或部分向副中心转移。2019 年 1 月，北京市级行政中心已经正式迁入北京城市副中心。2018 年 4 月，中共中央、国务院批复《河北雄安新区规划纲要》。雄安新区是以习近平同志为核心的党中央做出的一项重大的历史性战略选择，是继深圳经济特区和上海浦东新区之后又一具有全国意义的新区，是千年大计、国家大事。对于集中疏解北京非首都功能，探索人口经济密集地区优化开发新模式，调整优化京津冀城市布局和空间结构，培育创新驱动发展新引擎，具有重大现实意义和深远历史意义。

辽中南地区。辽中南地区位于环渤海地区的北翼，包括辽宁省中部和南部的部分地区。该区域的功能定位是东北地区对外开放的重要门户和陆海交通走廊，全国先进装备制造业和新型原材料基地,重要的科技创新与技术研发基地,辐射带动东北地区发展的龙头。要以沈阳为核心加快沈阳经济区同城化一体化步伐,构建"一核五带"空间发展格局,加强城市间分工协作和功能互补,促进产业转型和空间重组,提升产业的整体竞争力,建设先进装备制造业、重要原材料和高新技术产业基地。辽中南地区海岸线长,海岛资源丰富,海洋资源蕴藏量丰富,开发潜力大。要发展辽宁沿海经济带,以大连为龙头高水平推进沿海经济带开发建设,强化大连—营口—盘锦主轴,壮大渤海翼(盘锦—锦州—葫芦岛渤海沿岸)和黄海翼(大连—丹东黄海沿岸及主要岛屿),构建"一核一轴两翼"的空间发展格局,统筹发展具有国际竞争力的临港产业,强化科技创新与技术研发功能,建设成为东北地区对外开放的重要平台,我国沿海地区新的经济增长极。

山东半岛地区。山东半岛地区位于环渤海地区的南翼,包括山东省胶东半岛和黄河三角洲的部分地区,具体包括青岛市、烟台市、威海市、潍坊市、东营市、滨州市的部分地区。山东半岛海岸线资源丰富,长度约占全国的六分之一,海岸类型多样。该区域具有完备的产业发展基础和配套能力,是全国重要的船舶、电子信息、家电、造纸、化工、医药和食品加工集聚区,海洋产业、生态经济比较发达,是山东省经济社会发展的核心区域之一。该区域的功能定位是黄河中下游地区对外开放的重要门户和陆海交通走廊,全国重要的先进制造业、高新技术产业基地,全国重要的蓝色经济区。要积极发展海洋经济、旅游经济、港口经济和高新技术产业,增强辐射带动能力和国际化程度,建设东北亚国际航运中心,建设区域性经济中心和国际化城市。要加快建设胶东半岛高端产业聚集区,提升胶东半岛沿海发展带整体水平,加强烟台、威海等城市的产业配套能力及其功能互补,与青岛共同建设自主创新能力强的高新技术产业带。要坚持生态文明理念,大力发展循环经济,建设黄河三角洲全国重要的高效生态经济示范区,积极发展生态农业、环境友好型工业、高新技术产业和现代服务业,增强东营、滨州等城市的综合实力和辐射能力。

(2)长江三角洲地区

长江三角洲地区位于全国"两横三纵"城市化战略格局中沿海通道纵轴和沿长江通道横轴的交汇处,包括上海市和江苏省、浙江省的部分地区。气候冬冷夏热、四季分明,降水丰沛。长江三角洲地区以海拔低于100 m的长江三角洲平原和杭州湾滨海平原为主体,地势起伏平缓。河湖水系发达,受洪水灾害威胁较为严重。开发强度较高,未来可作为建设用地的土地资源十分缺乏。水资源虽然丰富,但部分城市地下水超采严重,形成了大范围地下水漏斗。该区域的功能定位是长江流域对外开放的门户,我国参与经济全球化的主体区域,有全球影响力的先进制造业基地和现代服务业基地,世界级大城市群,全国科技创新与技术研发基地,全国经济发展的重要引擎,辐射带动长江流域发展的龙头,我国人口集聚最多、创新能力最强、综合实力最强的三大区域之一。

长江三角洲城市群是我国经济最具活力、开放程度最高、创新能力最强、吸纳外来人口最多的区域之一,是"一带一路"与长江经济带的重要交汇地带。2016年,国务院通过《长江三角洲城市群发展规划》,规划中包含26个城市(上海1个、江苏9个、浙江8个、安徽8个)。规划要求充分发挥上海龙头带动的核心作用和区域中心城市的辐射带动作用,依托交通运输网络培育形成多级多类发展轴线,推进南京、杭州、合肥、苏锡常(苏州、无锡、常州)、宁波等都市圈同城化发展,强化沿海发展带、沿江发展带、沪宁合杭甬(上海—南京—合肥—杭州—宁波)发展带、沪杭金(上海—杭州—金华)发展带的聚合发展,构建"一核五圈四带"的网络化空间格局。规划要求坚持陆海统筹,协调推进海洋空间开发利用,合理开发与保护海洋资源,积极培育临港制造业、海洋高新技术产业、海洋服务业和特色农渔业,推进江海联运建设,打造港航物流、重化工和能源基地,有序推进滨海生态城镇建设。规划实施长江干流、钱塘江干流、太湖环湖大堤及骨干出入湖河道、长江主要支流、主要入海河流等综合治理工程,提高防洪防潮能力。加强沿海、沿江、环湖、沿河城市堤防和沿海平原骨干排涝工程建设。统筹流域、区域、城市水利治理标准与布局,依托流域和区域治理,强化城市内部排水系统和蓄水能力建设,有效解决城市内涝问题。

(3)珠江三角洲地区

珠江三角洲地区位于全国"两横三纵"城市化战略格局中沿海通道纵轴和京哈京广通道纵轴的南端,包括广东省中部和南部的部分地区。该地区主要为河口三角洲冲积平原,海拔多在50 m以下,地势平缓,有零星小山丘分布。以南亚热带气候为主,夏热冬暖,热量丰富,雨量丰沛,降水强度大,沿海地区经常受台风和风暴潮的袭扰。区域开发强度较高,未来可作为建设用地的土地资源严重缺乏。水资源总量丰富,但随着用水量的不断增加,水资源供需矛盾日益突出。枯季河流水位降低,海水倒灌,咸潮上溯,对供水安全形成了严重威胁。生物资源较为丰富,森林覆盖率高。

改革开放以来,特别是香港、澳门回归祖国后,粤港澳合作不断深化实化,粤港澳大湾区经济实力、区域竞争力显著增强,已具备建成国际一流湾区和世界级城市群的基础条件。2019年,中共中央、国务院印发了《粤港澳大湾区发展规划纲要》。粤港澳大湾区包括香港特别行政区、澳门特别行政区和广东省广州市、深圳市、珠海市、佛山市、惠州市、东莞市、中山市、江门市、肇庆市,总面积5.6万 km²,2017年末总人口约7000万人。该区域开放程度高,经济活力强,在国家发展大局中具有重要战略地位。建设粤港澳大湾区,既是新时代推动形成全面开放新格局的新尝试,也是推动"一国两制"事业发展的新实践。其功能定位是通过粤港澳的经济融合和经济一体化发展,共同构建有全球影响力的先进制造业基地和现代服务业基地,南方地区对外开放的门户,我国参与经济全球化的主体区域,全国科技创新与技术研发基地,全国经济发展的重要引擎,辐射带动华南、中南和西南地区发展的龙头,我国人口集聚最多、创新能力最强、综合实力最强的三大区域之一。

规划要求以香港、澳门、广州、深圳四大中心城市作为区域发展的核心引擎,继续发挥比较优势做优做强,增强对周边区域发展的辐射带动作用。香港要巩固和提升国际金融、航运、贸易中心和国际航空枢纽地位,打造更具竞争力的国际大都会。澳门要建设世界旅游休闲中心、中国与葡语国家商贸合作服务平台,促进经济适度多元发展,打造以中华文化为主流、多元文化共存的交流合作基地。广州要充分发挥国家中心城市和综合性门户城市引领作用,全面增强国际商贸中心、综合交通枢纽功能。深圳要发挥作为经济特区、全国性经济中心城市和国家创新型城市的引领作用,努力成为具有世界影响力的创新创意之都。支持珠海、佛山、惠州、东莞、中山、江门、肇庆等城市充分发挥自身优势,深化改革创新,增强城市综合实力,形成特色鲜明、功能互补、具有竞争力的重要节点城市。

在完善水利防灾减灾体系方面,要加强海堤达标加固,着力完善防汛防台风综合防灾减灾体系。加强珠江河口综合治理与保护,推进珠江三角洲河湖系统治理。强化城市内部排水系统和蓄水能力建设,建设和完善澳门、珠海、中山等防洪(潮)排涝体系,有效解决城市内涝问题。

（4）海峡西岸经济区

海峡西岸经济区位于全国"两横三纵"城市化战略格局中沿海通道纵轴南段,包括福建省、浙江省南部和广东省东部的沿海部分地区。该地区位于东南诸河流域,跨中亚热带和南亚热带2个自然地理带,气候温暖湿润,雨量丰沛,水资源相对丰富,但河流多为山区独流入海小河流。夏季多台风,常有暴雨发生。沿海岸线呈狭长带状分布,地势由内陆向海岸倾斜,起伏较大,地貌类型主要为低山丘陵和滨海平原。开发强度普遍较高,可作为建设用地的土地资源较为短缺。四季常青,植被种类丰富,植被季相变化不明显。赤红壤为该地区代表性土壤。

该区域的功能定位是两岸人民交流合作先行先试区域,服务周边地区发展新的对外开放综合通道,东部沿海地区先进制造业的重要基地,我国重要的自然和文化旅游中心。未来将构建以福州、厦门、泉州、温州、汕头等重要城市为支撑,以漳州、莆田、宁德、潮州、揭阳、汕尾等沿海重要节点城市为补充,以快速铁路和高速公路沿线为轴线的空间开发格局。2011年,《平潭综合实验区总体发展规划》经国务院批准实施,实施全岛放开,在通关模式、财税支持、投资准入、金融保险、对台合作、土地配套等方面赋予了比经济特区更加特殊、更加优惠的政策。加快平潭开放开发,对于促进海峡西岸经济区加快发展,推动两岸交流合作向更广范围、更大规模、更高层次迈进,具有重要意义。要强化福州科技创新、综合服务和文化功能,增强辐射带动能力,打造海峡西岸经济区中心城市、国家历史文化名城和高新技术产业研发制造基地。推进厦漳泉(厦门、漳州、泉州)一体化,实现组团式发展,建设全国重要的国际航运、科技创新、现代服务业和文化教育中心以及先进制造业基地。强化温州作为海峡西岸经济区连接长江三角洲地区重要枢纽的功能,加快构筑对外开放平台,建设民营经济改革与发展的先行区。强化防台风能力建设,加强武夷山、雁荡山、戴云山等山区和沿海港湾、近海岛屿保护,推进水环境综合治理和水源涵养地保护,保护闽江、九龙江等水生态廊道。

（5）北部湾地区

北部湾地区位于全国"两横三纵"城市化战略格局中沿海通道纵轴的南端,是我国沿海沿边开放的交汇地区,包括广西壮族自治区北部湾经济区以及广东省西南部和海南省西北部等环北部湾的部分地区。海岸线长4234 km,2015年末常住人口4141万人。该区域热量丰富,雨热同期,降水丰沛,干湿季分明,水资源较丰富但利用率不高,沿海诸河源短流急,水利工程调蓄能力较低。地势起伏相对平缓,主要为盆地、缓岗丘陵和滨海平原,生物资源种类多,植被类型主要为热带季雨林,土壤类型为赤红壤。开发强度较低,可作为建设用地的土地资源较为丰富。

该区域的功能定位是我国面向东盟国家对外开放的重要门户,中国—东盟自由贸易区的前沿地带和桥头堡,区域性的物流基地、商贸基地、加工制造基地和信息交流中心,服务"三南"(西南、中南、华南)、宜居宜业的蓝色海湾城市群。未来将强化南宁核心辐射带动作用,夯实湛江、海口的支撑作用,重点建设环湾滨海地区和南北钦防(南宁、北海、钦州、防城港)、湛茂阳(湛江、茂名、阳江)城镇发展轴,提升国土空间利用效率和开发品质,打造"一湾双轴、一核两级"的城市群框架。"一湾"指以北海、湛江、海口等城市为支撑的环北部湾沿海地区,并延伸至近海海域;"双轴"指南北钦防、湛茂阳城镇发展轴;"一核"指南宁核心城市;"两极"指以海口和湛江为中心的2个增长极。

（6）东陇海地区

东陇海地区位于全国"两横三纵"城市化战略格局中陆桥通道横轴的东端,是陆桥通道与沿海通道的交汇处,包括江苏省东北部和山东省东南部的部分地区。该地区地貌类型多样,山地、丘陵、平原、滩涂、河湖等均有分布,总体上平原及丘陵面积较大。临海地带潮流通畅,风速较大,区域水气环境的扩散和自净能力较强。广袤的滩涂湿地具有调节气候、减缓洪水灾害和净化环境等功能。拥有大量可供开发的低产盐田和未利用滩涂,未来可作为建设用地的土地资源较为丰富。年均降水较多,可利用水资源较为丰富,能够满足工农业用水需求。

　　该区域的功能定位是新亚欧大陆桥东方桥头堡,我国东部地区重要的经济增长极。未来,将构建以连云港、日照为中心,以沿海产业带和沿陇海线产业带为轴线的空间开发格局,要集约发展临港产业,建设临港产业基地和国际性海港城市,增强连云港和日照的港口功能。

# 第二章　中国沿海城市强降水和高温

## 第一节　中国强降水特征

**1. 降水量空间分布**

在气候变化背景下中国极端降水事件有增多趋势。伴随着经济的快速增长，中国城镇化步伐加快，大城市尤其是沿海城市，极易遭受洪（潮）涝灾害侵袭。突发性、局地性暴雨给城市带来巨大的挑战和风险。同时，发展的城市群或超大城市也将引起更明显的城市化效应，如热岛、雨岛等，都会对城市降水产生明显影响。

中国幅员辽阔，跨纬度较广，加之地势高低不同，地形类型及山脉走向多样，导致各地降水量分布不均，空间差异性较大。东南部地区受东亚夏季风影响降水丰沛，西北地区地处内陆降水稀少，因此中国降水整体呈现从东南到西北逐渐减少的特点。

从年降水量的空间分布看（图 2.1），年降水量超过 1200 mm 的地区大多位于东南沿海地区，包括江南，华南及云南南部、贵州南部等地；江南、江汉、西南东部年降水量 800～1200 mm；东北东南部、黄淮南部、四川西北部、西藏东南部等地年降水量 600～800 mm；年降水量在 400～600 mm 的地区主要分布在东北大部、华北、西北地区东南部及青海南部等地；西北大

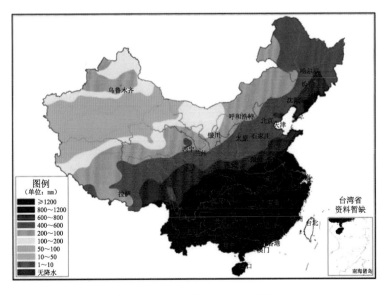

图 2.1　中国年降水量空间分布

部和内蒙古大部的年降水量在 400 mm 以下,新疆南部的塔克拉玛干沙漠年降水量不足
50 mm。

　　中国四季降水量的空间分布特点基本与年降水量相似,东南多、西北少,但不同季节降水
量多寡和空间分布特点有所差异,夏季降水最多,冬季最少。

　　春季,新疆塔里木盆地及青藏高原西部局地降水量不足 10 mm,为全国降水量最少的地
区;西藏中部及西部、新疆北部、内蒙古大部、青海西北部、甘肃北部及宁夏北部降水量为 10～
50 mm;西藏东部、青海东南部、甘肃中南部、宁夏南部、陕西大部、京津冀地区、辽宁西部、吉林
西部及黑龙江大部的降水量为 50～100 mm;西藏东部局部、四川大部、西南地区东部、云南北
部、西北地区东南部至黄淮地区、辽宁东部及吉林东部降水量为 100～200 mm;云南南部、华
南地区、江汉地区、江淮地区及江南地区的降水量在 200 mm 以上,江南中南部及华南中北部
降水量为 600～800 mm(图 2.2a)。

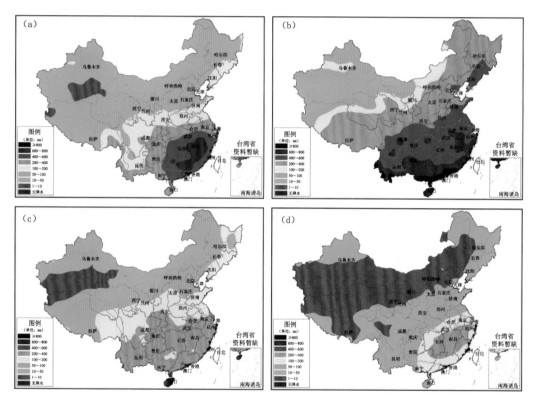

图 2.2　中国春季(a)、夏季(b)、秋季(c)、冬季(d)降水量空间分布

　　夏季,新疆大部、西藏西北部、青海北部、甘肃北部至内蒙古西部降水量小于 100 mm;西
藏中东部、青海南部、西南地区北部、西北地区东部、华北地区、黄淮北部、内蒙古中东部及东北
中北部降水量为 200～400 mm;云南中北部、西南地区东部、江南中西部、江汉地区、黄淮南部
及江淮地区等地降水量为 400～600 mm;云南南部、华南大部、江南东部等地降水量为 600～
800 mm,部分地区降水量大于 800 mm(图 2.2b)。

　　秋季,新疆大部、西藏西北部、青海北部、甘肃北部、内蒙古中西部及宁夏西北部降水量为
10～50 mm,其中新疆南部至西藏地区西北部局地降水量小于 10 mm;西藏中部、青海中部、甘

肃中部、宁夏中南部、内蒙古东部、华北大部及东北西部等地降水量为 50～100 mm;西藏东部、青海南部、四川西北部、西北地区东南部、黄淮地区、江汉地区、江淮东部及东北东部等地降水量为 100～200 mm;西南地区南部及东部、江南大部、江淮西部及华南地区降水量为 400～600 mm,海南中东部降水量为 600～800 mm(图 2.2c)。

冬季,新疆中南部、西藏北部及中部、西北地区中部、内蒙古大部、华北北部及东北西部部分地区降水量为 1～10 mm;新疆北部、西藏西南部及东南部、西南地区中部、西北地区东南部、黄淮北部、华北中部及南部、内蒙古东部部分地区以及东北的东部及北部地区降水量为 10～50 mm;西南地区东部、华南地区西部、江汉地区及江淮地区降水量为 50～100 mm;江南大部及华南中东部降水量为 100～200 mm,部分地区降水量达 200 mm 以上(图 2.2d)。

**2. 降水量年内变化**

从降水量的逐月演变看(图 2.3),中国平均降水量从 1 月到 12 月经历了先增多再逐渐减少的变化。1—4 月降水量维持在 30 mm 以下,5 月降水量明显增多。6—9 月降水量维持在 100 mm 左右,其中 7 月最多,为 120.6 mm。10 月降水量大幅下降到 35.8 mm,并在 11—12 月继续减少,12 月降水量最少,为 10.5 mm。

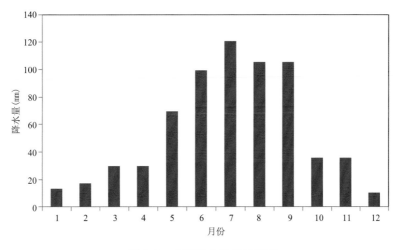

图 2.3　中国降水量逐月演变

**3. 降水日数空间分布**

降水日数的空间分布与降水量总体一致,也是从东南向西北递减,基本遵循大兴安岭—阴山—贺兰山—巴颜喀拉山—冈底斯山界限划分的季风区与非季风区。东北地区东部和北部、淮河及其以南的中国南方大部年降水日数一般有 100～150 d,西北东南部、江南、华南大部、西南东部及云南南部等地超过 150 d;东北西部、华北、西北东北部及内蒙古中部和东部、新疆北部等地年降水日数有 50～100 d;新疆南部、甘肃西北部、青海西北部、内蒙古西部等地年降水日数仅 25～50 d,塔里木盆地不足 25 d(图 2.4)。

**4. 降水日数年内变化**

从降水日数的逐月演变看(图 2.5),也呈现出从 1 月到 12 月先增加再减少的变化。1—4

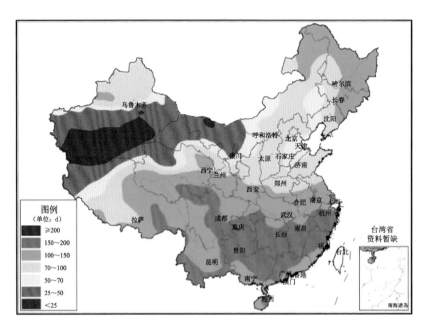

图 2.4　中国年降水日数空间分布

月降水日数维持在 10 d 以下,5 月降水日数明显增多。6—9 月降水日数维持在 13 d 左右,其中 7 月最多,为 13.9 d。10 月降水日数大幅下降到 7.4 d,并在 11—12 月继续减少,12 月降水日数最少,为 4.6 d。

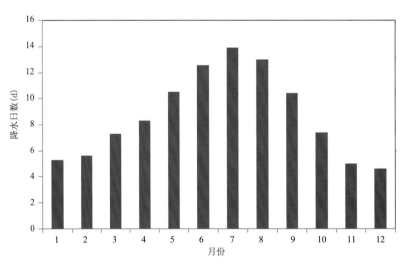

图 2.5　中国降水日数逐月演变

### 5. 暴雨空间分布

暴雨因其雨量多和强度大而常常造成灾害,并易于进一步引发洪涝。在中国的大部分地区都会出现暴雨,尤其是东南部地区。从暴雨日数的空间分布(图 2.6)看,东北南部、华北东部、黄淮大部及南方大部的年平均暴雨日数一般有 1～3 d,淮河流域、长江中下游、江南、华南及贵州南部等地有 3~7 d,广东南部、广西南部和海南在 7 d 以上,如广西东兴的年平均暴雨日数有 15 d,广东海丰有 14 d,海南万宁有 11 d 等;全国其余地区年平均暴雨日数不足 1 d。西北地区虽然降水量较少,但也会出现暴雨天气,并由此引发洪涝灾害。

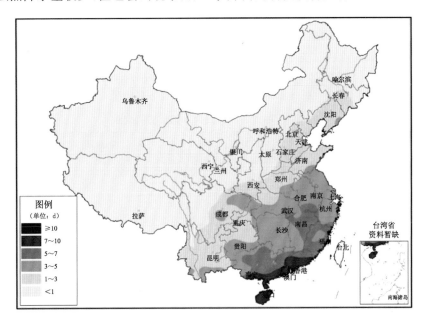

图 2.6　中国年均暴雨日数空间分布

### 6. 极端降水空间分布

从中国日降水量历史极大值的空间分布看(图 2.7),中国极端降水的强度很强。东北南

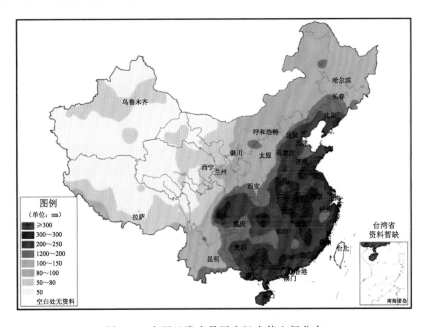

图 2.7　中国日降水量历史极大值空间分布

部、华北东部、黄淮、江淮、江汉、江南、华南、西南地区东部日降水量历史极大值一般有 150～250 mm，山东南部、江苏东部、河南南部、安徽中部和西部、湖北东部、江西中部和北部、四川东部、广西西部、广东南部和海南等地的日降水量历史极大值在 250 mm 以上。

从表 2.1 也可以看到，无论在中国降水丰沛还是降水较少的区域，日降水量的历史极大值都可以达到 300 mm 以上，东南地区甚至可达到 600 mm 以上。但总体上东北大部、华北西部、西北、西南大部和内蒙古大部分地区的日降水量最大值一般在 100 mm 以下，尤其是西北很多地区不足 50 mm。需要注意的是，强降水的局地性特征很强，迎风坡和背风坡，高山和平原，山顶和谷底等不同地区降水量强度的差异很大。

**表 2.1　中国各区域日降水量历史极大值**

| 地区 | 极端降水出现日期 | 日降水量(mm) |
| --- | --- | --- |
| 东北 | 2014 年 5 月 14 日 | 385.0 |
| 华北 | 1963 年 8 月 4 日 | 518.5 |
| 华南 | 2001 年 8 月 30 日 | 644.6 |
| 黄淮 | 2000 年 8 月 30 日 | 699.7 |
| 江汉 | 1990 年 8 月 15 日 | 392.0 |
| 江南 | 1994 年 7 月 12 日 | 538.7 |
| 西北 | 2003 年 8 月 29 日 | 304.5 |
| 西南 | 1993 年 7 月 29 日 | 524.7 |

**7. 降水量时间变化**

在全球气候变暖的背景下，中国降水量及强降水在近 55 年发生了明显的变化，这种变化包括年际和年代际变率，也包括长期变化趋势。在 1961—2015 年间，中国年降水量最小值出现在 2011 年，为 556.9 mm，最大值出现在 1998 年，为 711.4 mm。20 世纪 60—70 年代，中国年降水量处于偏少的阶段；80—90 年代降水较常年偏多；21 世纪初以后，降水又处于一个偏少的时期；2010 年以来降水量又有所偏多。近 56 年中国年降水量没有表现出明显的长期变化趋势(图 2.8)。

中国四季的降水量表现出了不同的变化特征。2011 年中国春季降水最少，为 104.1 mm；1973 年最多，有 174.9 mm。20 世纪 60 年代，中国春季降水偏少；70—90 年代降水偏多；90 年代至 21 世纪初降水又进入一个偏少的阶段；2010 年以后降水又出现偏多。1961—2015 年间，中国春季降水表现出了很弱的增加趋势，但没有通过显著性检验(图 2.9a)。

1961—2015 年间，中国夏季降水在 1972 年最少，有 269.1 mm；在 1998 年最多，有 396.7 mm。20 世纪 60—80 年代，中国夏季降水处于一个偏少的阶段；90 年代降水偏多；21 世纪以后降水又以偏少为主。近 55 年中国夏季降水也表现出了很弱的增加趋势(图 2.9b)。

1961—2015 年间，中国秋季降水在 1998 年最少，有 91.9 mm；在 1961 年最多，有 156.4 mm。20 世纪 60—80 年代，中国秋季降水处于一个偏多的阶段；90 年代至 2010 年左右降水偏少；2010 年以后又转为偏多。近 55 年中国秋季降水表现出较弱的减少趋势(图 2.9c)。

1961—2015 年间，中国冬季降水在 1963 年最少，仅 17.6 mm；在 1998 年最多，有 60.4 mm。20 世纪 60—80 年代，中国冬季降水处于一个偏少的阶段；90 年代至 21 世纪初，降水偏多；大

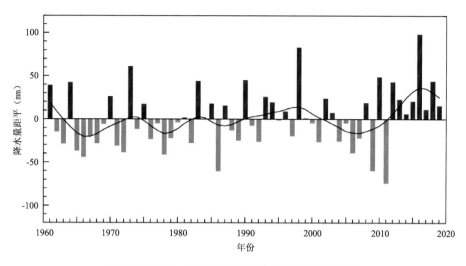

图 2.8  1961—2019 年中国平均年降水量距平变化

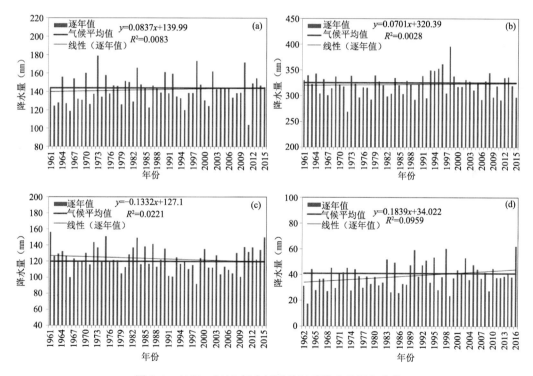

图 2.9  1961—2015 年中国平均四季降水量历年变化
(a)春季;(b)夏季;(c)秋季;(d)冬季

约 2007 年以后降水换为偏少为主。近 55 年中国冬季降水表现出显著的增加趋势,平均每 10 年增加 1.8 mm(图 2.9d)。

**8. 降水日数时间变化**

近 55 年中国降水日数也发生了明显变化。1961—2015 年,中国年平均降水日数 1964 年最多,有 119.7 d;2011 年最少,有 96.6 d。20 世纪 60 年代至 90 年代初中国年降水日数以偏多为主,尤其是 60 年代至 70 年代中期;90 年代中期及以后中国年降水日数处于年代际偏少的阶段。近 55 年中国年降水日数呈显著逐渐减少趋势,平均每 10 年减少 1.9 d(图 2.10)。

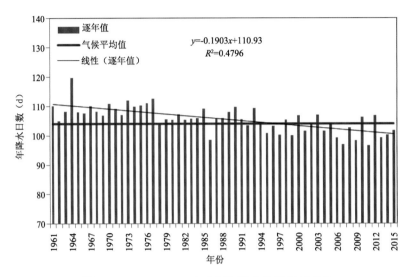

图 2.10　1961—2015 年中国年降水日数历年变化

中国小雨、中雨、大雨和暴雨日数的变化表现出了不同的特征。1961—2015 年,中国小雨日数 2007 年最少,为 80 d;1964 年最多,有 98 d。20 世纪 60—80 年代,中国小雨日数处于一个偏多的阶段;之后小雨日数以偏少为主。近 55 年中国小雨日数表现出显著的减少趋势,平均每 10 年减少 1.5 d(图 2.11)。

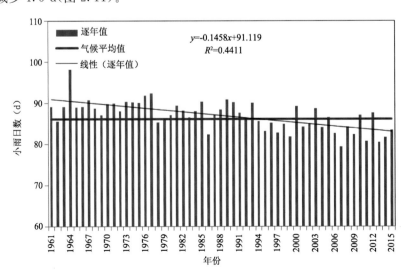

图 2.11　1961—2015 年中国年小雨日数历年变化

1961—2015 年,中国中雨日数 2011 年最少,为 11 d;在 1998 年最多,有 14 d。20 世纪 60—70 年代,中国中雨日数处于一个偏少的阶段;80—90 年代中雨日数偏多;2000—2010 年中雨日数偏少;2010 年以后又偏多。近 55 年中国中雨日数没有表现出明显的变化趋势(图 2.12)。

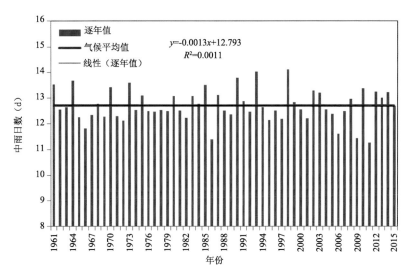

图 2.12　1961—2015 年中国年中雨日数历年变化

1961—2015 年,中国大雨日数 2011 年最少,为 3.3 d;1973 年最多,有 4.7 d。20 世纪 60—80 年代,中国大雨日数处于一个偏少的阶段;90 年代大雨日数偏多;2000—2010 年大雨日数偏少;2010 年以后又以偏多为主。近 55 年中国大雨日数也没有表现出明显的变化趋势(图 2.13)。

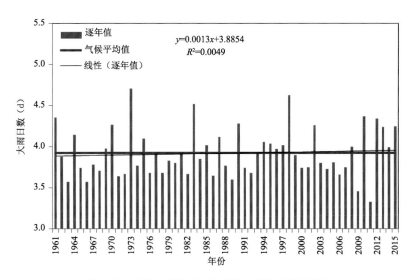

图 2.13　1961—2015 年中国年大雨日数历年变化

**9. 暴雨时间变化**

1961—2015 年,中国暴雨日数 1978 年最少,为 1.1 d;1998 年最多,有 1.7 d。20 世纪 60—80 年代,中国暴雨日数明显偏少;90 年代暴雨日数偏多;2000—2010 年暴雨日数偏少;2010 年以后又以偏多为主。

相邻区域内 10 个以上站点的日降水量连续 2 d 以上超过 50 mm,定义为一个暴雨过程。近 30 年的资料统计发现,全国平均月平均暴雨次数 2 次以上的暴雨过程主要出现在 4—10 月,暴雨持续时间一般为 2～3 d,占总暴雨过程的 70%,持续时间 4～5 d 的暴雨过程大多出现在 5—10 月,占总暴雨过程的 22%。不同区域暴雨过程出现的时间也有差异,华南、江南暴雨过程主要出现在 3—11 月,江淮、黄淮主要出现在 4—8 月,西南地区 5—9 月暴雨过程较多,华北、东北和西北等地主要发生在 6—8 月。

2016 年,全国共出现暴雨 8303 站·d,比常年(5992 站·d)偏多 39%(图 2.14),为 1961 年以来最多。华南、江南大部、江淮南部、江汉东部等地暴雨日数普遍在 5 d 以上,广东、广西东北部和南部、福建、江西东南部和北部、湖北东南部、安徽南部、江苏南部等地有 7～10 d,局地 10 d 以上。与常年相比,江淮南部、江汉东南部、华南中东部及江西南部等地暴雨日数偏多 3～6 d,局地偏多 6 d 以上。

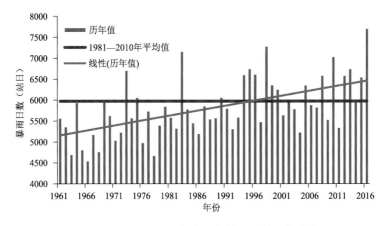

图 2.14　1961—2016 年中国年暴雨日数历年变化

2016 年,中国共有 421 站日降水量达到极端事件监测标准(图 2.15),日降水极端事件站次比为 0.21,较常年(0.10)偏多。全国共有 89 站日降水量突破历史极值,其中海南临高(501.8 mm)、广东信宜(455.2 mm)、河南辉县(439.9 mm)和新乡(414.0 mm)、福建柘荣(434.4 mm)等地日降水量超过 400 mm;在暴雨少发地区,多站日降水量突破历史极值,如甘肃碌曲(123.5 mm)、新疆尼勒克(74.6 mm)等。全国共有 64 站连续降水量突破历史极值,主要出现在北京、山西、安徽、湖北、江苏、新疆、青海等地。

2016 年,全国共有 351 站连续降水日数达到极端事件标准,站次比为 0.16,较常年(0.13)偏多,其中有 26 站连续降水日数突破历史极值,主要分布在河南、安徽等地(图 2.16)。

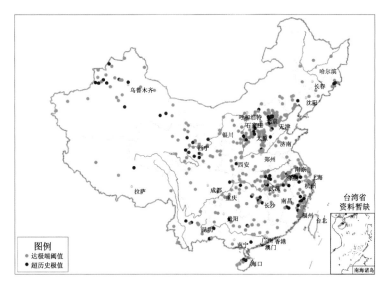

图 2.15　2016 年中国极端日降水量事件站点分布

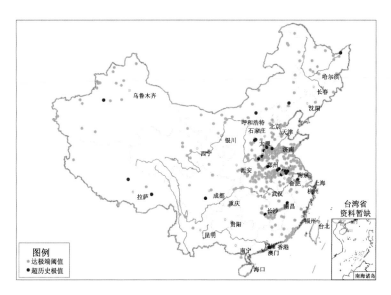

图 2.16　2016 年中国极端连续降水日数事件站点分布

# 第二节　沿海暴雨特征

**1. 沿海典型城市降水气候和地形地貌**

暴雨作为一种灾害性天气往往会造成洪涝灾害,特别是对于城市内地势低洼、地形闭塞的地区,短历时强降水极易导致区域内积水上升速率超过其排水能力,形成城市暴雨内涝,导致经济损失甚至人员伤亡。中国沿海地区典型城市的降水气候和地形地貌特征见表 2.2。

表 2.2　沿海典型城市降水气候和地形地貌特征

| 城市 | 气候 | 地形地貌 |
|---|---|---|
| 海口 | 年均降水量 1816 mm,89%的暴雨集中于 5—10 月,平均每年受热带气旋影响 4.4 次 | 地势南高北低,市区主要分布在北部滨海平原区,海拔基本在 100 m 以下 |
| 深圳 | 年均降水量 1830 mm,91%的暴雨集中于 4—9 月,平均每年受热带气旋影响 4.4 次,基本集中于 7—10 月 | 位于珠江口东岸,地势南高北低,平均海拔 70～120 m |
| 厦门 | 年均降水量 1300 mm,76%的暴雨集中于 5—9 月,平均每年夏季受台风影响 4～5 次 | 地势从西北往东南递减,东面以滨海平面和滩涂为主 |
| 福州 | 年均降水量 1630 mm,84%的暴雨集中于 5—9 月,这也是台风活动最集中的时期 | 典型河口盆地,四周被群山环绕,地势西高东低,以山地丘陵为主 |
| 宁波 | 年均降水量 1480 mm,85%的暴雨集中于 6—9 月,易受台风威胁 | 地势西南高东北低,市区内海拔仅为 4.0～5.8 m |
| 杭州 | 年均降水量 1454 mm,78%的暴雨集中于 6—9 月,易受梅雨、台风、钱塘江潮水威胁 | 地形复杂多样,65%为丘陵山地,平原面积占 26% |
| 上海 | 年均降水量 1173 mm,86%的暴雨集中于 6—9 月,热带气旋平均每年影响 2～3 次 | 全市平均海拔 4 m,水域和水利设施面积占全市总面积的三分之一 |
| 天津 | 年均降水量 600 mm,81%的暴雨集中于 7—8 月,平均每年受热带气旋影响 2～3 次 | 地势北高南低,东南部平均海拔 3.5 m,平原面积占全市面积 94%以上 |

上述中国沿海地区典型大城市的暴雨统计如下:

(1)上海

1951—1998 年,上海龙华站共观测到 24 h 内 50 mm 以上暴雨 155 次,年平均 3.23 次, 100 mm 以上大暴雨 10 次。龙华站暴雨在一年之中最早出现在 3 月,最晚出现在 11 月,除 1、 2 和 12 月外,其他各月均有暴雨记录,暴雨主要集中在 6—9 月,该期间共发生暴雨 132 次,占暴雨总数的 85%以上。最强的一次暴雨出现在 2001 年 8 月 5 日,24 h 降水量达 204.4 mm。

1991—2010 年,上海宝山站共观测到 24 h 内 50 mm 以上暴雨 63 次,年平均 3.15 次,100 mm 以上大暴雨 12 次。宝山站暴雨在一年之中最早出现在 3 月,最晚出现在 10 月,除 1、2、4、 11 和 12 月外,其他各月均有暴雨记录,暴雨主要集中在 6—8 月,其中 8 月共发生暴雨 23 次, 居全年之首。最强的一次暴雨出现在 2001 年 8 月 6 日,24 h 降水量达 172.9 mm。

(2)杭州

1951—2010 年,杭州站共观测到 24 h 内 50 mm 以上暴雨 199 次,年平均 3.32 次, 100 mm 以上大暴雨 22 次。杭州站暴雨在一年之中最早出现在 1 月,最晚出现在 11 月,除 12 月外,其他各月均有暴雨记录,暴雨主要集中在 6—9 月,其中 6 月共发生暴雨 58 次,居全年之首。最强的一次暴雨出现在 2007 年 10 月 8 日,24 h 降水量达 191.3 mm。

(3)宁波

1953—2010 年,宁波鄞州站共观测到 24 h 内 50 mm 以上暴雨 184 次,年平均 3.17 次, 100 mm 以上大暴雨 21 次。鄞州站暴雨在一年之中最早出现在 1 月,最晚出现在 12 月,除 2 月外,其他各月均有暴雨记录,暴雨主要集中在 6—9 月,其中 9 月共发生暴雨 48 次,居全年之首。最强的一次暴雨出现在 1963 年 9 月 13 日,24 h 降水量达 235.9 mm。

（4）福州

1953—2010 年,福州站共观测到 24 h 内 50 mm 以上暴雨 223 次,年平均 3.84 次,100 mm 以上大暴雨 36 次。福州站暴雨在一年之中最早出现在 2 月,最晚出现在 12 月,除 1 月外,其他各月均有暴雨记录,暴雨主要集中在 5—9 月,其中 6 月和 8 月均出现过 46 次暴雨。最强的一次暴雨出现在 2005 年 10 月 3 日,24 h 降水量达 195.6 mm。

（5）厦门

1954—2010 年,厦门站共观测到 24 h 内 50 mm 以上暴雨 252 次,年平均 4.42 次,100 mm 以上大暴雨 57 次,250 mm 以上特大暴雨 1 次。厦门站暴雨在一年之中最早出现在 2 月,最晚出现在 12 月,除 1 月外,其他各月均有暴雨记录,暴雨主要集中在 5—9 月,其中 8 月共发生暴雨 54 次,居全年之首。最强的一次暴雨出现在 2000 年 6 月 18 日,24 h 降水量达 315.7 mm。

（6）深圳

1953—2010 年,深圳站共观测到 24 h 内 50 mm 以上暴雨 535 次,年平均 9.22 次,100 mm 以上大暴雨 141 次,250 mm 以上特大暴雨 9 次。深圳站各月均有暴雨记录,暴雨主要集中在 5—9 月,其中 8 月共发生暴雨 107 次,居全年之首。最强的一次暴雨出现在 2000 年 4 月 14 日,24 h 降水量达 344 mm。

（7）海口

1951—2010 年,海口站共观测到 24 h 内 50 mm 以上暴雨 440 次,年平均 7.35 次,100 mm 以上大暴雨 109 次,250 mm 以上特大暴雨 7 次。海口站暴雨在一年之中最早出现在 3 月,最晚出现在 12 月,除 1 月和 2 月外,其他各月均有暴雨记录,暴雨主要集中在 5—10 月,其中 9 月共发生暴雨 98 次,居全年之首。最强的一次暴雨出现在 1996 年 9 月 20 日,24 h 降水量达 327.9 mm。

（8）天津

1954—2010 年,天津站共观测到 24 h 内 50 mm 以上暴雨 106 次,年平均 1.89 次,100 mm 以上大暴雨 13 次。天津站暴雨在一年之中均出现在 4—10 月,主要集中在 7—8 月,其中 7 月共发生暴雨 48 次,居全年之首。最强的一次暴雨出现在 1962 年 7 月 25 日,24 h 降水量达 158.1 mm。

**2. 年降水量的时空变化特征**

从空间上看,我国沿海地区降水量呈明显的南多北少态势。南方城市的多年平均降水量均在 1000 mm 以上,钦州的多年平均降水量最大（2126 mm）;与之相比,北部的沿海城市多年平均降水量均不足 1000 mm,天津多年平均降水量最小,仅为 543 mm。从时间上看,北方沿海城市在过去的几十年间降水均呈下降趋势,大连和天津下降趋势十分显著;与之相比,东南沿海地区大部分城市降水呈上升趋势,广州、钦州和厦门 3 个城市降水的上升趋势十分显著。厦门、广州、北海和海口 4 个城市年降水量的变化幅度较大,分别达到了 60、35、38 和 -41 mm/10a（图 2.17）。

**3. 极端降水的时空变化特征**

选取各城市站点全部日降水量序列的 95 百分位数值作为极端降水的阈值,不同城市站点的降水阈值如图 2.18 所示。可见,沿海地区城市极端降水阈值由南向北递减。进一步选用多种指标分析各城市站点强降水的时空变化特征,各指标名称和定义见表 2.3。

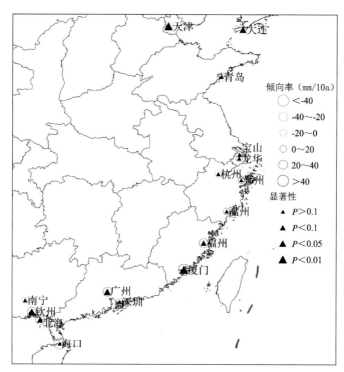

图 2.17　典型沿海城市年降水量年际变化特征（$P<0.1$ 表示降水变化趋势能通过 $\alpha=0.1$ 的显著性检验，$P>0.1$ 表示降水序列在 $\alpha=0.1$ 的显著性水平无显著变化趋势）

图 2.18　中国沿海地区典型城市站点的极端降水阈值（单位：mm）

表 2.3　降水指标定义

| 降水指标 | 定义 |
| --- | --- |
| 湿润日 | 年内降水超过 1 mm 的日数 |
| 年极端降水量 | 年内日降水量超过极端降水阈值的降水量之和 |
| 年极端降水频数 | 年内日降水量超过极端降水阈值的日数 |
| 年极端降水强度 | 年极端降水量与年极端降水频数的比值 |
| 年极端降水量占年降水量比重 | 年极端降水量与年降水量总量的比值 |

(1)湿润日变化

图 2.19 给出了中国沿海地区典型城市站点湿润日的年际变化趋势。除个别城市站点呈微弱的上升趋势外,我国沿海地区湿润日基本都在逐年递减,北部湾地区和渤海沿岸下降趋势十分显著,超过了 0.05 的显著性水平。

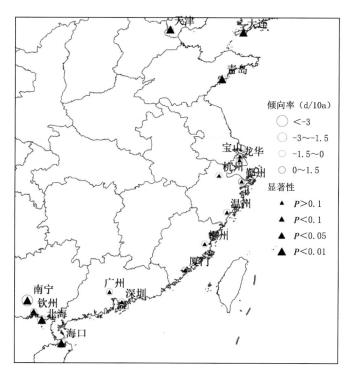

图 2.19　沿海城市站点湿润日年际变化趋势($P < 0.1$ 表示降水变化趋势能通过 $\alpha = 0.1$ 的 Mann-Kendall 显著性检验,$P > 0.1$ 表示降水序列在 $\alpha = 0.1$ 的显著性水平无显著变化趋势)

(2)年极端降水量变化

图 2.20 给出了中国沿海地区典型城市站点年极端降水量的年际变化趋势。我国东南沿海地区城市站点的年极端降水量都呈增加趋势,厦门、广州、钦州和北海 4 个城市年极端降水量增加趋势最为显著,均超过了 0.05 的显著性水平。与之相比,黄海和渤海沿岸城市年极端降水量都呈下降趋势,天津、大连呈显著下降趋势。

(3)年极端降水频数变化

中国沿海地区典型城市站点年极端降水频数的年际变化趋势见图 2.21。可以看出,其变

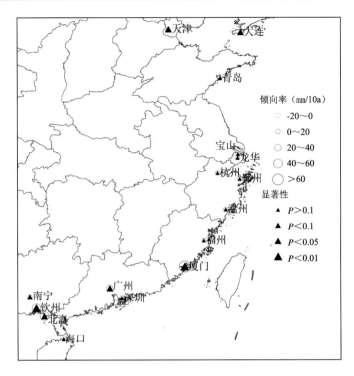

图 2.20　沿海城市站点年极端降水量年际变化趋势（P＜0.1 表示降水变化趋势能通过 α＝0.1 的
Mann-Kendall 显著性检验，P＞0.1 表示降水序列在 α＝0.1 的显著性水平无显著变化趋势）

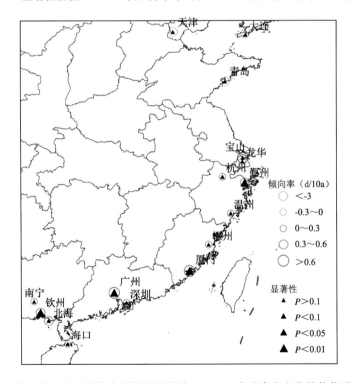

图 2.21　沿海城市站点年极端降水频数变化趋势（P＜0.1 表示降水变化趋势能通过 α＝0.1 的
Mann-Kendall 显著性检验，P＞0.1 表示降水序列在 α＝0.1 的显著性水平无显著变化趋势）

化趋势与年极端降水量呈现出相同的区域特征,即我国东南一带沿海城市站点年极端降水频数均呈上升趋势,鄞州、厦门、广州和钦州上升趋势显著,超过了 0.01 的显著性水平;渤海、黄海沿岸城市年极端降水频数均呈下降趋势,但不显著。

(4)年极端降水强度变化

图 2.22 给出了中国沿海地区典型城市站点年极端降水强度的变化趋势,其变化呈现出明显的区域性特征。海峡西岸和北部湾地区年极端降水强度均呈上升趋势,北海、厦门上升趋势十分显著。其他地区年极端降水强度多呈下降趋势,大连、鄞州下降趋势显著。

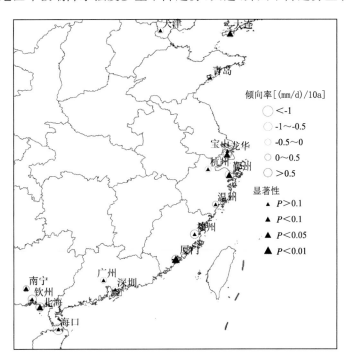

图 2.22　沿海城市站点年极端降水强度变化趋势($P<0.1$ 表示降水变化趋势能通过 $\alpha=0.1$ 的
Mann-Kendall 显著性检验,$P>0.1$ 表示降水序列在 $\alpha=0.1$ 的显著性水平无显著变化趋势)

(5)年极端降水量占年降水量比重变化

中国沿海地区典型城市站点年极端降水量占年降水量比重的年际变化趋势见图 2.23。由图可见,各地区年极端降水量所占比重均在上升,以厦门和北部湾地区最为显著,均超过了 0.05 的显著性水平。

综上所述,湿润日和极端降水频数的变化说明降水在年内的分配呈集中化趋势。从区域上看,极端降水的频率和总量在我国东南沿海地区基本上呈上升趋势,且呈现出较明显的区域性特征。北部湾地区极端降水上升趋势非常显著,其各项降水参数的变化趋势均超过了 0.05 的显著性水平,该区域沿海城市受内涝威胁十分严重。随着纬度上升,极端降水的变化逐渐趋于平缓,海峡西岸地区极端降水仍呈上升趋势,但相对平缓;东海沿岸地区极端降水仅呈微弱的上升趋势;渤海一带极端降水的变化呈减少趋势。

另外,观测事实表明,在市区及城市下风方地区有降水量增多的现象,即城市雨岛效应。对比沿海地区大城市和周边非大城市站点各项降水参数的变化趋势,南方沿海地区大城市日

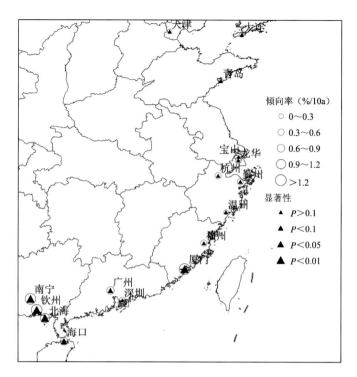

图 2.23　沿海城市站点年极端降水量占年降水量比重变化趋势($P<0.1$ 表示降水变化趋势能通过 $\alpha=0.1$ 的 Mann-Kendall 显著性检验，$P>0.1$ 表示降水序列在 $\alpha=0.1$ 的显著性水平无显著变化趋势)

极端降水量、频数和占年降水量比重与周边非大城市站点观测序列变化趋势差呈上升趋势；北部湾、海峡西岸、长江三角洲地区大城市日极端降水强度与周边非大城市站点观测序列变化趋势差呈上升趋势。渤海沿岸地区城市年极端降水量、强度、频数在过去 50 年间均呈下降趋势，但其下降幅度较周围非大城市更为平缓，这反映出城市雨岛效应对城市极端降水能起到了放大作用(王莘莘，2008)。

# 第三节　中国高温特征

**1. 高温出现频率增加**

伴随全球气候变暖，中国高温事件出现频率增加、强度增大，对人体健康和能源影响加重。2016 年，全国平均气温 10.36 ℃，较常年(9.55 ℃)偏高 0.81 ℃，为 1951 年以来第三高值，仅次于 2015 年(10.49 ℃)和 2007 年(10.45 ℃)。

2000—2013 年，全国极端高温范围平均达 626 县，占全国总县数的 27.4%，是常年的 2.2 倍；全国平均每年有 105 县突破最高气温历史极值，超过常年 1 倍以上。2013 年我国南方出现了 1951 年以来最强高温热浪，有 337 县最高气温达到 40 ℃以上，浙江北部连续 8 d 最高气温超过 40 ℃；有 372 站次高温突破历史极值，杭州 7 次突破历史纪录。2013 年夏季，南方罕见高温热浪导致上海、湖北、江苏、江西、浙江、湖南等多地出现中暑死亡病例，呼吸系统疾病和心脑血管系统疾病人数猛增，7 月上海中心城区 13 人因高温中暑死亡。

　　2016 年夏季中国继 2013 年后再次遭遇大范围高强度的高温热浪事件,年内全国平均高温日数 10.7 d,较常年(7.7 d)偏多 3 d(图 2.24),夏季全国平均高温日数 9.9 d,比常年同期偏多 3 d,为 1961 年以来第二多值,仅次于 2013 年(10.4 d)。华南夏季高温日数(24.6 d)比常年同期偏多 10.4 d,为 1961 年以来最多值(图 2.25)。广东、广西、甘肃夏季高温日数均为 1961 年以来最多值;四川为第二多值。南方 11 省(区、市)平均高温日数 19 d,为 1961 年以来最多值。夏季全国出现 4 次区域性高温天气过程,其中 7 月下旬至 8 月下旬连续出现 2 次高温天气过程,范围广、强度大、持续时间长。7 月 20 日至 8 月 26 日,全国共有 30 省(区、市)1653 县(市)出现日最高气温超过 35 ℃的高温天气,新疆吐鲁番(46.8 ℃)和托克逊(46.6 ℃)、内蒙古新巴尔虎右旗(44.1 ℃)、陕西旬阳(43.6 ℃)、重庆开州(43.4 ℃)等 103 县(市)日最高气温超过 40 ℃;64 县(市)突破当地历史极值;重庆开州 40 ℃以上连续高温日数达 14 d,与历史最长纪录持平。

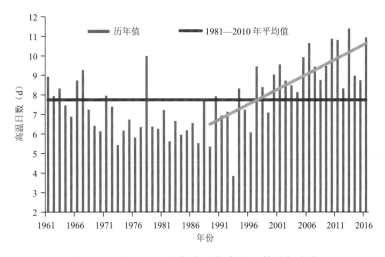

图 2.24　1961—2016 年全国年高温日数历年变化

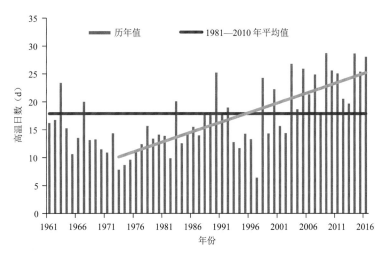

图 2.25　1961—2016 年华南夏季高温日数历年变化

2016年,全国共有384站日最高气温达到极端事件标准,极端高温事件站次比为0.34,较常年(0.12)明显偏多。全国有83站日最高气温突破历史极值,主要分布在四川、重庆、内蒙古、甘肃、青海、云南、海南等省(区、市),其中内蒙古新巴尔虎右旗最高气温44.1℃。年内,全国有413站连续高温日数达到极端事件标准,极端连续高温日数事件站次比(0.3)较常年(0.13)偏多。

**2. 高温日数存在地域性差异**

中国极端高温日数的变化趋势表现出明显的地域性差异,总体呈"+-+"纬向分布。杭州湾附近、珠江入海口地区增加趋势显著,且通过0.05信度检验的站点呈集中分布。减小趋势的站点主要分布在长江和黄河之间,云贵高原、黄土高原和大兴安岭这一带状区域的增加趋势也比较明显(图2.26)(梁梅,吴立广,2015)。持续高温日数的变化趋势,空间分布上与极端高温日数的变化趋势大体相同,不同之处主要表现在长江下游的江西、安徽、江苏等省份持续高温日数明显减小,而极端高温日数却增加。值得注意的是,杭州湾附近地区持续高温事件频数是增多的。

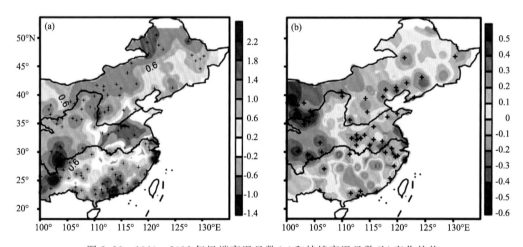

图2.26　1960—2012年极端高温日数(a)和持续高温日数(b)变化趋势
(+号表示通过0.05显著性水平检验,单位:d/10a)

杭州湾地区夏季降水日数与降水量都是增加的,已有的研究指出长江下游的杭州湾地区降水强度明显增大,大雨、暴雨等极端降水事件频发。降水日数和降水量的增多、降水强度的增大,可能在一定程度上打断了高温的持续性,表现为持续高温事件频发,但每次持续的时间有所减小。上海持续高温日数以-0.31d/10a减小,持续高温事件频数以0.14d/10a增加,表明了杭州湾附近地区持续高温更频发但持续时间有所减小。

**3. 高温日数有季节尺度分布**

极端高温日数存在明显的次季节尺度分布和地域性差异,6月和8月呈现相反空间分布形态(图2.27)。中国北方地区包括黄淮流域、华北、东北区域的极端高温日集中发生在6月和7月,每月高温日数都在2d以上,8月较少。夏季华北平原和东北平原升温较其他地区早,

6月日最高气温较早地达到极端高温日的阈值。结合变化趋势可知,6、7月北方地区极端高温日数呈现显著上升趋势。中部地区是南北方的分界区域,从6月和8月极端高温日数的分布可知,极端高温日数南北梯度明显。该地区高温日数变化与北方地区不同,表现为明显减少,减小的趋势主要发生在7、8月。中国东南地区、重庆附近地区的极端高温日集中在7、8月,平均每月2 d以上。

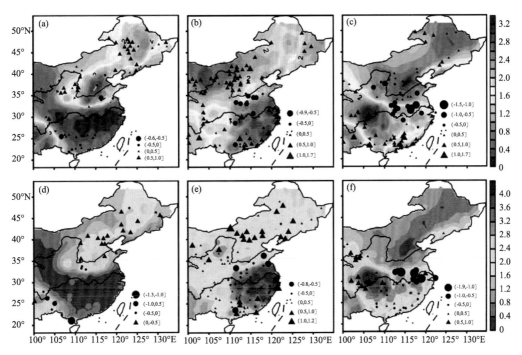

图2.27　1960—2012年6—8月极端高温日数(a—c)和持续高温日数(d—f)
气候平均分布(阴影)和变化趋势(单位:℃/10a)
(a,d)6月;(b,e)7月;(c,f)8月

　　进一步分析可知,中国东南地区,重庆附近地区又有差别,东南地区极端高温主要发生在7月,高温天数达3 d以上,东部沿海城市达3.5 d。重庆附近地区主要集中在8月,高值中心在重庆西部,为3.5 d。结合变化趋势分析,长江以南的东南沿海高温日数增加主要发生在7、8月,杭州湾附近、珠江入海口区域最显著,而6月变化不明显。杭州湾附近地区7、8月极端高温日数占整个夏季极端高温日的98%,几乎包括整个夏季的极端高温日,2000年之前该地区极端高温日数一直处于波动的变化,之后显著增加。华南地区7、8月极端高温日数占整个夏季的90%,增长速率为0.81 d/10a,是增长速率最大的区域。

　　北方地区6、7月持续高温时间均比8月长,且持续高温日数明显多大。中部地区同样呈现南北梯度,且减小趋势也主要发生在7、8月。7月,长江中下游及以南地区持续高温时间最长,长达3 d以上。7月东部地区持续高温日数的变化趋势空间分布与整个夏季比较一致。8月,重庆附近地区持续高温日数明显高于其他地区,且呈现增多的趋势。

## 第四节　上海降水气候变化特征

**1. 降水基本特征**

上海位于长江和黄浦江入海汇合处,濒临太平洋西岸,亚洲大陆东沿,北界长江,东濒东海,南临杭州湾,是长江三角洲冲积平原的一部分。气候温和湿润,春秋较短,冬夏较长,属北亚热带季风性气候,四季分明,日照充分,雨量充沛。上海徐家汇气象站是长江中下游地区唯一一个有百年以上连续降水观察资料的测站,上海降水的多年变化特征对于 110°E 以东、27°~35°N 范围内的大陆地区有相当广泛的代表性(屠其璞,1991)。

上海百年降水的长期趋势并不明显,但呈现有 3 个规则、完整的波动(图 2.28),3 个少雨偏干期为 19 世纪末至 1905 年、1921—1940 年、1960—1981 年;3 个多雨偏湿期为 1906—1920 年、1941—1959 年、1982 年至 21 世纪初(图 2.29)。上海降水存在着一个约 35 a 的周期性波动(周丽英 等,2001),近 50 年来,特别是近 30 年来,虽受人类经济活动干预,但上海降水 35 a 左右的准周期性比较稳定,并略长于中国东部准降水周期 32 a(徐家良,2000)。

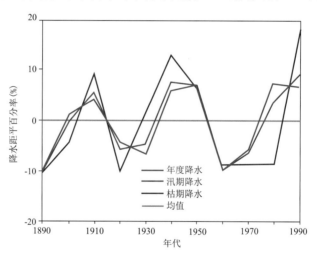

图 2.28　1893—1999 年上海各年代年度与汛、枯期降水距平百分率曲线

通过各月以及各雨期的地区差异比较,了解上海地区降水分布。上海地区 3—5 月主要是春雨,占全年雨量的 25.8%;6—7 月主要是梅雨,占全年雨量的 27.6%;8—9 月主要是台风雨,占全年雨量的 25.2%;其余月份雨量占全年降水的 21.3%。

1995 年以来,上海地区 5—9 月暴雨逐渐向强、中、局部、特短方向演变,且年平均暴雨雨强增加,短时局部性强降水已成为上海地区 5—9 月最有破坏力的气象灾害之一。5—9 月弱暴雨最多,中暴雨次之,强暴雨最少;局部暴雨最多,小片暴雨次之,全区和大片暴雨较少;7、8 月暴雨较多,以短时局部性暴雨为主,8 月尤甚;6、9 月暴雨次之,一般暴雨占首位,6 月长和特长暴雨多于短和特短暴雨,9 月反之;5 月暴雨最少(贺芳芳 等,2009)。

上海地区雨量总体呈正增长趋势。市区降水增幅最大,平均年增长率高于周边郊县 0.5 倍左右;川沙年降水增长仅次于市区,略高于嘉定、闵行、青浦;南北远郊增幅最小。导致这种

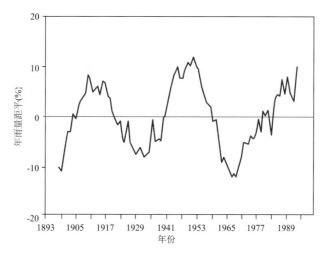

图 2.29　1893—1999 年上海年雨量 11 年移动平均曲线

降水变率分布有 2 个主要原因，一是城市化发展的影响，改革开放后浦东经济发展迅速，闵行、嘉定、宝山离市区较近，经济发展也小城市化，人为释热明显，对雨岛效应产生一定贡献；二是浦东、宝山地区位于长江的出海口，受海陆摩擦、海风作用显著，在东风扰动下海风效应可以越过市区到达闵行、嘉定、青浦一带，导致降水增大。崇明岛以及上海南端的金山嘴、芦潮港受雨岛效应影响较小。

春雨期（3—5 月），上海降水出现南多北少的地区差异，南汇与嘉定、崇明的月雨量差值为 14～17 mm，春雨期间上海的天气系统主要是源自陆地的温带气旋。梅雨期，上海主导风向为东南，等雨量线的分布出现以市区及其下风向嘉定为中心的高值闭合区，市区与远郊的月均雨量差为 20～40 mm，雨岛效应显著。台风雨期，上海主导风向为南、东南，等雨量线的分布出现市区及其东侧川沙为中心的高值闭合区，并且越向远郊降水越少。10 月—次年 2 月为晚秋和冬雨期间，多年平均降水量地区差异不大，雨量呈东南向西北方向微幅递减。

**2. 小时降水量变化**

上海徐家汇站具有小时降水近百年记录。近百年来以徐家汇为代表的城市站表现出极端小时强降水增强的变化趋势，新中国成立以来的增大趋势更为明显[2.72 mm/(h·10a)，通过 0.05 信度检验]，其中又以近代（1981—2014 年）的增大趋势[6.60 mm/(h·10a)]尤为显著（图 2.30）。

近半个世纪（1965—2014 年）以来，上海地区基本观测站的年小时降水极值呈现显著的增大趋势（通过 0.001 信度检验），增加速率每 10 年增加 6.2 mm/h。最近 10 年（2005—2014 年）平均的小时极值降水强度（85.5 mm/h）较 1965—1974 年（57 mm/h）要增强 50％（图 2.31）。

上海地区 11 个基本观测站自 20 世纪 80 年代起有完整的小时降水记录，因此采用 1981—2014 年 4—9 月逐时降水量的 99.9 百分位确定各站小时强降水事件阈值。阈值的空间分布呈现出城市站（徐汇、浦东）高于近郊站（宝山、闵行、嘉定、松江）和沿海站（奉贤、南汇、崇明），沿海站高于近郊站的特征，表现出明显的城市雨岛效应（图 2.32）。

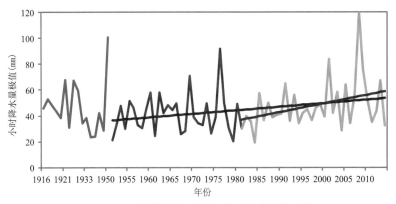

图 2.30　上海徐家汇近百年小时降水极值变化

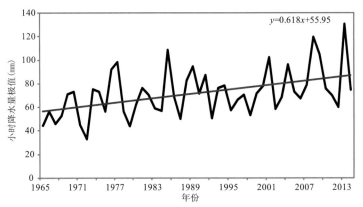

图 2.31　上海地区基本观测站的年小时降水极值

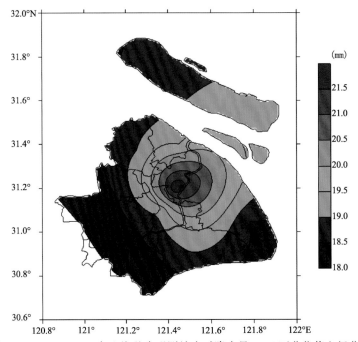

图 2.32　1981—2014 年上海基本观测站小时降水量 99.9 百分位值空间分布

如图 2.33 所示,1981—2014 年强降水事件的演变总体呈现增加趋势,线性趋势为 0.32
站次/a;从年代际变化来看,强降水事件也呈现出增加的趋势,1998—2014 年的平均发生频次
为 53 站次/a,较 1981—1997 年的平均 45 站次/a 要高出 8 站次。但从 4—9 月总降水量来看,
前后 2 个时段的平均降水量变化不大(分别为 801、797 mm/站),表明 1998—2014 年夏半年降
水量更易集中出现于小时强降水事件。

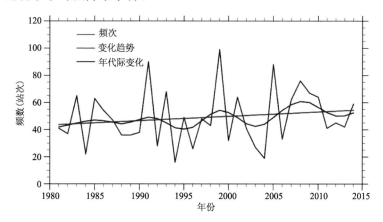

图 2.33　上海快速城市化阶段(1984—2014 年)小时强降水的年频数及变化趋势

小时强降水事件的逐月分布呈现单峰型分布,峰值出现在盛夏 7—8 月(8 月最多),平均
占夏半年小时强降水事件的 63%。另外,初夏 6 月及夏末初秋 9 月也是小时强降水的多发时
段,分别占夏半年的 17% 和 16%。春夏转换季节(4—5 月)发生频数相对较少。8 和 6 月小时
强降水事件增加明显(趋势分别为 3.2、1.7 站次/10a),7 月线性趋势不明显,9 月则呈现明显
减少趋势(趋势为-1.3 站次/10a)(图 2.34)。

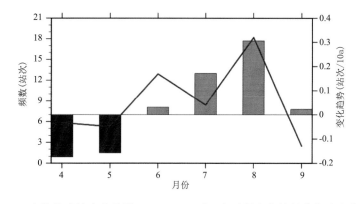

图 2.34　上海快速城市化阶段(1984—2014 年)小时强降水的月分布及变化趋势
(红线表示多年平均,柱状表示趋势)

### 3. 强降水雨型特征

小时强降水事件的多年平均日内变化呈现单峰型分布。17—23 时为日内强降水事件多
发时段,其中 17—21 时为峰值时段,13—16 时和 00—04 时是另外 2 个强降水事件发生时段;
07—12 时为强降水相对少发时段(图 2.35)。

长期变化总体呈现出 10—22 时增加、23 时至次日 09 时减少的趋势,常年强降水发生峰值时段(18—22 时)的增加趋势最为明显。

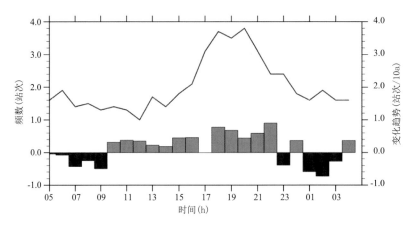

图 2.35 上海快速城市化阶段(1984—2014 年)小时强降水的日分布及变化趋势
(红线表示多年平均,柱状表示趋势)

各站点 34 年的小时强降水事件的变化趋势呈现出明显的城市化效应特征,即市区浦东和徐汇站及近郊闵行和嘉定站增加趋势明显,线性趋势为每 10 年增加 0.5～0.7 次,其他郊区站变化趋势不大或者有弱的减少趋势。由于上海地区各站总的强降水事件频数呈增加趋势,表明强降水事件更集中于城区与近郊(图 2.36)。

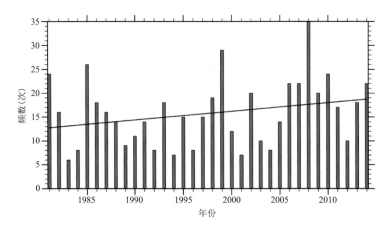

图 2.36 上海快速城市化阶段(1984—2014 年)突发强降水的年频数

按照小时强降水站点覆盖比例小于 10%、10%～33.3%、33.3%～50% 及大于 50%,划分为局地、小范围、区域性、大范围小时强降水。

多年平均局地小时强降水出现的概率(25 次/a)最大,占所有类型小时强降水的 74.5%;小范围小时强降水出现的概率(8 次/a)次之,占所有类型小时强降水的 22.3%;区域性及大范围性小时强降水相对出现较少,仅占 3.2%。表明小时强降水事件具有明显的局地性或小范围特征。

就 1981—2014 年的变化趋势而言,局地和小范围小时强降水都呈现明显的增加趋势,特别是局地小时强降水,增加趋势达 1.5 次/10a(图 2.37)。

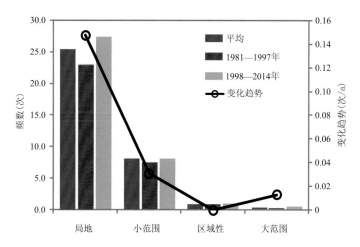

图 2.37　不同类型小时强降水事件的多年平均发生频数及 1981—2014 年变化趋势

从各类型小时强降水事件的多年演变来看,突发型小时强降水事件呈明显的增多趋势,平均每 10 年增加 1.8 个站次,增长型小时强降水事件则呈减少趋势(0.75 站次/10a),持续型小时强降水事件变化趋势不明显(排除 2005 年发生频数异常多的年份,则有微弱的减少趋势)。由此表明,1981 年以来上海地区小时强降水愈来愈集中于突发型,即突发性特征更为显著(图2.38)。

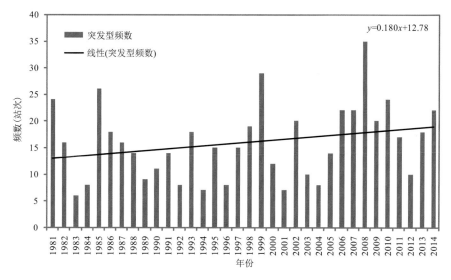

图 2.38　突发型小时强降水频数的长期变化(站次)

### 4. 城市化对强降水长期变化的影响

利用 EOF 方法分析了上海快速城市化时期(1981—2014 年)强降水事件在时间序列上的频率异常和降水总量变化,进一步确认强降水事件在上海城乡的差异是否受不同地区气候变率的影响。从图 2.39 可以看出,城市化造成强降水事件城乡差异显著。强降水事件频率的

EOF 第二特征向量的方差贡献率为 12.4%,显示了从南到北的相反的空间分布类型。因为城市和郊区代表站分别位于上海市北部和中心地区,EOF2 能够反映城乡差异及其变化。EOF2 的主成分趋于减弱。自 1981 年以来,上海南部地区的城市和郊区相比农村,强降水事件的频率有更强的增大趋势。因此,城市化进程对于降水频率的空间异质性产生重要影响。总雨量的第二特征向量(方差贡献率为 12.1%)表明,中心城区具有明显雨岛效应,主成分也有显著

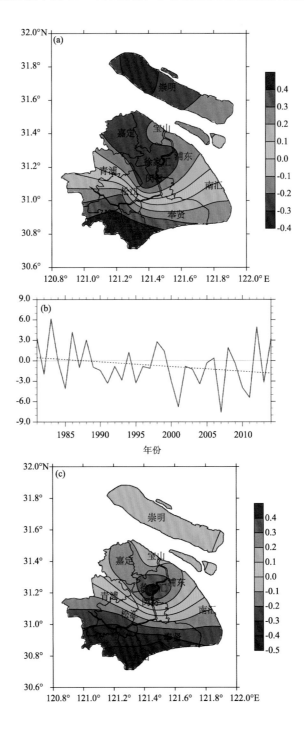

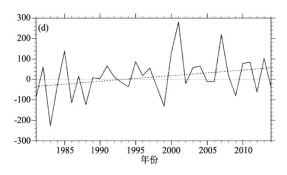

图 2.39 强降水事件的总雨量和频率的 EOF 第二模态特征向量和主要因子分析
(a)频率因子;(b)主要因子;(c)总雨量因子;(d)主要因子

的增加(通过 0.05 信度检验)。上述分析表明,城市化对于增加暴雨强度比增加暴雨频率具有更加显著的作用。

根据上海人口密度,徐家汇和浦东作为城市代表站,崇明、南汇、金山、青浦和奉贤作为乡村代表站。为了量化城市化对强降水长期变化的影响,城市雨岛效应的贡献百分比(URIE)定义如下:

$$\text{URIE} = (TR_{\text{urban}} - TR_{\text{reg}})/TR_{\text{urban}} \times 100\% \qquad (2.1)$$

式中,$TR_{\text{urban}}$表示城市代表站的长期趋势,$TR_{\text{reg}}$为整个上海地区的长期趋势平均。

表 2.4 显示了强降水事件的总降水量趋势,城市代表站为 2.4 mm/a,分别是农村代表站 (0.3 mm/a)和郊区代表站(1.2 mm/a)的 8 倍和 2 倍。整个上海地区的强降水事件平均降水量为 0.9 mm/a。根据公式(2.1)算出城市化对强降水的长期趋势贡献率高达 62.5%,对于强降水的频率增加趋势贡献率达到 54.7%。对于降水的频率和强度的贡献显示出明显的城乡差异,即城市雨岛特性。城市和郊区之间的强降水强度变化趋势对比最为明显,如徐家汇站和浦东站都显著增加(分别通过 0.05 和 0.1 的信度检验),郊区站呈现不明显的增加趋势[0.3 mm/(h·10a)],市郊出现微弱的下降趋势。根据公式(2.1)可以算出城市化对于强降水强度变化的贡献率超过 50%。

表 2.4 1981—2014 年城市化效应对上海小时强降水趋势贡献的对比

| 站点 | 总降水量趋势 (mm/a) | 频率趋势 (次/10a) | 强度趋势 (mm/(h·10a)) |
|---|---|---|---|
| 上海区域 | 0.9 | 0.29 | 0.19 |
| 城市代表站 | 2.4 | 0.64 | 2.3 |
| 农村代表站 | 0.3 | 0.16 | −0.16 |
| URIE(%) | 62.5 | 54.7 | >50 |

从上面的分析可以看出,强降水的出现频率和强度都伴随城市化发展而增强,从而进一步增加强降水的总量。基于线性倾向估计方法可知,城市代表站变化趋势的影响贡献率的一半可以由城市化来解释。为了减少以上分析的不确定性,考虑到降雨的非线性和非平稳变化,此处利用 EEMD 方法分析频率的时间变化、强降水总量变化和强度变化,进一步研究强降水演变的城乡差异倾向。EEMD 方法与线性倾向估计相比,总降雨量和频率的变化趋势更加明

显,表现出更强的城市化影响。例如,图 2.40 清晰地显示了自 20 世纪 90 年代后期开始的快速城市化时期城郊强降水强度的趋势差异。在 21 世纪,城市强降水强度逐年增加,而整个上海地区的平均强度和郊区的强度变化较小。1981—2014 年,城市站点的降水强度从 1981 年的 29.8 mm/h 提高到 2014 年的 42.6 mm/h,同时郊区站点以及整个上海地区呈现出非常缓慢的增长趋势。因此,EEMD 分析进一步支持了城市化对于强降水事件长期变化具有重要贡献的结论。

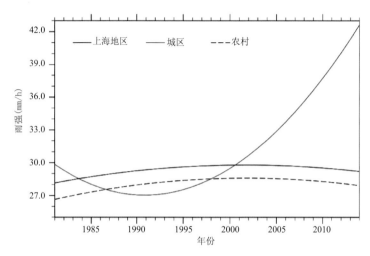

图 2.40　1984—2014 年强降水事件强度趋势的 EEMD 分析
(红色实线:城市地区;黑色实线:整个上海地区;黑色虚线:农村地区)

城市代表站(徐汇、浦东)和农村代表站(崇明、南汇、金山、青浦、奉贤)降水强度日变化均显示出单峰型特点,峰值出现在下午到晚上。但在晚高峰时段(16—21 时),城市比农村更加频繁地发生强降水。对比强降水高发时段,城市高峰段(16—21 时)比郊区高峰段(17—20 时)持续时间要长,并且城市的峰值时间为 19 时,比郊区峰值时间(18 时)延后 1 小时(图 2.41)。城市化可能容易导致强降水事件的扩大和降雨高峰时间的延迟。

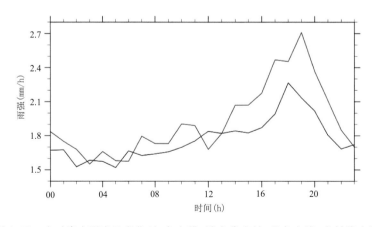

图 2.41　小时降水强度日变化(红色实线:城市代表站;蓝色实线:农村代表站)

**5. 气候变化对强降水长期变化的影响**

EOF第一模态分析结果表明,上海地区的强降水事件频率和总降水量呈现一致性变化态势。图2.42的散点显示了基于各自变量的年代际变率的全球气象站点平均温度和上海暴雨事件频率异常之间的关系。上海地区强降水事件的频率异常随全球平均温度变化,线性相关性通过0.01信度检验。相对于1981—2010年的平均态水平,上海强降水频率增加4%,全球平均温度异常上升0.1 ℃。这表明地表温度上升有利于强降水事件的出现。

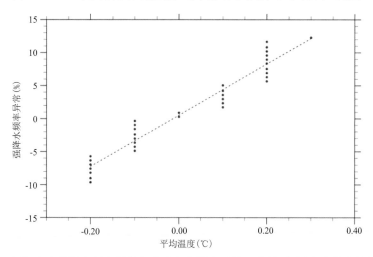

图2.42　上海地区强降水频率异常与全球气象站点平均温度关系(黑色虚线为线性拟合线)

另外,从温度和强降水事件之间的相关系数空间分布来看(图2.43),高度相关区域位于中心城区和邻近的郊区,尤以城区相关较高(通过0.05信度检验)。城区强降水高发可能还与

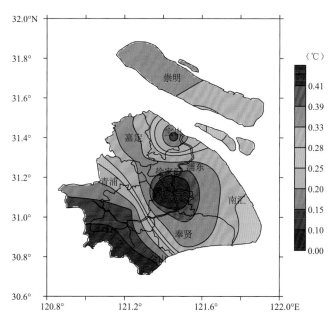

图2.43　逐年4—9月暴雨时间频率和气温的相关系数空间分布

海风环流背景相关。图 2.44 显示了上海 4—9 月盛行风方向。上海作为一个沿海城市,邻近海域盛行的东南风带来充足的水分,中心城区和邻近郊区的风向辐合区域与热岛效应面积相当近似。这意味着热岛和海风环流存在的情况下,更容易发生强降水事件。

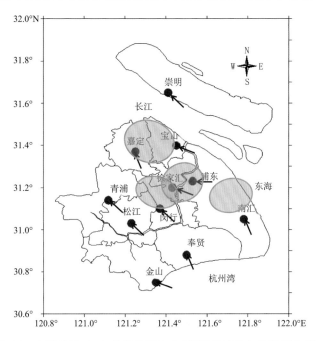

图 2.44　上海地区 4—9 月盛行风方向(阴影表示风向显著辐合区域)

地表变暖也有助于增加大气水分。例如,8 月强降水增加最为明显,地表温度年代际变化与总可降水量呈显著正相关,相关系数达到 0.32(通过 0.05 信度检验)。进一步从图 2.45 可以看出,上海 8 月可降水量和强降水事件频率具有一致的年代际变化趋势。因此,地表增温造成的大气含水量的增加是上海强降水事件增强的又一因素。

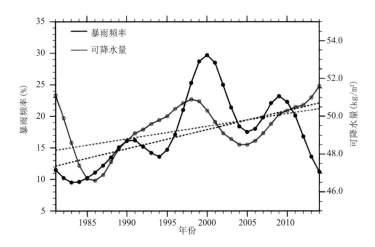

图 2.45　上海地区 8 月暴雨时间频率和可降水量的年代际变率和长期趋势
(曲线代表年代际变率,斜线代表趋势)

　　水汽辐合是降水的一个基本物理条件。图 2.46 显示了上海夏半年的总水汽通量散度输送的长期变化,水汽辐合是散度呈现大大降低趋势的主导因素,即上海地区辐合水汽呈现出显著增加趋势,增加速度为 $0.46 \times 10^{-5}$ kg/(m²·s)(高于 99% 置信水平)。1998—2014 年平均水汽辐合速率为 $1.75 \times 10^{-5}$ kg/(m²·s),是前一时期(1981—1997 年)速率($0.61 \times 10^{-5}$ kg/(m²·s))的 1.8 倍,更加利于强降水的出现。

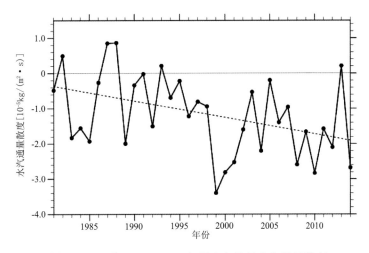

图 2.46　上海 1981—2014 年夏半年的总水汽通量散度

　　大气不稳定层结是强降水形成的另一个重要动力条件。采用 K 指数探讨大气稳定性对于强降水长期变化的影响。如图 2.47 所示,1981 年以来上海地区 8 月的 K 指数呈现显著增加的趋势,增速为 1.0 ℃/10a(超过 99% 置信水平),即大气不稳定性显著增强。此外,1998—2014 年平均 K 指数为 30.4 ℃,有利于强对流天气的发生,这可能是强降水事件增多的一个重要条件。6 月的情况与 8 月类似。9 月 K 指数增长较缓(0.24 ℃/10a),这是由于大多数年份的 K 指数都低于 25 ℃,大气层结不利于强对流天气的发生,这大致与 9 月强降水事件的减少趋势相符合。此外,8 月地表温度和西太平洋副热带高压 500 hPa 强度都与 K 指数显著相关。这意味着与大尺度环流系统相关的局地变暖可能增强了大气的不稳定性,也是整个上海地区强降水事件一致性增加的重要原因之一。

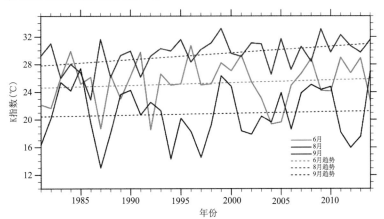

图 2.47　上海 1981—2014 年 6、8 和 9 月的 K 指数(曲线)和趋势(虚线)

综上所述,频繁出现的暴雨、温度升高、水汽含量增加、水汽通量辐合和大气不稳定性增强都为强降水提供了有利的物理背景,也是上海快速城市化时期小时强降水持续增加的重要原因。另外,城市雨岛效应是导致强降水频率长期变化的另一个重要因素。据初步估计,城市代表站强降水 50% 的倾向可以由城市化来解释。

# 第五节　上海高温变化特征

上海市是中国重要的经济中心,地处长江下游地区,属于亚热带季风气候区,夏季炎热,是极端高温天气的多发区域。随着城市化进程的加快,尤其是改革开放以来,1978—2013 年上海市人口数量显著增多,常住人口从 1104.0 万人增长至 2415.2 万人(上海统计局,2014)。与此同时,极端高温天气事件呈增多的趋势。

高温热浪指标反映了夏季高温持续的时间。参考中国气象局对极端高温的定义(气温≥35 ℃为高温天气),即每个站点出现连续 5 日气温≥35 ℃的高温天气即定义为一次高温热浪过程,分析上海地区高温热浪事件发生频次、高温热浪日数和高温热浪强度。高温热浪事件发生频次是指某站某年夏季出现高温热浪过程的次数;高温热浪日数是指某站某年夏季全部高温热浪过程的累计日数,一次高温热浪过程的长短也反映了高温热浪影响的大小,一般来说,高温热浪过程持续时间越长,影响越大;高温热浪强度是指某站某年夏季所有高温热浪过程日最高气温超过高温阈值的累计数,更能定量地反映某年高温热浪事件的影响强度。

由 1960—2016 年上海市徐家汇代表站夏季日最高气温变化可知(图 2.48),近 56 年来上海市最高气温为 40.8 ℃(2013 年 8 月 6 日),平均最高气温为 37.3 ℃。

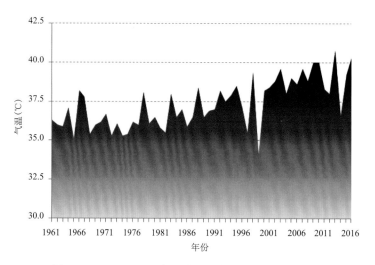

图 2.48　1961—2016 年上海市徐家汇夏季日最高气温

2000 年前夏季日最高气温距平多为负值,最高气温基本在平均值以下;2000—2015 年夏季日最高气温距平为正值,最高气温均在平均值以上。上海市最高气温以 0.47 ℃/10 a 的线性倾向率显著增加(姜荣 等,2016)。

不仅高温强度逐渐增加,高温日数也是逐年增多。上海徐家汇夏季高温日数最多的 4 个高值年分别为 2013 年(47 d,占夏季天数的 51%)、2003 年(40 d)、2005 年(31 d)和 2016 年(30 d)、2007 年(30 d)、2010 年(30 d),均出现在 21 世纪。2000—2016 年平均年高温日数为 25 d,占夏季天数的 27.2%,1961—1999 年平均年高温日数为 8 d,仅占夏季天数的 8.7%,21 世纪以来夏季高温日数比之前增加了 3 倍多(图 2.49)。2016 年 7 月下旬上海徐家汇出现持续 11 d 高温天气,其中有 9 d 超过 38 ℃。

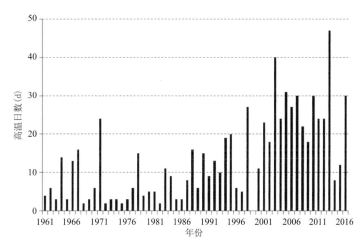

图 2.49　1961—2016 年上海市徐家汇夏季高温日数

　　2004—2014 年上海市各站极端高温天气的变化趋势表明,各站日最高气温、高温日数、暖夜日数和高温热浪指标的排序略不同。总体来说,徐汇极端高温现象最明显,日最高气温平均值、高温日数总和、暖夜日数总和、高温热浪事件发生频次总和、高温热浪日数总和与高温热浪强度均为最大,位于郊区的奉贤、金山和崇明极端高温现象最不明显,体现出了城市化后的城郊空间差异。此外分析还发现,1976 年后上海地区极端高温明显升高,与上海市城市化进程发展阶段具有一致性。炎热日数和广义极值分布表征结果也表明,1976 年后上海市极端高温事件呈明显增多的趋势。

## 第六节　广州降水气候变化特征

### 1. 降水基本特征

　　广州属海洋性亚热带季风气候,由于印度洋孟加拉湾、南海、西太平洋水汽的输入,降水资源相当丰富,全市平均年雨量达 1857.4 mm。全市有 5 个降水中心,分别是:①从化中南部地区,是全市范围最大、雨量最多的降水中心,年降水量可达 2000~2500 mm;②花都区海布—新华一带,年降水量 1900~2200 mm;③增城区小楼镇至荔城一带,年降水量 1900~2100 mm;④黄埔区中部地区,年降水量 1900~2200 mm;⑤中心城区越秀—天河—海珠一带,年降水量 1900~2200 mm(图 2.50)。对比广州地形分布图发现,降水中心①~④附近都有较高地形分布,降水中心位于偏南风水汽输送的迎风坡地带,其形成可能与地形抬升作用有关。降水中心⑤位于广州人口密集的中心城区,附近地势平坦,其形成可能与城市雨岛效应有关。

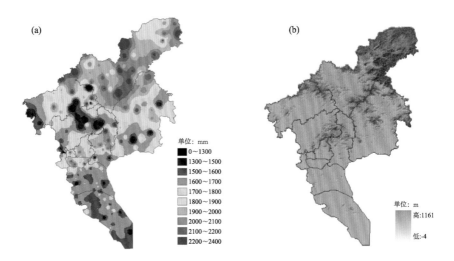

图 2.50　广州市年雨量(a)、地形(b)分布

2000 年以来,广州市短历时强降水有加强的趋势,其产生的灾害损失和影响主要表现在城市内涝。一次典型的过程是 2010 年 5 月 6-7 日大暴雨降水。此次大暴雨过程具有"4 个历史罕见":雨量之大历史罕见,全市 228 个雨量站中有 221 个观测降雨量超过 50 mm,128 个雨量站观测降雨量超过 100 mm,全市平均降雨量 107.7 mm,中心城区平均降雨量 128.45 mm;雨强之大历史罕见,五山站 12 小时雨量 213 mm(接近 1989 年 5 月 17 日出现的 215.3 mm 历史极值),3 小时雨量 199.5 mm,1 小时雨量 103 mm 均创历史新高,广州市有预警信号以来首次发布全市性暴雨红色预警信号;范围之广历史罕见,影响了广州市越秀、海珠、荔湾、天河、白云、黄埔、花都和萝岗 8 个区;内涝之重历史罕见,大暴雨导致广州出现严重城市内涝,中心城区 118 处地段出现内涝水浸,多条主干道路积水超过 2m,沙河涌水位与路面完全持平,天河立交桥二层涨水,桥底水流湍急,交通完全瘫痪。

**2. 不同量级降水过程频次分布**

统计近 5 年(2011—2015 年)广州市发生的降水过程,发现累积雨量小于 10 mm 的降水过程次数中心城区少于周边地区,累积雨量大于 10 mm 的降水过程次数中心城区则多于周边地区,越秀—天河—海珠一带更是累积雨量超过 50 mm 的强降水过程频发地区(图 2.51)。

**3. 年降雨日数变化特征**

图 2.52 是不同量级降水日数逐年变化曲线。由图可见,广州市年小雨日数呈减少趋势,每 10 年减少 2.8 d(近 3%),相关系数超过 0.02 显著性水平;年中雨日数、大雨日数、暴雨日数都呈增加趋势,中雨日数每 10 年增加 0.3 d(1%),大雨日数每 10 年增加 0.8 d(6%),暴雨日数每 10 年增加 0.3 d(5%),年大雨日数的增长超过 0.05 显著性水平,年中雨日数和暴雨日数的增长未达到一定的显著性水平。从各季节变化来看,小雨日数春、夏、秋季都呈减少趋势;中雨日数春季有所增加,夏季略有减少,秋季变化不明显;大雨和暴雨日数春季、夏季都有增加,秋季变化不明显。

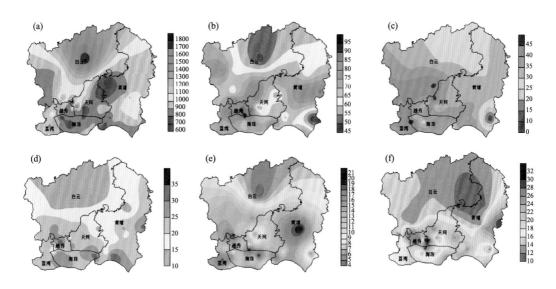

图 2.51 近 5 年不同量级降水过程频次分布

(a)0~10 mm;(b)10~20 mm;(c)20~30 mm;(d)30~40 mm;(e)40~50 mm;(f)≥50 mm

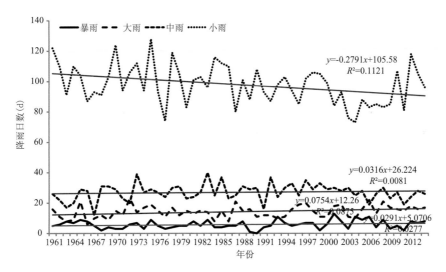

图 2.52 年降雨日数变化特征

#### 4. 强降水历时变化特征

统计逐年广州站不同持续时数的强降水过程(过程累积雨量≥50 mm)发生频次(图2.53),发现 20 世纪 90 年代以前大部分强降水过程持续时数为 5~7 h,90 年代后这种长持续性降水过程发生频次减少,大部分强降水过程持续时数缩短至 1~4 h,即强降水过程的持续时间有缩短趋势。

利用区域自动气象站分钟降水资料统计近 5 年来不同持续时间降水过程发生频率(图2.54),发现 55% 左右的降水过程持续时间在半小时以内;25% 的降水过程持续时间在半小时至 2 h 之间;15% 左右的降水过程持续时间在 2~6 h 之间;5% 左右的降水过程持续时数超过

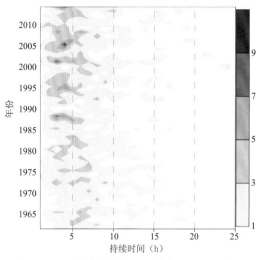

图 2.53　不同持续时数的强降水过程频次演变

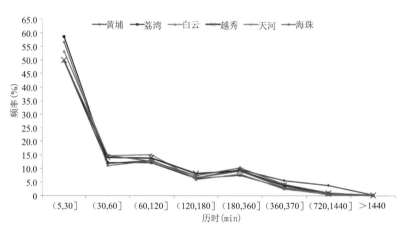

图 2.54　不同历时降水过程出现频率图

6 h。即近年来广州有 80％左右的降水事件为持续时间≤2 h 的短历时降水。

　　分析不同历时降水过程累计雨量比例分布（图 2.55），发现 0.5 h 以内的降水过程累计雨量大多在 10 mm 以内；持续 0.5～1 h 的降水过程累计雨量 85％左右在 10 mm 以内，15％左右在 10～30 mm 之间；持续 1～2 h 的降水过程累计雨量 80％左右在 10 mm 以内，20％左右在 10～50 mm 之间；持续 2～6 h 的降水过程累计雨量 50％左右在 10 mm 以内，25％左右在 10～20 mm 之间，20％左右在 20～50 mm 之间，5％左右≥50 mm；持续 6 h 以上的降水过程累计雨量 26％左右在 10 mm 以内，31％左右在 10～20 mm 之间，37％左右在 20～50 mm 之间，6％左右≥50 mm。

### 5. 强降水极值变化特征

　　图 2.56 是广州站不同历时降水年极值变化，发现 5、30、60 分钟历时降水极值增长明显，120、180、1440 分钟历时降水极值略有增长但并未达到一定显著性水平。说明相对于长历时降水，短历时降水增强趋势更加显著。

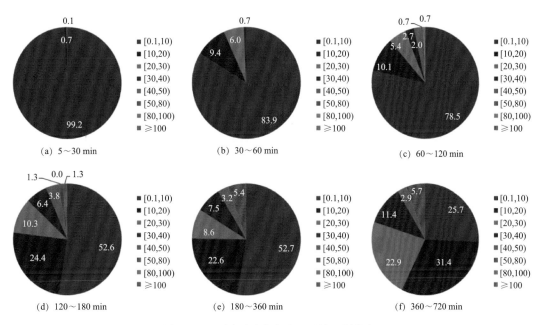

图 2.55　不同历时降水过程雨量比例分布

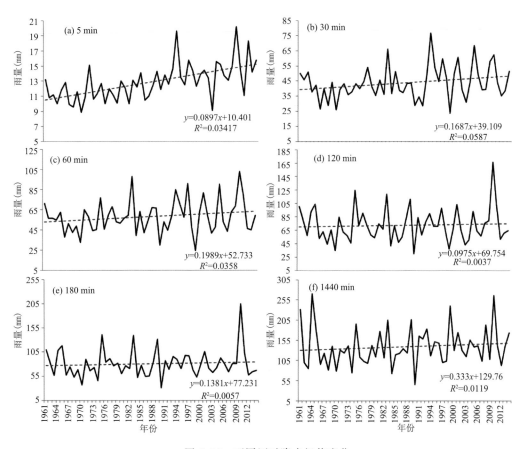

图 2.56　不同历时降水极值变化

5 分钟降水极值从 20 世纪 60 年代的 10.98 mm 增加到 21 世纪以来的 14.5 mm,增长了 32%,相关系数达到 0.58,超过 0.001 显著性水平,尤其 90 年代开启城市化进程后 5 分钟降水呈现突发式增长(相比 80 年代增长了 17.6%),最大极值 20.2 mm 出现在 2009 年 3 月 28 日。

30 分钟降水极值从 60 年代的 39.2 mm 增加到 21 世纪以来的 47.2 mm,增长了 20.4%,相关系数达到 0.24,超过 0.1 显著性水平,最大极值 76.7 mm 出现在 1994 年 4 月 28 日。30 分钟历时雨量的前 5 位,20 世纪 60—70 年代大多集中在 20~40 mm,很少有超过 50 mm(约 3 年一遇标准)的,但进入 90 年代后超过 50 mm 的 30 分钟降水事件明显增多(图 2.57)。

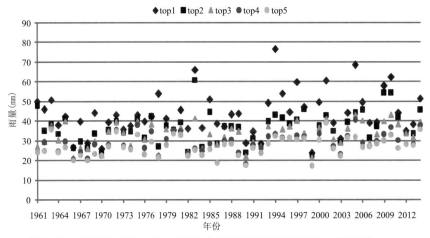

图 2.57　广州站 1961—2014 年 30 分钟历时雨量每年前 5 大值(单位:mm)

60 分钟降水极值以每 10 年 3% 的幅度增长,但增长趋势并未达到一定的显著性水平,最大极值 103 mm 出现在 2010 年 5 月 7 日(图 5.58)。每年排名前 20 名的 60 分钟雨量平均值增长较明显,每 10 年增加 5%,相关系数达到 0.4,超过 0.01 显著性水平,同时 90 年代后 60 分钟降水超过 80 mm(约 10 年一遇)的降水事件明显增多,说明 60 分钟降水整体还是明显增强(图 2.58)。

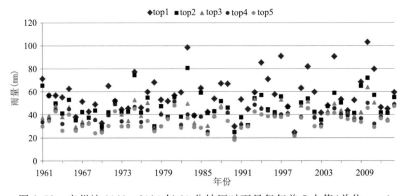

图 2.58　广州站 1961—2014 年 60 分钟历时雨量每年前 5 大值(单位:mm)

120、180、1440 分钟降水极值也呈增长趋势,增长幅度每 10 年 1%~2%,相关系数都很小,未达到一定的显著性水平。120 分钟雨量最大极值 166.2 mm,出现在 2010 年 5 月 7 日;180 分钟雨量最大极值 205.1 mm,出现在 2010 年 5 月 7 日;1440 分钟雨量最大极值 270 mm,

出现在 1964 年 9 月 6 日（图 2.59）。

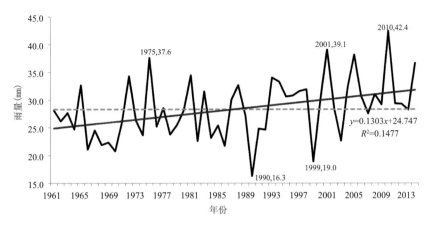

图 2.59 广州站 1961—2014 年 60 分钟历时雨量每年前 20 名平均（单位：mm）

### 6. 强降水频次变化特征

根据广州暴雨强度公式计算出的不同历时一年一遇暴雨雨量，以及不同历时强降水事件定义临界雨量如表 2.5 所示。

表 2.5 广州站不同历时一年一遇暴雨雨量及强降水事件定义临界雨量（单位：mm）

|  | 5 min | 30 min | 1 h | 2 h | 3 h | 12 h |
|---|---|---|---|---|---|---|
| 一年一遇暴雨雨量 | 13.7 | 41.9 | 54.4 | 65.9 | 72.1 | —— |
| 强降水事件临界雨量 | 10 | 30 | 50 | 60 | 70 | 80 |

图 2.60 是不同历时强降水事件逐年频次变化，发现不同历时强降水事件发生频次都呈增加趋势。5、30 分钟历时强降水事件增加最明显，5 分钟强降水事件 21 世纪以来平均每年出现 5.5 次，较 20 世纪 60 年代 1.6 次增多了 2.4 倍，30 分钟强降水事件 21 世纪以来平均每年出现 4.4 次，较 60 年代 2 次增多了 1.2 倍，2 个增加趋势分别达到 0.001 和 0.1 显著性水平。其余历时强降水事件增加趋势并未达到一定显著性水平。说明短历时强降水事件相对于长历时强降水事件增多趋势更加明显。

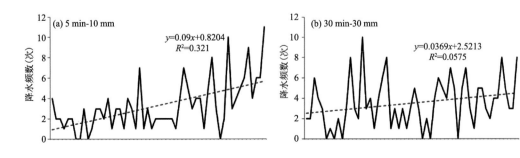

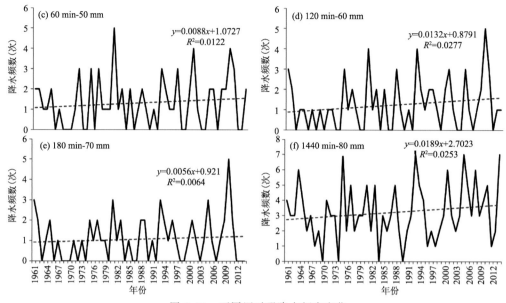

图 2.60　不同历时强降水频次变化

### 7. 短时强降水时空雨型特征

将小时雨量≥20 mm 的降水定义为短时强降水。根据站点覆盖率对短时强降水事件的空间分布雨型进行划分(表 2.6),统计广州 2003 年以来出现的短时强降水事件发现,93%的短时强降水事件属于局地降水,平均每年 391 次;6.8%的短时强降水事件属于小范围降水,平均每年 29 次;0.2%的短时强降水事件属于区域性降水,平均每年 1 次;大范围降水事件出现概率极低,所占比例基本为 0(图 2.61)。说明广州短时强降水事件空间分布上以局地性为主要特征,同时局地短时强降水近 10 年来呈明显增多趋势,达到 0.001 显著水平(图 2.62)。

表 2.6　短时强降水事件的空间分布雨型划分标准

| 站点覆盖率 | <10% | ≥10%且<33.3% | ≥33.3%且<50% | ≥50% |
|---|---|---|---|---|
| 空间分布雨型 | 局地 | 小范围 | 区域性 | 大范围 |

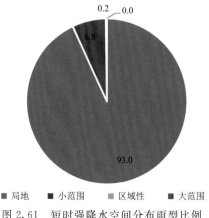

■ 局地　■ 小范围　■ 区域性　■ 大范围

图 2.61　短时强降水空间分布雨型比例

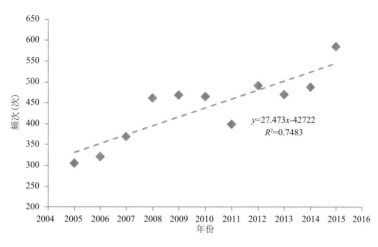

图 2.62 局地短时强降水事件逐年频次

时间演变上,参考上海标准将短时强降水事件划分为 3 类:突发型、增长型和持续型(表 2.7),发现广州有 48.3% 的短时强降水事件属于增长型、37.8% 属于突发型、13.9% 属于持续型(图 2.63)。说明广州短时强降水事件时间演变上以增长型和突发型为主要特征,与上海相比,广州增长型短时强降水事件较多。图 2.64 是各种雨型逐年频次变化,发现突发型和增长型短时强降水发生频次明显增多,分别达到 0.05 和 0.02 显著性水平,持续型短时强降水事件发生频次变化不明显。

表 2.7 短时强降水事件的时间演变雨型划分标准

| 时间演变雨型 | 前 3 小时降水量($P_{-1}$, $P_{-2}$, $P_{-3}$)条件 |
| --- | --- |
| 突发型 | $P_{-1}$, $P_{-2}$, $P_{-3}$均<0.5 mm |
| 增长型 | $P_{-1}$, $P_{-2}$, $P_{-3}$任一个≥0.5 mm,但均<20 mm |
| 持续型 | $P_{-1}$, $P_{-2}$, $P_{-3}$任一个≥20 mm |

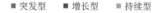

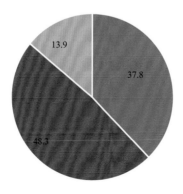

图 2.63 短时强降水时间演变雨型比例

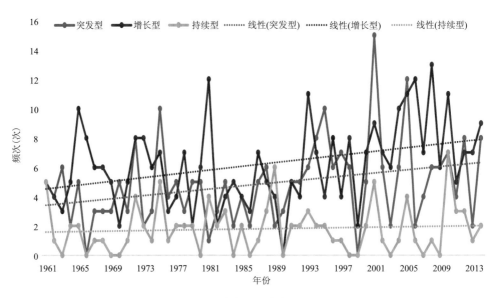

图 2.64 短时强降水时间演变雨型逐年频次

# 第三章　中国沿海台风风暴潮气候变化特征

## 第一节　中国台风变化

IPCC 第 4 次评估报告显示,自 1970 年以来,全球热带气旋数和日数有减少的趋势,强热带气旋数和日数有明显增加趋势(IPCC,2007)。

中国地处西北太平洋西岸,是全球热带气旋最活跃的地区,年台风(源地在 180°以西)总数大都超过 20 个,个别年高达 40 个,登陆中国的台风数某些年高达 12 个。1949 年以来登陆中国的热带气旋频数有弱的减少趋势,1961—1990 年西北太平洋和南海生成台风数年均 28.7 个,1981—2010 年生成台风数为 25.5 个,减少 11%。登陆中国的台风频数变化不明显,由年均 7.4 个变为 7.2 个。全球气候变暖并未引起我国台风登陆频数的明显增加,台风频数处于相对平稳的波动状态,并且在近 20 年间略呈下降趋势。台风主要在广东、台湾、海南、福建、浙江等地区登陆。

登陆时台风的平均强度有显著增加,登录的强台风比例增大,登陆中国的初台推迟、终台提前,登陆季节显著缩短,热带气旋登陆区域更趋于集中在中国海岸的中部地带(雷小途,2010)。

2015 年有 6 个台风登陆我国,登陆时平均最大风速 39.6 m/s(常年平均为 11 级、风速 30.7 m/s),为 1973 年以来最强,其中有 4 个首次登陆强度达强台风级别。2016 年西北太平洋和南海共有 26 个台风(中心附近最大风力≥8 级)生成,接近常年,其中 8 个登陆我国,8 个登陆台风中,有 6 个登陆强度达到强台风级或以上,其比例达 75%,与 2005 年并列为历史最高。2016 年台风平均登陆强度达 13 级、平均风速 37.1 m/s,比常年明显偏强,为 1973 年以来第 3 强。

2016 年第 14 号台风"莫兰蒂"于 9 月 15 日以强台风级别在福建省厦门沿海登陆,登陆时中心附近最大风力 15 级(48 m/s),中心最低气压 945 hPa。"莫兰蒂"是新中国成立以来登陆闽南的最强台风。强度强、风力大、雨势猛,又恰逢天文大潮,致使福建、浙江、江西、上海、江苏等省(市)遭受不同程度影响,福建受灾严重,厦门全城电力供应基本瘫痪,全面停水,基础设施损坏严重。据统计,台风"莫兰蒂"共造成上述 5 省(市)375.5 万人受灾,44 人死亡失踪,直接经济损失 316.5 亿元。

随着气温上升,登陆浙江的台风和强台风都有显著增多。进入 21 世纪以来,登陆浙江沿海的热带气旋,每年平均个数从原来的 0.6～0.7 个,增加到 1.2 个;同时,登陆台风的强度也有增强趋势(孙志林 等,2014)。如新中国成立以来登陆台风中达到强台风以上级别的共有 7 个,出现在 2000—2010 年的就有 5 个(图 3.1)。此外,随着气候变暖,台风登陆的时间似有推迟的趋势,如 21 世纪最初 10 代,9—10 月登陆浙江的台风个数是 20 世纪 50—90 年代台风个数的总和(表 3.1)。此外,登陆浙江的台风中,登陆点明显向南移动,特别是 2000 年以来,登陆浙南的台风个数急剧增加,见图 3.2。可以推断,随着气候变暖,登陆浙北的台风个数与占比都有显著减少的趋势,登陆浙南的台风个数和占比都有显著增加的趋势。

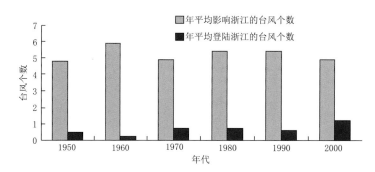

图 3.1　登陆和影响浙江的台风个数变化

表 3.1　各年代登陆浙江的热带气旋个数统计

| 年份 | 5 月 | 6 月 | 7 月 | 8 月 | 9 月 | 10 月 | 总数 |
|---|---|---|---|---|---|---|---|
| 1949 | 0 | 0 | 1 | 0 | 0 | 0 | 1 |
| 1950—1959 | 0 | 0 | 2 | 2 | 1 | 0 | 5 |
| 1960—1969 | 1 | 0 | 0 | 0 | 0 | 1 | 2 |
| 1970—1979 | 0 | 0 | 2 | 5 | 0 | 0 | 7 |
| 1980—1989 | 0 | 0 | 5 | 1 | 1 | 0 | 7 |
| 1990—1999 | 0 | 0 | 0 | 4 | 2 | 0 | 6 |
| 2000—2009 | 0 | 0 | 2 | 5 | 4 | 1 | 12 |
| 合计 | 1 | 0 | 12 | 17 | 8 | 2 | 40 |

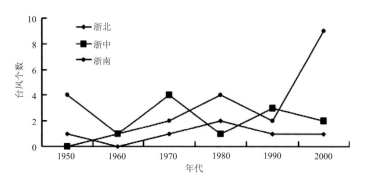

图 3.2　登陆浙北、浙中和浙南的台风个数图

　　IPCC 第 4 次评估报告(AR4)的全球气候模式考虑 A1B(中等)排放情景集成平均驱动时,预估 21 世纪后期全球变暖,北大西洋热带气旋最大风速在 20～60 m/s 之间的发生数将明显减少,估计减少 20%～65%;强飓风最大风速在 60 m/s 以上的,发生数从目前的 24 个,增加到 46 个,增加约 92%;超强飓风最大风速超过 65 m/s 的个数,将从 6 个增加到 21 个,增加

250％。此外,最大风速小于 20 m/s 的热带气旋发生数也可能增加(图 3.3)(Bender et al.,2010)。由于人类排放增加全球变暖,到 21 世纪后期北大西洋飓风发生数将可能明显减少,但强和超强飓风的发生数可能会明显增加。其他近期研究多数支持全球变暖背景下,北大西洋强和超强飓风强度将增强,最大风速和强降水加强,频数也可能增加。

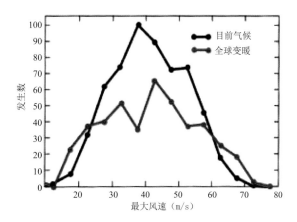

图 3.3　IPCC AR4 预测 21 世纪后期北大西洋飓风发生数和现有气候的比较

对西北太平洋上台风的研究表明,有 8 个模式预估西北太平洋年总台风个数将可能明显减少 5％～30％,2 个模式预估年总台风数将可能增加;10 个模式都预估西北太平洋强台风强度将明显加强(赵宗慈 等,2007)。由于全球变暖和海洋表面温度(SST)升高,未来的强台风(飓风)将变得更强,热带气旋的最大风速极值和热带气旋的降水都将变得更大。

## 第二节　中国风暴潮变化

风暴潮灾害是由于剧烈的大气扰动,如强风和气压骤变(通常指台风和温带气旋等灾害性天气系统)导致海水异常升降,使受其影响的海区的潮位大大地超过平常潮位的自然现象。风暴潮根据风暴的性质,通常分为由台风引起的台风风暴潮和由温带气旋引起的温带风暴潮 2 大类。台风风暴潮多见于夏秋季节,其特点是来势猛、速度快、强度大、破坏力强,凡是有台风影响的海洋国家、沿海地区均有台风风暴潮发生;温带风暴潮多发生于春秋季节,夏季也时有发生,其特点是增水过程比较平缓、增水高度低于台风风暴潮,主要发生在中纬度沿海地区,以欧洲北海沿岸、美国东海岸以及我国北方海区沿岸为多。

风暴潮灾害的轻重,除受风暴增水大小和当地天文大潮高潮位的制约外,还取决于受灾地区的地理位置、海岸形状、岸上和海底地形以及社会及经济(承灾体)情况。一般来说,地理位置正处于海上大风的正面袭击、海岸形状呈喇叭口状、海底地形较平缓、人口密度较大、经济发达的地区,所受风暴潮灾害相对来讲要严重些。

我国海岸线长,且横跨纬度范围大,是少数既受台风风暴潮影响又受温带风暴潮影响的国家之一,随着沿海经济的发展,风暴潮灾害已成为我国重要的灾害种类之一。据国家海洋局的统计,2000—2013 年,我国共发生风暴潮 295 次(图 3.4),风暴潮灾害造成的累积灾害损失共计 1722 多亿元,死亡 855 人,风暴潮灾害已成为我国第一大海洋灾害。

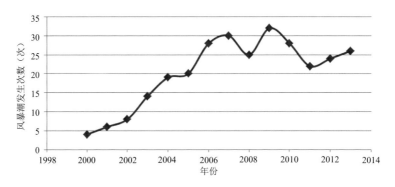

图 3.4　我国 2000—2013 年风暴潮发生次数统计

**1. 中国风暴潮时间分布**

台风风暴潮的季节变化规律离不开热带风暴的季节变化规律。我国热带风暴生成一年四季均有发生,以 7—10 月为盛季,8—9 月最多,约占生成的 40%,同时登陆的热带风暴也多集中在 7—9 月。台风风暴潮的多发季节与其是相对应的,统计的 150 次台风风暴潮中有 46 次出现在 8 月,占总数的 33%,其次为 9 月的 40 次(图 3.5)。

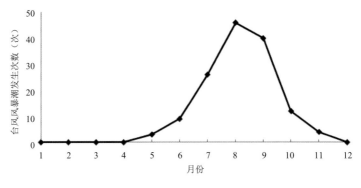

图 3.5　台风风暴潮逐月分布

从统计中可以看出,台风风暴潮的多发期在 8—9 月,特别在当月的大潮期间要加强监测预报。

温带风暴潮的季节变化也非常明显,这与诱发它们发生的温带灾害性天气系统密不可分。通常发生在 1、4、10 月。

近 20 年,我国风暴潮灾害发生的时间跨度有延长的趋势。如 1989 年 5 月就在珠江口以西沿海发生台风风暴潮灾害,6 月在大连以东沿海出现了历史上同期罕见的温带风暴潮灾害;1992 年 6 月天津塘沽港发生温带风暴潮灾害;1993 年 11 月渤海发生一次较强的温带风暴潮灾害;2003 年 11 月在海南岛北部沿海出现历史罕见的高潮潮灾;2006 年 4 月 17 日大连沿海发生温带风暴潮灾害;2007 年 3 月渤海湾、莱州湾发生一次特大温带风暴潮灾害,是 20 年来发生最早的一次风暴潮灾害;2008 年 8 月在江苏和河北沿海发生了 2 次温带风暴潮灾害。

**2. 中国风暴潮空间分布**

我国风暴潮灾害的分布几乎遍布沿海各城市,渤海和黄海沿岸主要以温带风暴潮灾为主,偶有台风风暴潮发生,东南沿海主要是台风风暴潮灾。从收集整理的资料中可粗略地划分出风暴潮灾害多发区为以下 5 个岸段:渤海湾至莱州湾沿岸(以温带风暴潮为主)、江苏南部沿海到浙江北部(主要是长江口、杭州湾)、浙江温州到福建闽江口、广东省汕头到珠江口、雷州半岛东岸到海南省东北部。

1990—2009 年中国沿海各省(区、市)共遭受风暴潮灾害 179 次(有灾害损失记录),平均每年 9 次。以上海市为界,南部沿海省(区、市)发生次数均多于 9 次,北部沿海省(市)一般都少于 9 次,仅江苏省超 9 次(为 14 次),分析认为是受到台风风暴潮及温带风暴潮双重影响的缘故(图 3.6)。

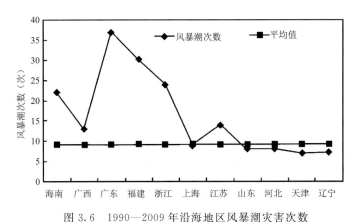

图 3.6 1990—2009 年沿海地区风暴潮灾害次数

20 年来,我国沿海风暴潮灾害在空间分布上存在较大的差异,同时具有相对集中性。特大潮灾主要分布在长江口以南的浙江省、福建省和广东省,浙江省的特大潮灾又主要分布在温州一带沿海,福建省的特大潮灾主要分布在福州与厦门之间沿海,广东省的特大潮灾主要分布在阳江—湛江一带沿海。轻度潮灾相对集中分布在渤海湾、海南省和广东省,渤海湾的轻度潮灾主要分布在天津沿海,广东省的轻度潮灾主要分布在阳江至雷州半岛之间,海南省的轻度潮灾主要分布在其东南和东北部。

浙江沿海 1949—2009 年不同年代间风暴潮发生次数有着较为明显的波动,总体呈上升的趋势;20 世纪 90 年代开始,增水大于 150 cm 风暴潮出现频次呈现加速上升态势,这个趋势在 2005 年前后达到高峰。研究中还发现,浙江沿海增水大于 300 cm 的超强风暴潮过程共有 11 次,平均每 5 年出现 1 次,但其年代分布很不均匀,主要发生在 20 世纪 50 年代和 21 世纪的前 10 年,共有 8 次。这 2 个时期恰好都处于浙江省年平均气温峰值阶段,这也说明了随着气温升高,极端风暴潮灾害更容易出现。

分析浙江省超警戒风暴潮次数年际变化可知,随着气温上升,浙江沿海超警戒风暴潮次数和年极值高潮位年代际变化呈现明显的波动上升趋势,特别自 20 世纪 90 年代以来,呈加速上升趋势。相应地,浙江沿海年极值高潮位自 90 年代以来也呈现加速上升趋势(图 3.7)。

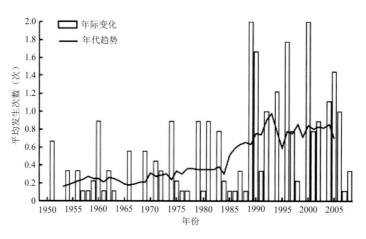

图 3.7　浙江沿海风暴潮超警戒次数变化

　　考虑达到红色以上预警级别的风暴潮过程最容易导致大的风暴潮灾害,因此有必要重点分析此类过程。图 3.8 是浙江沿海达到红色警戒级别的风暴潮过程变化。从图可清楚地看出,随着气温上升,浙江沿海达到红色警戒级别的风暴潮次数呈明显上升趋势,特别是自 20 世纪 90 年代以来,呈加速上升的趋势,1990—2010 年,次数是之前 40 年总数的 2 倍。相应地,浙江沿海地区风暴潮灾害也随之显著增加。此外,达到红色警戒级别的风暴潮分布具有显著的空间分布特征,浙南沿岸出现的次数明显多于浙中和浙北地区。

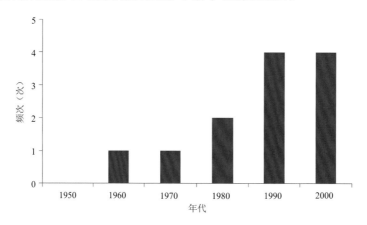

图 3.8　达到红色警戒级别的风暴潮频次年代变化

　　综合上述分析,全球气温变化从 2 个方面影响超警戒风暴潮。一方面,全球气温升高,导致登陆浙江的热带气旋频次增加,强度增强,进而浙江沿岸地区强风暴潮过程发生频次增加,特别是 1990 年以后,登陆浙江的台风个数、强度、沿海地区强风暴潮和超警戒风暴潮次数都呈加速上升趋势。另一方面,沿海海平面随气温的升高而上升,特别是 1990 年以后呈加速上升趋势,导致沿海高、低潮位抬高。风暴潮与抬高后的潮位叠加,出现更高的风暴潮高潮位,某些较大的风暴潮在不与天文大潮遭遇的情况下形成潮灾的可能性也将增大,使得超警戒风暴潮的次数增多。

3. 风暴潮的影响

　　沿海省份中广东省、浙江省、福建省和海南省风暴潮造成的损失较为严重(图 3.9)。1989—2008 年,风暴潮灾害造成的直接经济损失广东省高达 714.72 亿元,占全国风暴潮灾害总经济损失的 29.2%;浙江省为 585.84 亿元,占全国风暴潮灾害总经济损失的 24%;福建省为 448.67 亿元,占全国风暴潮灾害总经济损失的 18.4%;海南省为 330.9 亿元,占全国风暴潮灾害总经济损失的 13.5%;广西和长江口及其以北沿海的风暴潮灾害较少,造成的直接经济损失也相对较小。

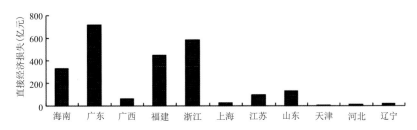

图 3.9　1989—2008 年我国沿海不同省份风暴潮灾害的直接经济损失

　　风暴潮是对宁波危害最大的海洋灾害。台风引起的风暴潮直接冲击防潮设施,造成海塘等水利设施的破坏,同时台风引起的暴雨有历时短、强度大的特点,引发的洪涝灾害也会对海塘安全产生影响。1949—2013 年 17 次较强台风共造成 4248 人死亡,7 人失踪,毁坏海塘3267.1 km,淹没农田 150 万 hm²,毁损房屋 56.1 万间,冲毁鱼塘 12.3 万 hm²,造成直接经济损失 654 亿元。造成海塘毁损最严重的台风为 9711 号和 1211 号,分别毁坏海塘 633.2 和315.05 km。

　　中国沿海风暴潮灾害在气温较高的偏暖时段比在气温较低的偏冷时段明显增多。由于全球气候趋暖造成海平面持续上升,风暴潮发生的频度和强度有明显增加的趋势。

　　沿海经济是我国国民经济的重要组成部分,虽然随着国家西部开发战略的实施,内陆经济的比重有所加大,但沿海经济的发展水平和速度在今后一个时期仍然占国民经济总量很大的比重,同样的灾害事件对经济发达地区所造成的影响也随之加大。

　　近些年来,风暴潮成灾损失的增加速度明显加快,防治风暴潮灾害的工程和非工程措施与经济发展速度不相称。

4. 典型风暴潮

　　2013 年第 23 号强台风"菲特"是 1949 年以来 10 月登陆中国大陆的最强秋季台风,登陆前后强降水持续发生,又和后期 1324 号台风"丹娜丝"的东风气流与北方弱冷空气相互作用,再次带来暴雨,致使福建北部、浙江、上海和江苏南部等地部分地区出现 200～400 mm 暴雨(图 3.10),浙江安吉天荒坪达 1014 mm、宁波象山黄泥桥 788 mm、宁波余姚上王岗 718 mm、宁波余姚梁辉 715 mm;10 月 7 日浙江省日平均雨量达 149 mm,为有记录以来的最大日平均雨量;杭州、宁波、绍兴、湖州、慈溪、余姚、瑞安等地有 13 个县(市、区)日雨量破历史纪录。

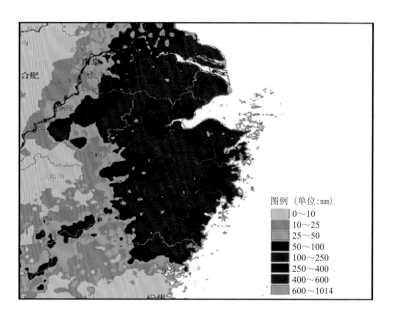

图 3.10　2013 年 10 月 5 日 08 时至 8 日 20 时受"菲特"影响过程累计降水量

　　"菲特"登陆时间恰逢天文大潮期,6 日白天到夜间,上海、浙江、福建沿海出现 50~300 cm 的风暴增水,浙江鳌江、瑞安、温州、坎门验潮站的潮位均超过红色警戒,鳌江站的实测水位最高达到 5.22 m,超历史最高潮位 0.42 m;温州外海出现 9.6 m 的狂涛,钓鱼岛附近海域出现 8.1 m 的狂浪(图 3.11)。狂风暴雨过程,又逢天文大潮,城市内涝、山体滑坡和泥石流等次生灾害十分严重,"菲特"超强台风致余姚中心城区道路、低洼小区普遍受淹,水深 0.30 m 以上,最深处 1 m 以上,交通中断近一周;浙江、福建、上海、江苏 4 省(市)有 8 人因灾死亡,134.7 万人紧急转移,8100 余间房屋倒塌或严重损坏,直接经济损失 365.4 亿元。

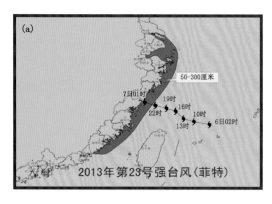
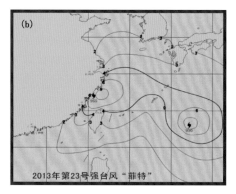

图 3.11　2013 年 10 月 7 日 01 时风暴潮(a)和海浪(b)实况

　　上海时常受到西北太平洋上热带气旋的影响,虽比福建和浙江沿海少一些,但也不断遭到袭击。据有关资料统计,上海遭遇 6 级风力以上的热带气旋影响平均每年有 3.2 次。2013 年"菲特"影响上海期间,风、暴、潮、洪"四碰头"在最不利组合的共同影响下,内外河水位居高不下,出现了大面积内涝积水,河道漫溢,局部防汛墙垮塌,附近居民小区进水等灾害。

1949 年 7 月 25 日,第 6 号台风在上海金山登陆,最大风速 25 m/s,最大日雨量 148.2 mm。台风期时值天文高潮,黄浦江苏州河口增水 100 cm,实测最高水位 4.77 m,市内除较高地区外,大街小巷积水严重,南京东路第十百货公司附近水深及腰,苏州河北的闸北、虹口、杨树浦一带,水深普遍达 1 m 左右,郊区受淹农田 13.9 万 hm²,城乡倒房 6.3 万间,死亡 1600 多人,损失严重。

1962 年 8 月 2 日,第 7 号台风影响上海,吴淞潮位达 5.38 m,黄浦江苏州河口水位 4.76 m。在风浪的冲击下,仅黄浦江和苏州河沿岸的防汛墙就有 46 处决口,河水涌入,淹没了半个市区,南京东路水深达 0.5 m,全市 17 条交通线路受阻,商业局有 40% 仓库进水,外贸局物资受潮达 6.7 万多吨,损失达 5 亿元之巨。

1981 年 9 月 1 日,8114 号台风在长江口外转向北上。受其影响,上海死亡 48 人,郊县海塘决口 19 处,吴淞口增水 1.88 m,创历史纪录。

1997 年 8 月 18 日受 9711 号台风影响,吴淞口潮位 5.99 m,超过警戒水位 1.19 m;黄浦公园潮位 5.72 m,超过警戒水位 1.17 m;米市渡站潮位 4.27 m,超过警戒水位 0.77 m,均破历史纪录。暴雨和大风造成市区防汛墙决口 3 处,漫溢倒灌 20 处;沿江沿海主海塘多处溃决,受损 511 处(69 km)。金山海潮达到 6.57 m(截至当时的历史最高值是 5.97 m);奉贤长约 22.6 km 堤防全线漫溢;松江沿黄浦江有 35 处(14 km)漫溢,13 处(158 m)溃决。据统计,市区倒损树木 43957 棵,造成道路堵塞,交通一度受到比较大的影响。大风还造成市区 39 处电线被刮断,数千户居民家中停电;郊区各地因高压线被吹断,发生大面积停电和电话故障;全市中低电网故障 952 起,电话报修 4625 人次,还有近万户居民屋漏报修。郊区受灾农田 5 万 hm²,其中蔬菜损失尤为严重,接近 50%,直接影响蔬菜上市。台风还使水运、空运一度中断,累计有 135 个航班、22 条轮渡全部停航,39 艘出港客轮取消,28 艘进港客轮未能抵达,上万名旅客滞留。台风袭击过程中,死亡 7 人,伤多人,直接经济损失 6.3 亿元以上。

2005 年 8 月 5—7 日和 9 月 11—12 日,上海遭受"麦莎""卡努"台风影响。"麦莎"来袭时适逢天文大潮,据统计全市受灾人口 94.6 万,直接经济损失 13.58 亿元。"卡努"影响时虽为小潮汛期间,但也造成直接经济损失 3.695 亿元。

# 第四章　中国沿海海平面气候变化特征

## 第一节　中国海平面变化总体特征

**1. 全球海平面变化**

在全球气候变暖的大背景下,全球海洋变暖、冰川加速融化,全球平均海平面持续上升。19 世纪中叶以来的海平面上升速率高于过去 2000 年来的平均速率。全球平均海平面上升速率自 20 世纪早期以来在不断增加,海平面的逐渐上升与全球变暖相一致。

近 100 年来,全球海平面上升幅度明显,这主要是由于全球气候变暖导致的海水增温膨胀、陆源冰川和极地冰盖融化等因素造成的。IPCC 指出,1901—2010 年,全球平均海平面上升了 0.19 m,平均每年 1.7 mm;且海平面上升呈现明显加剧趋势,1971—2010 年间平均速度达到每年 2.0 mm,1993—2010 年间平均速度达到每年 3.2 mm(图 4.1)。其中,热膨胀的贡献占 30%～55%,冰川融化的贡献占 15%～35%。

2016 年,全球海洋表面平均温度刷新纪录,特别是这种偏暖在年初几个月程度最强。全球海洋热容量仅次于 2015 年的记录,但其在北半球创下了新的纪录。在 2015/2016 年厄尔尼诺期间,全球海平面上升非常强劲,2014 年 11 月至 2016 年 2 月海平面上升了约 15 mm,远高于 1993 年后每年上升 3.0～3.5 mm 的趋势,其中 2016 年初创下了新纪录。

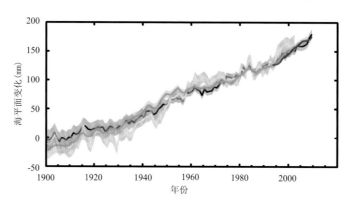

图 4.1　全球平均海平面变化(1900—2016 年)

全球各地区的海平面上升速度不同,其中西太平洋海平面上升速度较高,见图 4.2。图中还给出了 1950—2012 年 6 个验潮站的相对海平面变化(灰线)和全球平均海平面变化趋势(红线)。

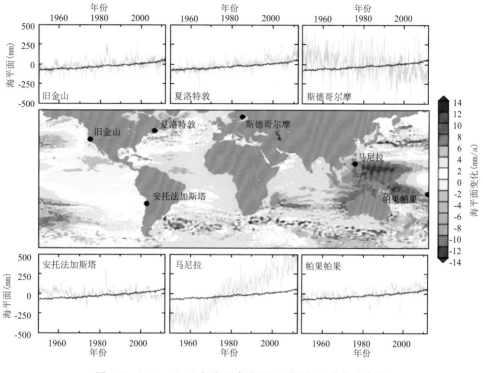

图 4.2　1950—2012 年海面高度(地心海平面)变化速率图

在地壳显著沉降地区,其相对海平面上升速率将高于全球平均值。沿海地区因受地质等多种因素影响,地壳垂直沉降运动频率远大于上升运动频率,再加上人为大量超采使用地下资源加剧地面下沉,使世界各地的相对海平面也呈明显的加速上升趋势。

**2. 中国海平面变化**

中国海岸线长约 18000 km,沿海地区经济发达、人口集中、城市化程度高,是中国经济增长最具活力的地区,但沿海地区极易遭受洪(潮)涝灾害侵袭。过去 100 年间,我国海平面上升了 200～300 mm。近 30 年来,我国沿海海平面呈波动上升趋势(图 4.3)。1980—2016 年中国沿海海平面上升速率为 3.2 mm/a,高于同期全球平均水平;2016 年中国沿海海平面为 1980 年以来的最高位,较常年(1993—2011 年的平均海平面)高 82 mm,较 2015 年高 38 mm。中国

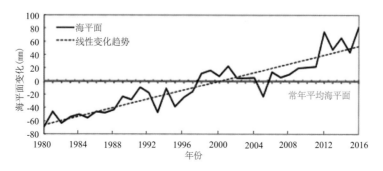

图 4.3　1980—2016 年中国沿海海平面变化

沿海近 5 年的海平面均处于 30 多年来的高位,海平面从高到低排名前 5 位的年份依次为 2016、2012、2014、2013 和 2015 年。高海平面加剧了中国沿海风暴潮、洪涝、海岸侵蚀、咸潮及海水入侵等灾害,给沿海地区人民生产生活和经济社会发展造成了一定影响。

近 30 年,中国沿海各省(区、市)的年际海平面变化呈现明显的区域性差异。上升最为明显的岸段是天津、山东、江苏和海南沿海,辽宁、上海、浙江、福建、广东和广西沿海次之,河北沿海上升最为缓慢。

# 第二节 中国不同海域海平面变化特征

## 1. 渤海沿海海平面变化

渤海沿海海平面在过去 20 年来总体呈波动上升趋势,上升速率达到了 3.1 mm/a(图 4.4)。2015 年渤海沿海海平面比常年平均高 94 mm,但较 2014 年低 26 mm。图 4.5 为渤海沿海海平面在 2015 年内的变化情况。可以看出,渤海沿海海平面各月均高于常年同期,9 月、11 月和 12 月海平面较常年同期分别高出 125、134 和 143 mm,其中 12 月海平面为 1980 年来最高值。2015 年渤海沿海海平面在 1—6 月和 10 月较 2014 年偏低,其中 10 月差距最大,偏低 118 mm。

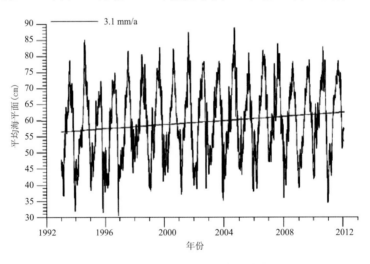

图 4.4 渤海沿海海平面年际变化

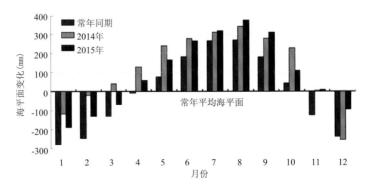

图 4.5 2015 年渤海沿海海平面逐月变化

**2. 黄海沿海海平面变化**

黄海沿海海平面在过去 20 年来总体呈波动上升趋势,上升速率为 2.9 mm/a(图 4.6)。2015 年黄海沿海海平面比常年平均高 91 mm,但较 2014 年低 19 mm。图 4.7 为黄海沿海海平面在 2015 年内的变化情况。可以看出,黄海沿海海平面各月均高于常年同期,在 11 月和 12 月,海平面较常年同期分别高出 175 和 139 mm,均为 1980 年来最高值。与 2014 年同期相比,2 和 10 月海平面下降明显,其中 10 月海平面降幅为 1980 年来同期最大,达到 136 mm。

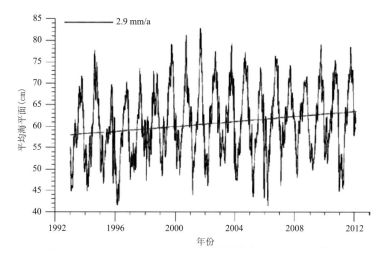

图 4.6　黄海沿海海平面年际变化

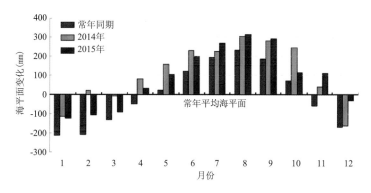

图 4.7　2015 年黄海沿海海平面逐月变化

**3. 东海沿海海平面变化**

东海沿海海平面在过去 20 年来总体呈波动上升趋势,上升速率达到了 3.0 mm/a(图 4.8)。2015 年东海沿海海平面比常年平均高 96 mm,但较 2014 年低 19 mm。图 4.9 为东海沿海海平面在 2015 年内的变化情况。可以看出,东海沿海海平面各月均高于常年同期,在 7 和 12 月,海平面较常年同期分别高出 203 和 181 mm,均为 1980 年来最高值。与 2014 年同期相比,2 和 10 月海平面下降明显,其中 10 月海平面降幅为 1980 年来同期最大,达到 188 mm。

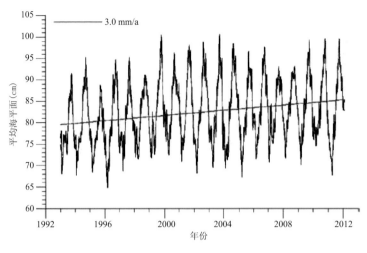

图 4.8 东海沿海海平面年际变化

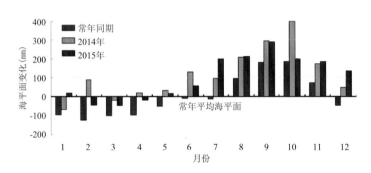

图 4.9 2015 年东海沿海海平面逐月变化

### 4. 南海沿海海平面变化

南海沿海海平面在过去 20 年来总体呈波动上升趋势,上升速率为 4.6 mm/a(图 4.10)。2015 年南海沿海海平面比常年平均高 82 mm,但较 2014 年低 22 mm。图 4.11 为南海沿海海平面在 2015 年内的变化情况。可以看出,南海沿海海平面各月均高于常年同期,在 1、3 和 12 月海平面较常年同期分别高出 118、114 和 129 mm。与 2014 年同期相比,6 和 10 月海平面下降明显,降幅分别达到 99 和 89 mm。

中国沿海海平面高度整体上从北向南逐渐降低,渤海到黄海最高,东海次之,南海最低。

根据《2016 年中国海平面公报》,中国沿海海平面变化区域特征明显(图 4.12)。2016 年,江苏南部至福建北部沿海海平面升高明显,一般超过 120 mm,其中杭州湾升幅最大,达 150 mm;辽东湾西部和北部湾升幅较小,不足 50 mm。与 2015 年相比,各区域的海平面均升高。与常年(1993—2011 年平均值)相比,渤海、黄海、东海和南海沿海海平面分别升高 74、66、115 和 72 mm;与 2015 年相比,分别升高 24、28、52 和 48 mm。其中东海沿海海平面上升幅度最大,高于其他海区。监测显示,1993—2011 年中国沿海平均海平面较 1975—1993 年高 46 mm。

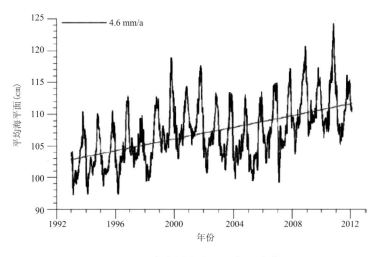

图 4.10 南海沿海海平面年际变化

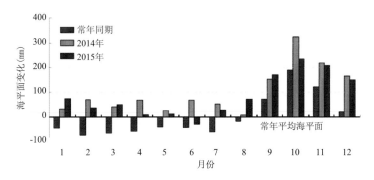

图 4.11 2015 年南海沿海海平面逐月变化

从近 5 年各海区沿海海平面变化可以看出,黄海、东海的沿海海平面高度于 2016 年达到了历史最高值,但年际变化波动很大;渤海沿海海平面高度年际变化相对稳定;南海在 2012—2015 年海平面高度呈现下降趋势,但 2016 年则突然明显升高(图 4.13)。

中国沿海海平面变化还具有明显的季节变化。一般而言,其季节变化也是从北到南逐渐出现高低变化(Zuo et al.,1994)。

受季风以及潮流影响,东海沿海一般在 9—10 月出现海平面的高值,低值出现在 2—4 月,年内海平面高度的高低差值可达到 30~45 cm(Wang et al.,2016)。东海沿海各验潮站见图 4.14。1980—2013 年,各站海平面均有升高的趋势,其变化分为 2 个阶段。1980—1997 年间各站海平面大多为负距平,1998—2013 年变为正距平,1999—2002 和 2011 年以来为 2 个相对高值时期。

以 1、2 月作为海平面低值期,8、9 月作为海平面高值期,分别统计其变化特征,可以发现在过去的 30 年,东海地区平均海平面基本是以上升为主。各典型月份统计显示,1 月上升速率为 3.2 mm/a,2 月上升速率为 3.0 mm/a,8 月上升速率为 1.7 mm/a,9 月上升速率为 3.5 mm/a(图 4.15)。

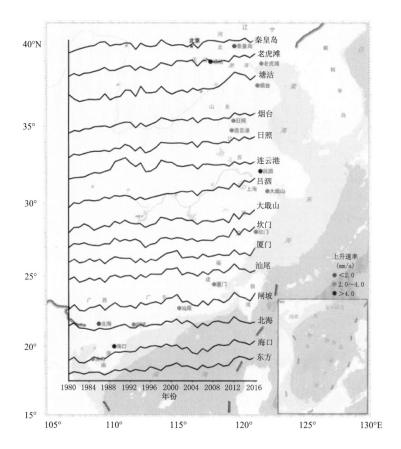

图 4.12　1980—2016 年中国沿海主要海洋站海平面变化

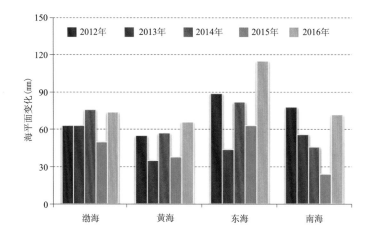

图 4.13　2012—2016 年我国各海区沿海海平面变化

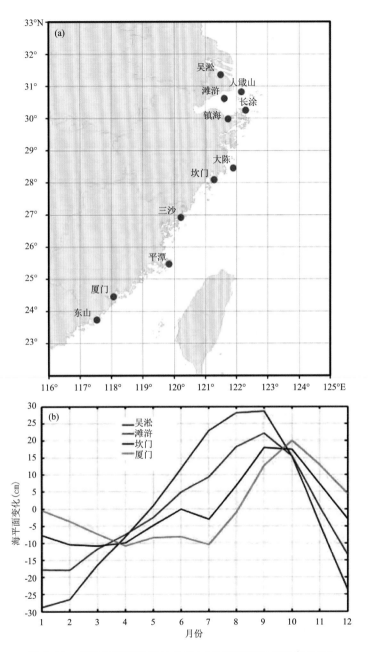

图 4.14　东海沿海各验潮站位置(a)及海平面的年内变化(b)

　　海平面变化还具有周期性。其中,2～7 a 的周期变化,与厄尔尼诺、黑潮、中国沿海气候变化等有关;19 a 左右的周期,是引潮力 18.61 a 的周期性作用。各海区的周期特征不同。

　　海平面上升分为由气候变暖引起的全球海平面上升和区域性相对海平面上升。前者是由于全球温室效应引起气温升高,海水增温引起水体热膨胀和冰川融化所致;后者除绝对海平面上升外,主要还由于沿海地区地壳构造升降、地面下沉和河口水位趋势性抬升所致。

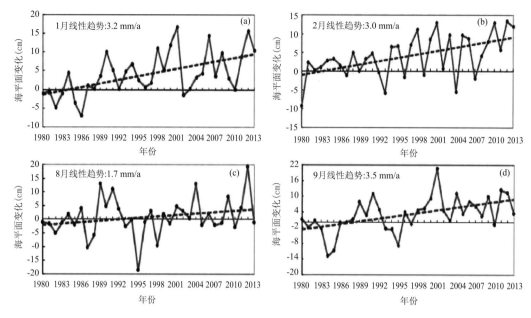

图 4.15　东海沿海典型月海平面高度变化趋势

热膨胀以及冰川、冰帽和极地冰盖的融化为海平面上升做出了贡献。估算显示,20 世纪 70 年代以来,冰川损失和因变暖导致的海洋热膨胀一起约贡献 75% 的全球海平面上升。极地陆地冰盖的部分冰体损失可能意味着海平面上升若干米,海岸线发生重大变化以及低洼地区洪水泛滥,对河流三角洲地区和地势低洼的岛屿产生的影响最大。预估这些变化会在千年时间尺度上发生,但不能排除在世纪尺度上海平面上升速率加快。

# 第三节　中国沿海城市(群)海平面变化区域特征

## 1. 长江三角洲

长江三角洲位于中国大陆东部沿海,是长江入海之前形成的冲积平原。长江三角洲包含上海市、江苏省和浙江省两省一市,区域面积 21.07 万 km²,其中陆地面积 18.68 万 km²、水面面积 2.39 万 km²。海拔多在 10 m 以下,长江以南常州市、常熟市、太仓市、上海金山区一带的古沙嘴海拔多为 4～6 m;长江以北扬州市、泰州市、泰兴市、如皋市一带的古沙嘴海拔 7～8 m。由于地势低洼,历史上洪涝灾害异常严重。

近 30 年来,长江三角洲地区海平面上升了约 104 mm(图 4.16)。长江三角洲地势低平,完全依靠海岸防护工程保护,加上地面沉降等因素引起的相对海平面上升速率较大,使长江三角洲地区成为受海平面上升影响最为严重的地区之一。

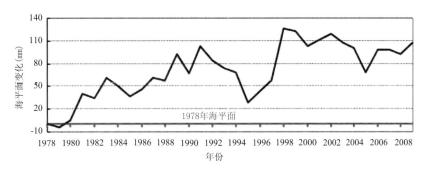

图 4.16 长江三角洲海平面变化

## 2. 珠江三角洲

珠江三角洲位于广东省中南部,南临南海,东、西、北三面环山。该区地势低洼、河网纵横、河汊繁多,成为其地貌特色。在珠江三角洲的河网区,现有耕地 51 万 hm²,其中耕地田面高程在珠江基面 1.0 m 以下的约占三分之一。区内的广州、佛山、江门等大中城市地面高程均较低,如广州市高程一般多在 1.5～2.5 m 之间,周围均靠江、海堤围保护。三角洲地区遭受到台风和风暴潮的袭击,常出现洪涝灾害,目前又面临着全球海平面上升的威胁,因此,珠江三角洲已成为我国沿海重点环境脆弱区之一。

珠江三角洲海平面上升是全球海平面上升、地区构造升降和河口水位趋势性抬高等组合的结果。近 30 年,珠江三角洲的海平面约上升 80 mm(图 4.17)。

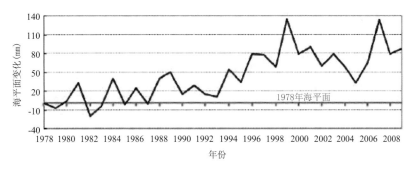

图 4.17 珠江三角洲海平面变化

## 3. 天津沿海

天津沿海地区近 30 年来绝对海平面上升约 65 mm(图 4.18)。在其相对海平面上升影响因子中,贡献率最大的是地面沉降,根据地矿部门观测资料分析,天津沿海区域构造下沉每年约 2～3 mm,甚至超过绝对海平面上升量值,其中人为引起地面沉降给该地区带来严重危害,已成为不容忽视的因素。

2005—2014 年,天津沿海平均海平面上升了 0.08 m,上升速率为 8.1 mm/a。2014 年,天津沿海海平面比常年高 118 mm,与 2013 年基本持平(图 4.19)。

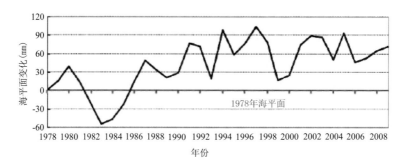

图 4.18　天津沿海海平面变化

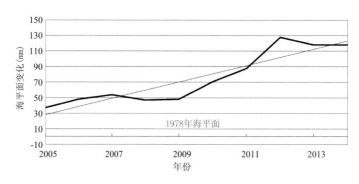

图 4.19　2005—2014 年天津沿海海平面变化

### 4. 上海沿海

2005—2014 年,上海沿海平均海平面上升了 0.09 m,上升速率为 8.9 mm/a。2014 年,上海沿海海平面比常年高 120 mm,比 2013 年高 48 mm(图 4.20)。

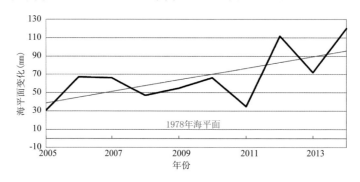

图 4.20　2005—2014 年上海沿海海平面变化情况

通过对近海 7 个验潮站的资料分析得出,上海沿海平均海面有明显的季节变化(见表 4.1 和图 4.21)。相对陆地气象对海平面的影响,径流的影响更大,年内月平均海平面最大值出现在 9 月,最低值出现在 1—2 月。嵊山和小衢山受陆地气象和径流的影响弱,因此其年内差值较小,分别只有 34.7 和 37.3 cm。处于长江口、杭州湾最近的芦潮港、滩浒岛、佘山和大戢山,其年内差值分别为 42.2、40.6、39.9 和 39.3 cm。

**表 4.1 年内海平面变化情况**

| 站位 | 最高月份 | 最低月份 | 年内差值(cm) |
|------|---------|---------|-------------|
| 吕泗 | 9 | 2 | 35.2 |
| 滩浒岛 | 9 | 1 | 40.6 |
| 大戢山 | 9 | 2 | 39.3 |
| 嵊山 | 9 | 2 | 34.7 |
| 芦潮港 | 9 | 1 | 42.2 |
| 佘山 | 9 | 1 | 39.9 |
| 小衢山 | 9 | 1 | 37.3 |

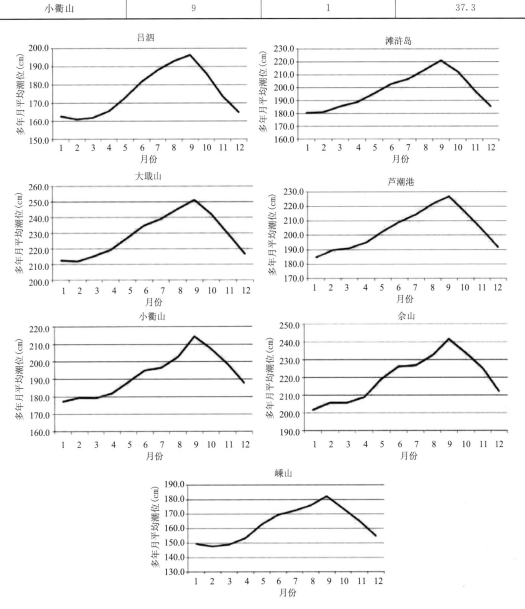

图 4.21 上海邻近海域 7 个验潮站海平面月变化

2014 年,上海沿海海平面各月变化较大,其中,2、8、9 和 10 月海平面较常年同期分别高 224、156、143 和 182 mm,均达到 1980 年以来同期最高值;与 2013 年同期相比,8 月和 9 月海平面分别高 196 和 145 mm(图 4.22)。

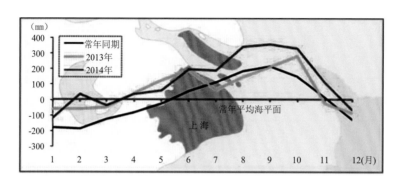

图 4.22　2013—2014 年上海沿海海平面变化情况

上海沿海季节性海平面每年有 30~50 cm 的变化幅度。异常气候事件若发生于季节性高海平面期间,季节性高海平面、天文大潮和异常天气过程易加重海洋灾害。

长江口水域内以吴淞站为例,该站海平面平均上升率为 1.0 mm/a,这与世界上大多数研究人员分析结果一致。吴淞站在 20 世纪 60 年代以前年均海平面上升率为 0.9 mm/a,20 世纪 60 年代至今年均海平面上升率已达到 2.0 mm/a。

根据华东师范大学近期研究的 2030 年上海市 RSL 变化预测成果(综合考虑了绝对海平面变化以及上海地区地壳下沉值,同时根据最新吴淞和高桥地面沉降监测资料以及流域来水来沙减少导致的河槽冲刷、河口围垦工程等对河口水位影响研究结果,并考虑到未来全球变暖导致的海平面上升传递过程的诸多不确定性以及坝下冲刷延伸的不确定性),预测 2030 年吴淞站海平面上升量值如下:三峡水库运营后 3~5 年内,由于来沙量减少,导致沿程冲刷,在长江口处河槽冲刷导致水位降低 60~70 cm,之后 15 年内河槽冲淤平衡时水位仅降低了 10 cm,河口局域工程导致水位抬升 8~10 cm,考虑地面沉降速率 3~5 mm/a,2030 年吴淞站海平面上升值为 10~16 cm。

### 5. 浙江宁波近海

宁波市 2 个近海潮位站——镇海站、大目涂站近 10 年海平面变化情况见表 4.2。

镇海站 1981 年海平面高度为 1.10 m(85 一期高程),近 10 年海平面总体呈现上升趋势,2012 年海平面高度达 1.47 m,与 1981 年相比升高 370 mm。近 10 年,镇海站海平面平均上升速率为 30 mm/a。近 10 年镇海站海平面变化情况见图 4.23。

大目涂站 1981 年海平面高度为 1.81 m(85 一期高程),近 10 年海平面呈波动上升趋势,2012 年海平面高度达 1.88 m,与 1981 年相比升高 70 mm。近 10 年,镇海站海平面平均上升速率为 5.6 mm/a。近 10 年大目涂站海平面变化情况见图 4.24。

宁波市海平面总体呈上升趋势,镇海站、大目涂站 2 站平均海平面上升速率为 18 mm/a。

表 4.2　宁波市镇海站、大目涂站近 10 年海平面变化统计(单位:m)

| 年份 | 镇海站 | 大目涂站 |
|---|---|---|
| 2004 | 1.22 | 1.81 |
| 2005 | 1.20 | 1.77 |
| 2006 | 1.25 | 1.81 |
| 2007 | 1.29 | 1.81 |
| 2008 | 1.30 | 1.78 |
| 2009 | 1.33 | 1.81 |
| 2010 | 1.40 | 1.82 |
| 2011 | 1.36 | 1.8 |
| 2012 | 1.47 | 1.88 |
| 2013 | 1.45 | 1.86 |

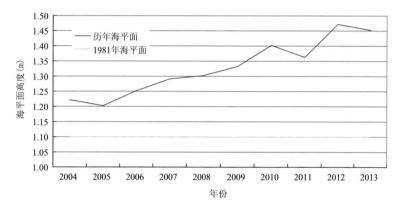

图 4.23　2004—2013 年镇海站海平面变化情况

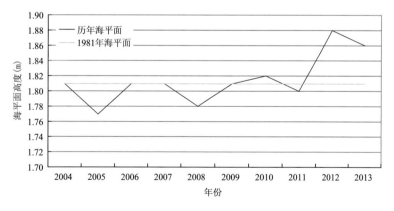

图 4.24　2004—2013 年大目涂站海平面变化情况

# 第五章　中国沿海城市内涝现状特征剖析

城市内涝是指由于强降水或连续性降水超过城市排水能力致使城市内产生积水灾害的现象。在我国城市化发展过程中,城市排水系统的规划与建设跟不上城市规模的快速扩张,一旦遭遇强度大、范围集中的极端降雨天气,我国沿海地区极易出现城市内涝灾害。

## 第一节　基于极值分布的暴雨统计推断

气候要素作为一种随机变量,难以定量预报其极值,但可以借用统计推断中的概率模型,研究暴雨极值的内在规律。极值分布(如 GEV 分布和 GPD 分布等)能较好地反映暴雨、洪水、高潮位等水文气象要素的分布规律。目前,极值理论在国内外已广泛地应用于暴雨、洪水和高潮位等极端事件的频率分析中(Minguez et al.,2010;Shamir et al.,2013;Yoon et al.,2010)。本节选取表5.1中16个沿海典型城市站点的降水数据序列,采用GEV分布建模极值降水数据,利用极大似然法对GEV分布进行参数估计,再根据参数估计值推求不同重现期下极端降水量的重现水平及其置信区间。

**表 5.1　典型沿海城市降水站点的相关信息**

| 省份 | 城市站点 | 站点编号 | 东经(°) | 北纬(°) | 海拔(m) | 降水资料序列 |
|---|---|---|---|---|---|---|
| 上海 | 宝山 | 58362 | 121.45 | 31.40 | 5.5 | 1991—2010 年 |
| 广西 | 北海 | 59644 | 109.13 | 21.45 | 12.8 | 1953—2010 年 |
| 辽宁 | 大连 | 54662 | 121.63 | 38.90 | 91.5 | 1951—2010 年 |
| 福建 | 福州 | 58847 | 119.28 | 26.08 | 84.0 | 1953—2010 年 |
| 广东 | 广州 | 59287 | 113.33 | 23.17 | 41.0 | 1952—2010 年 |
| 海南 | 海口 | 59758 | 110.35 | 20.03 | 13.9 | 1951—2010 年 |
| 浙江 | 杭州 | 58457 | 120.17 | 30.23 | 41.7 | 1951—2010 年 |
| 上海 | 龙华 | 58367 | 121.43 | 31.17 | 2.8 | 1951—1998 年 |
| 广西 | 南宁 | 59431 | 108.22 | 22.63 | 121.6 | 1951—2010 年 |
| 广西 | 钦州 | 59632 | 108.62 | 21.95 | 4.5 | 1953—2010 年 |
| 山东 | 青岛 | 54857 | 120.33 | 36.07 | 76.0 | 1961—2010 年 |
| 福建 | 厦门 | 59134 | 118.07 | 24.48 | 139.4 | 1954—2010 年 |
| 广东 | 深圳 | 59493 | 114.10 | 22.55 | 18.2 | 1953—2010 年 |
| 天津 | 天津 | 54527 | 117.07 | 39.08 | 2.5 | 1954—2010 年 |
| 浙江 | 温州 | 58659 | 120.67 | 28.00 | 6.0 | 1951—2000 年 |
| 浙江 | 鄞州 | 58562 | 121.57 | 29.87 | 4.8 | 1953—2010 年 |

　　表 5.2 为 16 个站点年最大降水量样本数据系列的 GEV 分布参数及 95％置信度下各参数的置信区间。大部分站点的形状参数均大于 0，即对应于 Fréchet 分布。根据参数估计值可以得到不同重现期极端降水的极大似然估计值，各站点不同重现期下极端暴雨在 95％置信度下的置信区间见表 5.3。可以看出，同一站点的置信区间宽度与重现期相关，即重现期越大，置信区间越宽。这是由于随着重现期的增大，样本数据所能提供的信息相对越少，极端降水的不确定性随之增大。

表 5.2　GEV 分布参数及其置信区间(95％置信度)

| 城市站点 | 位置参数 | | 尺度参数 | | 形状参数 | |
|---|---|---|---|---|---|---|
| | 值 | 置信区间 | 值 | 置信区间 | 值 | 置信区间 |
| 宝山 | 93.5 | [83.3,103.7] | 35.3 | [27.6,43] | 0.089 | [−0.121,0.299] |
| 北海 | 149.5 | [136.6,162.5] | 43.0 | [32.2,53.9] | 0.291 | [0.036,0.546] |
| 大连 | 68.1 | [58.8,77.3] | 31.2 | [24.1,38.4] | 0.117 | [−0.123,0.357] |
| 福州 | 81.3 | [72.6,90.1] | 28.6 | [21.7,35.5] | 0.102 | [−0.185,0.389] |
| 广州 | 100.1 | [90.1,110.1] | 35.0 | [27.4,42.7] | 0.119 | [−0.083,0.321] |
| 海口 | 125.5 | [110.3,140.7] | 54.0 | [41,67] | 0.342 | [0.152,0.532] |
| 杭州 | 76.7 | [69.7,83.7] | 24.5 | [19.5,29.6] | −0.006 | [−0.189,0.176] |
| 龙华 | 74.1 | [67.1,81] | 24.7 | [19.6,29.9] | 0.088 | [−0.076,0.253] |
| 南宁 | 85.1 | [78.1,92.1] | 24.6 | [19.4,29.8] | 0.097 | [−0.087,0.281] |
| 钦州 | 153.8 | [138.1,169.6] | 55.2 | [44,66.4] | −0.147 | [−0.34,0.045] |
| 青岛 | 79.3 | [68.2,90.3] | 38.5 | [29.8,47.2] | 0.180 | [−0.03,0.39] |
| 厦门 | 96.3 | [84.5,108] | 40.2 | [31.3,49.1] | 0.067 | [−0.158,0.292] |
| 深圳 | 145.2 | [129.9,160.5] | 52.5 | [41.3,63.7] | −0.034 | [−0.255,0.187] |
| 天津 | 70.6 | [63.5,77.7] | 24.5 | [19.3,29.7] | −0.044 | [−0.257,0.17] |
| 温州 | 94.9 | [84.4,105.4] | 37.1 | [29.2,45.1] | 0.126 | [−0.056,0.308] |
| 鄞州 | 74.3 | [68.3,80.4] | 21.0 | [16.1,25.8] | 0.202 | [−0.016,0.419] |

表 5.3　不同重现期下极端降水置信区间(95％置信度，单位:mm)

| 城市站点 | 重现期 | | |
|---|---|---|---|
| | 10 年 | 50 年 | 100 年 |
| 宝山 | [153.7,209.1] | [186.8,329.3] | [192.9,395] |
| 北海 | [230.4,342.2] | [269.7,654.3] | [262.3,869.2] |
| 大连 | [121.7,175.2] | [147.5,297.4] | [149.4,367.2] |
| 福州 | [129.3,178] | [145.6,291] | [142.3,355.9] |
| 广州 | [161,220.1] | [196.7,351.6] | [204,425.4] |
| 海口 | [235.3,381.6] | [324.1,810.4] | [345.3,1112.6] |
| 杭州 | [116.4,146.8] | [138.1,204.5] | [143.4,232.7] |
| 龙华 | [116.8,154.6] | [144.7,234] | [152.8,276.2] |
| 南宁 | [127.5,166.3] | [153.6,249.7] | [160.1,295] |

| 城市站点 | 重现期 | | |
|---|---|---|---|
| | 10 年 | 50 年 | 100 年 |
| 钦州 | [234.7,284.3] | [270.3,364.7] | [277.5,398.8] |
| 青岛 | [148.7,223.7] | [190.4,404.2] | [197.7,512.7] |
| 厦门 | [163.6,224.2] | [197.2,353.9] | [201.9,423.8] |
| 深圳 | [227.5,290.2] | [264.8,409.1] | [270.7,466.6] |
| 天津 | [108.9,137.4] | [126.6,190.6] | [129.6,216] |
| 温州 | [160.3,222.7] | [202.6,361.5] | [213.6,439.1] |
| 鄞州 | [112.6,155.4] | [135.5,261.9] | [138.9,327.6] |

　　图 5.1～5.3 分别为中国沿海地区典型城市 10 年、50 年和 100 年一遇日极端降水量的空间分布情况。总体上看,不同重现期的极端降水在空间上的分布与年降水量类似,均呈现出由南往北逐渐递减的趋势。我国南方深圳、海口、北海等地日极端降水量较大,其 10 年一遇日极端降水量均在 250 mm 以上,海口达到了 310 mm,与之相比,长江三角洲地区和环渤海地区 10 年一遇日极端降水量较小,普遍在 150 mm 以下;重现期为 50 年和 100 年的极端降水在空间上的分布情况与 10 年一遇极端降水类似,海口为日极端降水量最大的城市,其 50 年和 100 年一遇的日极端降水重现水平分别达到了 568 和 729 mm。天津站在不同重现期下的日极端降水量均为最小,其 10 年、50 年和 100 年一遇的重现水平分别为 123、159 和 172 mm。

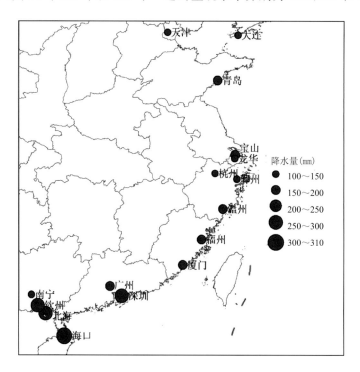

图 5.1　中国沿海地区 10 年一遇极端降水空间分布

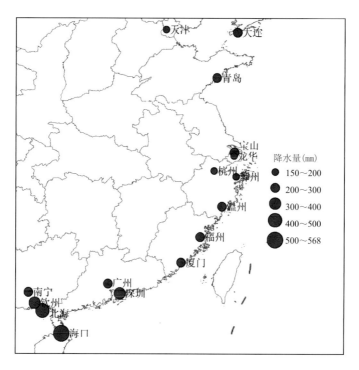

图 5.2 中国沿海地区 50 年一遇极端降水空间分布

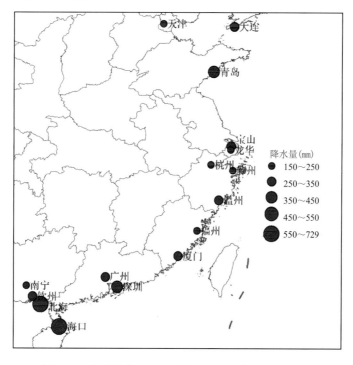

图 5.3 中国沿海地区 100 年一遇极端降水空间分布

## 第二节　沿海典型城市的城市洪涝损失特征

我国沿海地区经济发达,人口集中,城市化进程快,受台风影响较大。近年来,我国沿海地区海平面上升趋势明显,导致河口水位抬高、潮流顶托作用加强,沿海城市河道排水不畅,泄洪和排涝难度加大,加重了台风暴潮致灾影响。许多大中城市均出现了因短历时强降雨造成的严重城市内涝,不仅对人民的生产和生活产生了重大影响,而且给人民的生命财产造成严重损失。同 20 世纪相比,沿海地区城市的洪涝风险和损失显著增加。本节选择部分典型沿海城市,分析近年来城市洪涝损失的特征。

(1)上海

上海市地处长江三角洲东端,是长江三角洲冲积平原的一部分,东濒长江入海口,南枕杭州湾,处于以太湖为中心的碟形洼地的东缘,黄浦江穿越市中心,是太湖流域的主要入海通道。每年夏秋季节,热带气旋活动影响较大,平均每年影响上海约 2~3 次,最多年份可达 5~7 次。上海城市洪涝灾害具有损失重、影响大、连续性强、灾害损失与城市化发展同步增长的特点。防御洪涝灾害始终是一项艰巨而重要的任务。

2005 年第 9 号台风"麦莎"于 8 月 6 日在浙江省玉环县登陆,受其影响,上海市普降中到大雨,局部地区暴雨大暴雨,风力 8~9 级,局部 10 级。"麦莎"台风对上海的影响呈现出强度大、持续时间长、移动速度慢、影响范围广、降雨量大等特点。据统计,本次台风期间,上海市 24 h 最大降雨量超过 300 mm,市郊结合部平均降雨量也达到 236.8 mm。经过各区县和各部门的共同努力,上海市虽然经受住了这次台风、暴雨、潮汛"三碰头"的考验,但全市仍遭受了较为严重的灾害损失。台风暴雨造成桃浦真南路、未来岛地区积水达到 60 cm,新泾地区道路积水最深处达 70 cm,长征地区积水最深处达 50 cm,彭浦永和一村、二村积水达到 60 cm,淞南地区江杨南路积水达 60 cm。市区内河水位快速上涨,城乡接合部有 50 多座泵站由于倒灌造成泵房进水,导致沿河排水泵站一度被迫停机,部分地区不同程度受淹,造成经济损失数亿元。2006 年 7 月 8 日上海市因强对流天气在中午和傍晚 2 次出现暴雨,浦东、崇明、杨浦和虹口等地雨强达 70~150 mm/h,大大超过上海市区的排水能力,导致 60 多条马路积水,1500 多户民居进水(权瑞松 等,2010)。2015 年 6 月 16—17 日,特大暴雨袭击上海,虹口、普陀、杨浦、闸北、浦东、嘉定、宝山等区累计过程降雨量超过 240 mm,导致全市 80 余条段道路积水、数千户民居进水,嘉定、普陀等地 45 处下凹立交积水。同年 7 月 10—12 日,受强台风"灿鸿"影响,上海全市普降大到暴雨,累计过程降雨量超过 50 mm 的有 350 个雨量站,全市转移人口 18.2 万人,直接经济损失 2.58 亿元。同年 8 月 23—24 日,"天鹅"台风又造成上海全市 409 条段道路、240 个居民小区发生积水,4000 余户民居、1000 余家商铺、94 座地下车库进水,60 多处下凹立交因积水临时封闭。2017 年 9 月 24—25 日的大暴雨造成上海全市 202 条段道路、49 座下凹立交、109 个居住小区积水,445 户民居、239 户商铺进水,树木倒伏 57 棵。

(2)杭州

杭州市位于钱塘江河口地区,市区范围内兼有山区、平原等多种地貌形态,复杂的水文气象和地形地貌条件造成了杭州市洪涝的多样性和易灾性。受到梅雨暴雨和台风暴雨洪水的双重影响,既可能形成总量大、历时长、范围广的大范围梅雨型洪水,也容易遇到历时短、强度大的局部性台风型洪水,遭遇天文潮或风暴潮又易受钱塘江潮水逆袭。洪灾类型也多种多样,既有大江大河洪水和海湾河口潮水侵袭,又有平原河网涝水满溢和小流域山洪暴发。2007年10月,"罗莎"台风登陆杭州,受台风外围环流和冷空气南下的共同影响,10月7日杭州主城区单日平均面雨量达到191.3 mm,最大3小时降雨量达到117 mm,创下新中国成立以来杭州城区最大日降水量记录和最强短历时降雨记录(邵尧明 等,2013)。城区主要交通干道几乎全面瘫痪,主城区的城西地区由于处于暴雨中心,地势低洼,排水不足,灾情尤为严重。杭州主城区有533处道路积水,最高水位达1.5 m,40多个路口因为积水过深失去通行能力,至少150辆汽车在水中熄火。暴雨还引起了少见的城区山体滑坡。西湖景区内的虎跑公园、梅家坞茶园甚至位于市中心的少儿公园等地出现了不同程度的山体滑坡和小流域山洪。西湖、运河水位暴涨,均超过警戒水位,西湖水位以每小时5 cm的速度上涨,作为杭州城市地面积水自然出口的运河则出现倒灌,加剧了城市内涝。2013年10月7日,台风"菲特"又造成了杭州西湖区学校停课、企业停工,低洼农家被淹、城区道路积水,城市交通中断等一系列问题。

(3)宁波

宁波市位于中国大陆海岸中段,浙江省东北部东海之滨。甬江穿越宁波市区,由姚江、奉化江两大支流在宁波三江口汇合而成。宁波市区由此分成较为独立的3部分,即鄞东南平原、鄞西平原和江北镇海平原。特定的地理位置和自然环境使宁波天气多变,差异明显,灾害性天气相对频繁,主要灾害性天气有低温连阴雨、干旱、台风、暴雨洪涝、冰雹、雷雨大风、霜冻、寒潮等。宁波市多年平均降水量1480 mm,主要雨季有3—6月的春雨连梅雨和8—9月的台风雨和秋雨,主汛期(5—9)月的降水量约占全年的60%。2013年10月6日,台风"菲特"开始影响宁波。7日凌晨持续3个小时的暴雨致使宁波中心城区出现大面积积水现象,引起内涝。9日晚,整个市区多处路段、桥洞、隧道和小区积水严重,交通接近瘫痪。全市平均面雨量达到了403 mm,短短3天的降雨量是全年降雨量的1/4,是1953年有记录以来的最大降雨量。据初步统计,"菲特"给宁波造成直接经济损失119.4亿元,尤其以余姚灾情最为严重,直接经济损失达69.9亿元(张德政,2015)。强台风"菲特"登陆造成浙江余姚市主城区70%以上地区受淹,交通瘫痪,停水停电,通信中断,大部分住宅小区一层及以下进水。

(4)福州

福州市地处闽江下游,每年7—9月的台风暴雨季节,台风不但风力大、路径直、降雨强,而且频率高、影响广、破坏力大。由于依江傍海的特殊地理位置,区域内暴雨强度大,外江洪水受潮水顶托时间长、水位高,排水不畅,易造成内涝。城区内涝多集中发生在主汛期4—10月。城区所在流域上游有5座水库和西湖,区域内有光明港、晋安河、白马河等40多条内河,构成纵横交错的河网水系,与城区的雨水管网、山地小溪一起将区域内雨洪积水输运到河口,然后由排涝闸或排涝站排入闽江。2005年5号台风"海棠"、13号台风"泰利"和19号台风"龙王"所带来的强降雨,使福州城区连续遭受内涝灾害,尤其是10月2日的19号台风"龙王",福州城区遭遇了百年不遇的强降雨,造成严重内涝。据有关文献记载,市区路面最大涝水深达1.9 m,全市受灾人口达223万人,死亡65人,倒塌房屋5984间,直接经济损失约36亿元。受2006年"碧利斯"台风影响,湖前河国棉厂段水位达7.27 m,东大路以北地势低洼地区大范围受淹,淹没水深达1 m,造成严重涝灾。2011年超强台风"南玛都"于8月31日02时30分在晋江市沿海登陆,登陆时中心附近最大风力8级(20 m/s)。受"南玛都"影响,27日02时福州市沿海开始出现8级偏北阵风,而后风力逐渐增大,29日傍晚到夜里达到最大,台风过程各县(市)城区均出现6～9级阵风,共有48个区域自动站出现10级以上阵风,以平潭南海30.2

m/s(11 级)最大。该次台风过程降雨持续时间长,过程雨量大,降雨从 8 月 27 日至 9 月 2 日持续 7 d,暴雨从 8 月 30 日至 9 月 1 日持续 3 d。统计 8 月 27 日 08 时至 9 月 2 日 08 时(包括区域自动站)过程雨量,以福清灵石林场 477.2 mm 最大,其中大于 400 mm 有 2 站,300～400 mm 有 8 站,200～300 mm 有 31 站,100～200 mm 有 72 站。11 号超强台风"南玛都"造成福州市 3.29 万人受灾,转移 1.16 万人,倒塌房屋 47 间,受灾县(市、区)8 个,乡镇 72 个,直接经济损失 9342 万元。近年来,福州也多次发生城市内涝灾害。

(5)厦门

厦门市位于福建省东南沿海,属亚热带气候,温和多雨,年平均降水量 1300 mm,主要降水季节是 5—6 月的雨季以及 7—9 月的台风季,台风季期间每年平均受 4～5 个热带气旋的影响,台风季也是厦门市降雨量最多的季节,同时也是城市内涝最易发生的时期。2010 年 5 月 23 日凌晨厦门市突降大暴雨,位于沿海低洼地带的何厝、岭兜、前村等社区出现严重内涝,街道和数十栋民宅、工厂、店面被淹,最深水位高达 2.7 m,转移 500 余名被困家中的群众。2013 年 5 月 16 日,受低层切变和冷空气的共同影响,厦门出现大暴雨天气,其中翔安区大嶝镇出现特大暴雨,日降水量达 259.5 mm。受其影响,全市多处地下通道、隧道、低洼地带以及车库等出现严重积水。暴雨共导致 5 人因灾直接或间接死亡,直接经济损失逾 2500 万元。2013 年 7 月,厦门接连受到第 7 号超强台风"苏力"和第 8 号热带风暴"西马仑"影响,尤其"苏力"台风带来超过 200 mm 降水后,不到一个星期,"西马仑"再次带来日降水强度达大暴雨的降水过程,2 次台风大暴雨产生的叠加效应,使不堪重负的厦门排涝系统几乎瘫痪,导致全市一片汪洋,交通拥堵,许多民房、店面、车库包括厦门大学校区、图书馆等地被淹。据厦门市防汛办公室不完全统计,2 次台风大暴雨导致城市内涝灾害的直接经济损失已超过 3 亿元(施斯 等,2014)。2018 年 5 月 7 日,厦门市遭遇特大暴雨,多地 1 小时降雨量超过 100 mm,造成严重的城市内涝,多处路段出现严重积水,机场超过 100 个航班因暴雨延误,厦门大学思明校区因积水严重导致学校停课,地铁 1 号线一段临时封堵墙体倒塌。

(6)深圳

深圳位于珠江口东岸,属亚热带海洋性气候,陆地面积 1985.84 km²,多年平均降雨量 1830 mm,暴雨发生频率高、影响面广、危害性大。河流划为 3 个水系,向南独流入海的粤东沿海水系,向北或东北流的东江水系,向西或西南流的珠江口水系。市内大部分河流属山区性河流,中上游河床纵比降大,洪水暴涨暴落;中下游纵比降小,洪水宣泄缓慢,珠江口水系若遭遇海潮顶托,洪水难于排除,加重下游区域洪涝灾害。

深圳 2008 年"6·13"暴雨降雨量大,强度较大。全市 24 小时面雨量为 325.3 mm,宝安区达 437.7 mm。暴雨重现期接近 100 年一遇,原特区内 273.3 mm,龙岗区 256.28 mm。最大 24 h 点雨量在石岩水库,为 625 mm,重现期大于 500 年一遇,在一天时间内的降雨约占多年平均降雨量的 34.2%。全市大部分区域超过 200 mm,且遇天文大潮,海水回灌大部分河流,南山及前海,宝安区西乡、福永、沙井、松岗,光明区公明、光明、坪山和龙岗区平湖、坂田、布吉、坑梓等区域出现严重涝灾。造成深圳市 8 人死亡,6 人失踪,转移受灾人口 10 多万人,全市出现 1000 多处内涝或水浸,直接经济损失约 12 亿元(陈筱云,2013)。

2014 年,深圳市连续遭受"3·30""5·8""5·11""5·17""5·20"5 场特大暴雨影响,全市共发生水浸 446 处,深圳北站隧道、宝安区 107 国道创业路立交桥段等地积水严重,并造成河堤严重水毁 107 处。特别是"5·11"特大暴雨,造成全市 300 余处道路积水、约 50 个片区发生内涝、20 条河流水毁、39 条供电线路中断、50 处地区发生山体滑坡等次生灾害,约 2500 辆汽车受淹,直接经济损失约 9500 万元(马晋毅,2015)。

2018 年 8 月 28—30 日,深圳全市平均累计降雨量 269 mm,最大 1 小时降雨量 97 mm,刷新 1952 年以来 8 月降雨记录。造成约 150 处道路内涝积水,发生局部河堤坍塌 10 起,大小山体滑坡 37 起,全市 21 座中小型水库泄洪。

(7)海口

海口市地处低纬度热带北缘,属于热带海洋气候,年平均降雨量 1816 mm,平均年雨日 150 d,5—10 月为雨季,雨量占全年的 78.1%,9 月为降雨高峰期,平均雨量达 300 mm,占全年雨量的 17.8%。海口市河流密集,水塘、河汊、沼泽四处可见,地下水位高,台风暴雨容易造成市区主要街道发生内涝,出现水深没膝、人车难行等问题。2010 年国庆节期间,海南省普遍出现强降雨,其持续时间、影响范围和累积雨量均突破自 1961 年以来的 10 月历史记录。海口市 2010 年 10 月 2—9 日持续降雨,受强降雨和上游水库泄洪影响,龙昆沟、大同沟、海甸五西路明沟、道客沟等市区主要排洪沟水位暴涨,溢过河道排向路面,加上南渡江上游洪峰影响,海甸溪水位高于两岸排水出口,雨水管受顶托无法排放,造成滨江西路、琼山大道、板桥路、凤翔东路、凤翔西路、南海大道等 50 条道路大面积积水,共 74 个积水点,积水路段长度约 18 km,市区内严重内涝,龙华路、板桥路等部分路段交通中断,严重影响市民出行。2014 年 9 月 16 日,受台风"海鸥"影响,海口市遭受连续暴雨,加之风暴潮增水作用,致使海口市区发生严重内涝,城区大面积被淹,排水出现严重困难,龙昆沟、秀英沟、大同沟等排水河道全部超过或逼近上限水位,长堤路、龙昆北路、龙华路、义龙路等多条道路积水超过 30 cm,很多地段积水超过 60 cm,有些地段路面积水最深时超过 1 m,一度造成交通中断,不少地下车库进水,经济损失较大(冯杰 等,2015)。2017 年 11 月,海口北部地区 3 小时内降雨量达 100 mm 以上,造成部分路段内涝积水严重,交通受到严重影响。

(8)天津

天津地处华北平原东北部,海河流域下游,地势北高南低,西北高东南低,平原面积占全市陆地面积的 94.2%,河网密布,有"九河下梢"之称。特殊的地理位置和地形特点,使天津市承担了上防洪水、中防沥涝、下防海潮的多重任务。天津的温带季风气候特征决定降水随季节变化明显,多年平均降水量为 590.1 mm。天津市区暴雨的特征是历时短,强度大,在时空分布上不均匀。降雨集中在主汛期 6—9 月,特别是 7—9 月尤为集中,约占全年降雨量的 70%。同时天津濒临渤海,海潮对市区的排水影响严重,当市区强降雨遭遇渤海高潮位时,海河干流、新开河、永定新河等河水下泄受到顶托,抬高河道水位造成市区排水困难,这种情况发生的概率较高。2012 年 7 月连续出现 3 场强降雨,累计平均雨量 326 mm。其中,7 月 25—26 日为特大暴雨,历时 21 小时,共降雨 160 mm,最大降雨量达到 187 mm,为 1984 年以来的最大降雨,远远超过排水设施能力。连续强降雨造成中心城区 52 处道路积水、24 处地道断交,受上游洪水下泄、下游海潮顶托的影响,海河持续高水位运行,造成海河 4 条下沉路段全部淹没,市区部分二级河道出现漫堤(贾松涛,2013)。

# 第六章　中国沿海城市内涝问题诊断

中国沿海城市内涝问题涉及自然地理、城市建设、排涝设计、应急管理等方面的因素。自然地理因素主要包括极端降水事件增多、城市雨岛效应显著、海平面持续上升以及沿海地理位置特殊性等。城市建设因素主要包括城镇化进展迅速、城市下垫面硬化、城市微地形等。排涝设计因素主要包括排水设计标准偏低、城市内排与外排不衔接等。应急管理因素主要包括应急预案不完善、预警体系不健全、部门间管理协调不充分等。中国沿海城市内涝多发主要存在以下 8 个方面的问题。

## 第一节　风雨潮"三碰头"概率多,城市排水受河流洪水及河口潮水顶托

我国沿海地区是台风灾害多发的地区,台风影响范围大,破坏力强。近年来随着全球气候变暖,我国台风登陆的时段更趋集中,平均登陆强度也有逐渐增大的趋势。台风登陆带来的狂风、巨浪、暴雨、洪水等极端事件每年都造成巨大的经济损失和人口伤亡。若恰逢天文大潮,则强台风、大暴雨、高潮位顶托等 3 种因素叠加,形成风、雨、潮"三碰头",将会急剧加大沿海城市的排水压力,造成排水不畅,甚至是海水、河水倒灌,加剧城市内涝灾害。

**1. 典型风、雨、潮"三碰头"极端事件**

2013 年 10 月 7 日,强台风"菲特"在福建福鼎登陆,受其影响,福建、浙江、上海、江苏等地出现大到暴雨,局部地区大暴雨和特大暴雨。太湖周边河网地区有 19 个水文(位)站水位超过保证水位。福建、浙江、上海有 29 个潮位站水位超过警戒潮位,3 个潮位站发生超历史纪录高潮位。浙江甬江支流姚江发生超实测记录洪水,同时恰逢农历天文大潮,宁波市主要平原河网水位在台风及强降雨过程中迅速上涨,全面超过保证水位。高潮位持续不退,导致沿江闸门排水效率减弱。在内河雨水难以外排的同时,宁波市城区上游、四明山区的雨水仍通过奉化江、余姚江、鄞西河网向宁波中心城区汹涌而来,最终导致内河水位、三江潮位居高不下,积水难以外排,加上水库泄洪,部分老小区、低洼路段、城乡接合部被河水严重倒灌,中心城区积水达150 多处,受淹社区 178 个,100 多个地下车库受淹(张德政,2015)。除宁波中心城区外,余姚、奉化、鄞州、江北、镇海等地也都出现了严重内涝,余姚市灾情最重,面雨量 527 mm,主城区70% 以上地区受淹,交通瘫痪,停水停电,通信中断,大部分住宅小区一层及以下进水。

2014 年 9 月 16 日台风"海鸥"登陆海南时恰逢天文大潮,并接近高潮,当时天文潮 2.32 m,台风产生最大增水达 2.05 m,两者相遇产生历史最高潮水位 4.37 m,超过警戒水位 1.47 m,创海口市 1948 年以来最高潮水位(冯杰,2015)。风、暴、潮"三碰头",引起海口沿海水位

暴涨,造成海水倒灌、城区内涝等严重灾害。2016年强台风"莎莉嘉"登陆海南时也正值天文大潮,台风登陆风力大,风暴增水多,海口市降水量超过200 mm,高潮位叠加向岸风更容易造成海水倒灌,海口市城区有20多个路段不同程度积水。本地暴雨、外江洪水和潮水顶托都是造成海口市城市内涝的重要因素。南渡江河口是风暴潮的多发区和重灾区,一年四季都可能发生,由热带风暴或台风引发的风暴潮增水高,危害大。日前,海口市雨水系统主要依靠自身压力自然排放,暴雨时常伴有海水高潮位,龙昆沟、大同沟、海甸溪、美舍河等河道以及相应的雨水管出水口因受海潮上涨顶托,容易造成地势较低路段积水。

2016年7月19—21日,温带气旋影响天津沿海,局部地区出现特大暴雨,在季节性高海平面、天文大潮和风暴增水的共同作用下造成行洪排涝困难,内涝严重,农业生产和交通设施等遭受损失,直接经济损失超过3亿元。2016年9月,厦门沿海处于季节性高海平面期,海平面比常年同期高123 mm,15日强台风"莫兰蒂"在福建厦门沿海登陆,中心附近最大风力15级,福建东部、浙江、江苏南部、安徽东南部、江西东北部出现暴雨到大暴雨,累计降雨量大于100 mm的面积为22万 km²,福建霞浦县洋里村站降雨量508 mm。东南沿海有13站潮位超过警戒水位0.02~2.46 m,福建晋江、木兰溪等38条中小河流发生超警戒水位洪水。此次台风恰逢天文大潮期,大风、暴雨和风暴潮"三碰头",厦门、泉州、福州等市内涝积水严重。厦门市海沧区新垵西片区大面积内涝积水,积水最深处1.6 m。

2018年9月16日,台风"山竹"在广东登陆,登陆时中心附近最大风力14级,具有强度极强、范围极广、持续极长、破坏力极大等特点,造成广东、广西、海南等省(区)近300万人受灾。台风中心距离深圳仅125 km,造成深圳市16个水库超汛限水位泄洪,宝安区排涝河、龙岗河及其支流等多条河流出现河道水位急速上涨漫堤现象,宝安区、坪山区等地多处发生区域内涝积水,盐田区、大鹏新区出现15处海水倒灌,海堤、码头和临海建筑受损严重。受到海潮顶托、沿海地势低洼、感潮河流特性等多重客观因素的限制,深圳市内涝防治容易出现外江水位壅高或高潮位顶托、城市内河洪水泛滥、城区范围超标准降雨来不及排泄等问题,造成严重暴雨内涝灾害。

2019年10月1日,"米娜"台风登陆浙江、上海等地,浙江沿海海面自南而北出现11~13级大风,沿海地区也出现8~10级、局部11~12级大风。受"米娜"影响,浙中北东部地区普降暴雨、大暴雨,局地特大暴雨,舟山定海12小时最大降水量达315 mm,超过当地日最大降水记录。台风影响期间,正值天文高潮位,风、雨、潮"三碰头",导致舟山、宁波发生内涝,部分城区路段和农田不同程度受淹,严重影响居民出行和生活。

**2. 城市排水受河流洪水及河口潮水顶托**

沿海地区河流源短流急,感潮河段较多。部分沿海河流的河口处还兴建了兼具挡潮、排涝、蓄淡灌溉、城市供水等综合功效的涵洞闸工程。海平面上升之后,高潮潮位增加,由于上游水库泄洪及下游潮流顶托,将导致涵闸排水能力下降。我国很多沿海地区都依靠泵站排除城市雨水,风、雨、潮"三碰头"期间沿海城市管网和泵站的排水能力也将会被削弱,原有设计标准将降低,城市排水的难度将进一步加大。例如,杭州市京杭运河和上塘河地区属于杭嘉湖东部平原,从排涝格局上位于杭嘉湖地区排水体系的上游,随着太湖流域的治理及杭嘉湖东部平原圩区整治工程进一步实施,骨干河网水位有进一步抬高趋势,杭州市主城区往运河水系排水受高水位顶托影响程度加深,加之杭州市区局部地块地势低平,暴雨洪水时河道水位受杭嘉湖东部平原高水位顶托制约经常受淹(邵尧明,2013)。台风"山竹"造成广东漠阳江上游普降暴雨到大暴雨,局部特大暴雨,水位暴涨,干流阳春站超警戒线 3.16 m,江水倒灌,造成广东阳春市市区内涝严重,部分农田受浸,交通、水利等设施受损。广州市若遇持续性暴雨,珠江洪水及潮水的顶托可能导致广州城市排水系统的洪水无法排向河涌,引起部分地势较低的区域出现内涝。2008 年"黑格比"台风和 2009 年"巨爵"台风登陆时,中大水文站最高潮位分别为 2.73 和 2.55 m,沿江路天字码头、沙基涌河水漫过堤岸,沙面地区遭遇大面积水浸(陈刚,2010)。

## 第二节　城市地面沉降问题突出,相对海平面上升增加洪涝风险

### 1. 我国沿海城市地面沉降概况及对洪涝灾害防治的影响

中国地面沉降主要发生在上海、天津、江苏、河北等省(市)。截至 2015 年底,全国已有 102 个地级及以上城市发生地面沉降。长江三角洲和华北沿海平原是我国地面沉降最严重的地区。长江三角洲地区地面沉降主要是开发利用地下水引起的,主要分布在上海、常州、苏州及无锡等地。华北平原引起地面沉降的原因包括构造活动、软弱土层的自重压密固结、大规模工程建设以及过量开采地下水、地下热水及油气资源等,主要分布在天津塘沽、河北沧州等地。这些地区第四纪沉积层厚度大,固结程度差,颗粒细,层次多,压缩性强;地下水含水层多,补给径流条件差,开采时间长,强度大;城镇密集,人口多,工农业生产发达。因此,地面沉降首先从城市地下水开采中心开始形成沉降漏斗,进而向外围扩展成以城镇为中心的大面积沉降区(刘杜娟,2004a,2004b)。尽管已经采取了很多措施,但目前大部分沉降区仍在继续下沉,沉降面积也在不断扩大。

上海是中国发生地面沉降现象最早、影响最大、危害最深的城市。自 1921 年发现地面沉降以来,已有近 100 年的漫长历史。20 世纪 60 年代初期,上海市因第二、三承压含水层开采形成了以中心城区为中心的区域水位降落漏斗,并引发了严重的地面沉降,中心城区地面沉降速率超过 110 mm/a。针对地面沉降的主要原因,上海市通过采取压缩地下水开采量、实施地下水人工回灌、逐步调整地下水开采层次等措施后地面沉降得到有效控制,效果十分显著。20世纪 90 年代后,随着城市人口增加和规模扩大,地下水开采量增大,导致区域第四、五承压含水层的地下水位下降较大,再加之大幅度增加的城市建筑荷载对地面沉降的影响,使中心城区及郊区的大部分地区地面沉降进一步增大,年均沉降速率达到十几毫米。区域地下水开采和工程建设活动成为近期影响地面沉降的两大主要因素。自 2004 年上海市政府采取有力措施后,通过加快集约化供水能力建设,不断减少地下水开采量,增加地下水人工回灌能力,地面沉降得到有效控制,目前地面平均沉降速率控制在 6 mm/a 以内,但不均匀沉降现象仍较明显,地面沉降速率超过 10 mm/a 的地区主要集中在新城镇、重点城市规划区等地区。2013 年,《上海市地面沉降防治管理条例》颁布实施,为进一步加强和规范地面沉降防治工作提供了法律保障。虽然目前上海市年地下水开采与回灌在总量上基本实现了动态平衡,甚至出现了灌大于采的格局,但长期超采的深部第四、五承压含水层仍处于开采大于回灌的失衡状况,地下水位漏斗仍然存在(王寒梅,2015)。根据 2015 年调查统计结果,上海市最大累计沉降量已达 2980 mm,平均地面沉降量 1.4 m。2016 年,上海平均地面沉降量为 5 mm。

多年来,由于过量开采地下流体资源,天津市出现不同程度的地面沉降现象,形成市区、塘

沽、汉沽、大港及海河下游工业区等5个沉降中心,成为华北地区地面沉降最为严重的城市之一。天津市地面沉降经历了3个阶段。20世纪60年代以前为初始形成阶段,地面沉降速度较为缓慢,到60年代中期地面沉降速率达到30 mm/a;1959—1985年地面沉降急剧发展,天津市中心城区和滨海新区因地下水开采量过大,地面沉降速度达到100 mm/a,沉降区域进一步扩大,产生了许多沉降中心;1986年至今为地面沉降治理阶段,实施了多期控沉规划,制定了《天津市控制地面沉降管理办法》,用跨流域调水代替地下水,同时大力实施节水型社会建设,加强节水技术推广和地下水资源管理,地下水开采井大量封停,逐步减少地下水开采,中心城区和滨海新区地面沉降逐步得到减缓,但仍为地面沉降严重的城市之一,并与河北地面沉降区连成一片。全市地面沉降的平面分布与产业布局有关,大部分地面沉降发生在第四系含水组及其深度300 m以下地层。全市地面沉降量与平均降水量变化一致,年度内的地面沉降速度随季节变化(易长荣 等,2012)。从空间分布来看,中心城区由内到外地面沉降速率增大,中环线内地面沉降速率较小,外环线附近地面沉降速率较大(除东丽区华明镇和程林街外),30 mm/a以上地面沉降主要分布在外环线南北两端。2010年,中心城区(外环线以内)334 km² 范围内平均沉降量26 mm。沉降量大于30 mm的区域主要分布于北辰区天穆镇、北仓镇和西青区李七庄街、大寺镇外环线以内部分;沉降量大于50 mm的区域主要分布于北部外环线附近,属于北辰区50 mm沉降区的边缘部分(王淼,2013)。根据2015年调查统计结果,天津市滨海新区最大累计沉降量已超过3000 mm。2015年,滨海新区平均地面沉降量为23 mm,最大沉降量为85 mm。其中,塘沽平均沉降量为18 mm,最大沉降量为28 mm;汉沽平均沉降量为40 mm,最大沉降量为60 mm;大港平均沉降量为21 mm,最大沉降量为50 mm。

地面沉降改变了原始地貌形态,降低了地面标高,给沿海城市洪涝灾害防治带来了多方面的不利影响,严重危害当地人民的生产和生活。一是地面标高损失造成雨季城区排涝困难,汛期地表积水严重;二是导致沿海城市低地面积扩大和海堤高度下降,部分地区地面标高甚至低于海平面,致使沿海城市防御风暴潮的能力降低,引起海水倒灌等灾害;三是地面沉降直接影响水利工程,造成水利工程设计标准和防洪能力降低,加大洪涝灾害风险。

目前上海市地面沉降控制效果较好,2016年平均地面沉降量仅为5 mm,但由于历史累积的影响,上海中心城区地势低洼,地面高程普遍低于黄浦江平均高潮位,严重威胁城市防洪排涝。不同时期外滩黄浦江防汛墙沉降特征和区域地面沉降特征具有较好的一致性,区域地面沉降对防汛墙沉降作用明显。地面沉降导致防汛墙抗洪能力减弱,在外滩防汛墙4次加高中起到了重要作用,沉降量分别占防汛墙增高幅度的98.0%、62.6%、30.1%、7.8%(龚士良 等,2008)。

天津市滨海地区地面标高本来很低,仅2~3 m,部分区域地面高程已低于海平面,抵御风暴潮的主要措施是修建防潮堤和码头高程超高。近年来,因地面沉降导致防潮堤沉降,天津沿海地区受到风暴潮的灾害风险更趋严重。仅2015年,滨海新区防潮堤平均沉降量20 mm。地面沉降也严重影响了水利工程功能的正常发挥,蓟运河下游堤防每沉降100 mm,泄流能力下降50 m³/s;海河干流堤防每沉降100 mm,泄流能力下降25 m³/s(周潮洪 等,2007)。地面沉降使得天津防潮闸抗滑稳定安全系数减小,影响设计泄洪能力和稳定性,挡潮功能降低。地面沉降还会造成水库围堤高程下降,损失防洪库容。

### 2. 相对海平面上升增加洪涝风险

联合国政府间气候变化专门委员会(IPCC)2019年发布的《气候变化中的海洋和冰冻圈特别报告》指出,极地和山区的冰川和冰盖正在损失冰量,这促使了海平面加速上升,同时扩大了海洋变暖的范围。20世纪全球海平面上升了约15 cm,目前的上升速度已达每年3.6 mm,而且还在加速。既使温室气体排放骤减且将全球升温限制在远低于2 ℃,到2100年海平面上升高度仍可能达到30~60 cm,但如果温室气体排放持续强劲增长,则可能达到60~110 cm。根据《2018年中国海平面公报》,我国沿海海平面变化总体呈波动上升趋势,1980—2018年中国沿海海平面上升速率为3.3 mm/a,高于同时段全球平均水平。《第三次气候变化国家评估报告》预测,中国海区海平面到21世纪末将比20世纪高出0.4~0.6 m。

随着海平面上升,感潮河道的高低潮位会相应抬高,海水对排海通道下泄洪水的顶托作用加强,加大了沿海城市泄洪和排涝难度,低洼地向外排水能力下降,内涝风险明显加大。同时,海平面上升还会抬高风暴潮的增水水位,导致沿海城市水利工程的设防标准降低,直接造成海堤、挡潮闸等工程的灾害防御能力削弱,风暴潮上岸概率增大,增加沿海城市风暴潮灾害的发生频率和破坏强度。海平面上升对城市防洪除涝的影响往往与其他极端气象灾害的影响叠加在一起,加剧了中国沿海风暴潮、滨海城市洪涝等灾害的风险,给沿海地区社会经济发展和人民生产生活造成不利影响。

可见,地面沉降和全球海平面上升两者向量方向虽然相反,但它们对城市洪涝灾害带来的危害是相似的。地面沉降和全球海平面上升都是缓变型灾害,两者叠加所致的相对海平面上升,将持续加大海岸带灾害风险,对沿海城市防洪安全的影响是累进的,其长期累积效应是中国沿海地区实现可持续发展不可回避的重大问题。

近年来,中国沿海海平面持续偏高,相对海平面上升已经直接造成了滩涂损失、低地淹没和生态环境破坏,并导致风暴潮、滨海城市洪涝等灾害加重。根据《2018年中国海平面公报》记载,受高海平面和强降雨的共同作用,辽宁、山东、上海、浙江和广东沿海均发生了不同程度的洪涝灾害。8月,辽宁至山东沿海处于季节性高海平面期,海平面较常年高约360 mm,台风"温比亚"影响期间,沿海出现大风和强降雨,高海平面顶托下泄洪水,严重影响了城市排涝,市区积水严重,山东寿光经济损失超过100亿元;7—8月,上海沿海处于季节性高海平面期,海平面较常年高约220 mm,台风"安比""云雀""摩羯"和"温比亚"先后影响上海沿海,其中"摩羯"影响期间上海普降大到暴雨,又恰逢天文大潮,高海平面和天文大潮顶托下泄洪水,严重影响城市排涝;7月,浙江沿海海平面较常年高约150 mm,台风"玛莉亚"和"安比"先后影响浙江沿海,期间出现持续的强降雨,高海平面顶托下泄洪水,造成严重内涝;8月28日至9月2日,广东沿海普降大雨,期间恰逢天文大潮,高海平面和天文大潮顶托下泄洪水,加剧洪涝灾害,造成较大经济损失。

长江口崇明三岛的研究案例表明,2030年长江口海平面将上升10~16 cm,导致崇明三岛片区的面平均除涝最高水位、局部除涝最高水位均呈上升趋势,崇明岛片受影响最大,对应水位将分别上升3~5 cm、4~6 cm(图6.1)。

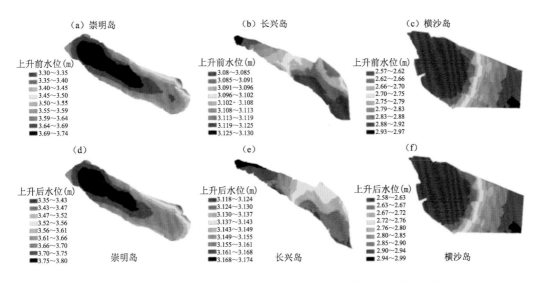

图 6.1　海平面上升前后崇明三岛片区局部除涝最高水位状况(陈祖军 等,2015)

## 第三节　城市建设侵占洪水通道和雨洪调蓄空间

许多学者对我国不同沿海城市河湖水系的演变特征、驱动机制及其对洪涝灾害的影响开展了系列研究。例如,1960—2010 年间,长江三角洲地区(包含上海、杭州、苏州、无锡、南京、宁波、常州等城市)的河网密度和水面率均呈下降趋势,武澄锡虞、杭嘉湖和鄞东南地区的河网密度减少近 20%,水系结构特征也发生了变化,河网复杂度衰退。研究表明,城市化深刻改变着该地区水系的演化过程。城镇用地扩张、水利工程修建和农田水利活动是改变长三角地区水系的主要方式(韩龙飞 等,2015)。上海浦东新区在城市化进程中经历了主干河道改造与支流缓慢缩减、支流急剧缩减、支流缓慢缩减等阶段,河网水系从干支流密布的网状水系演变成由少数主干河道支撑,城市建设活动是河网变化的主要驱动因素(白义琴,2010)。近百年来宁波市中心城核心区水面总体上呈现出衰减趋势,水面率由 16.2% 下降到 9.8%,内河长度缩短约 82%,空间上从中心向外围蔓延,形态结构逐步简单化(董印 等,2017)。受城市化影响,苏州市水系结构发生变化,由复杂到简单,由多元到单一。城镇用地迅速增长,主要以牺牲水田、水域等为代价,近 50 年来,水面率、河网密度分别减少 19.63% 和 6.91%,造成河流调蓄能力下降、防洪压力增加(林芷欣 等,2018)。1980—2005 年深圳河网总长度减少 17%,河网密度从 0.84 km/ km² 降低到 0.65 km/ km²(周洪建 等,2008);厦门市在城市建设面积扩大的过程中,可供排水滞洪的生态湿地、自然绿地及滞洪区等面积被大量削减,岛内惟一的人工湖筼筜湖,水域面积由历史上的 10 km² 缩减到 1.5 km²,蓄洪能力大大减弱。

其他地区的城市也有类似研究成果。1999—2016 年的遥感数据显示,武汉城市湖泊面积因人为活动干扰共减少约 32 km²,总萎缩率为 13%,但近期已有一定的遏制。减少的湖泊面积主要转化为城市建设用地、滩地、围湖成塘和工矿用地等。湖泊萎缩与城区汛期渍水存在极强的相关性,渍水严重地区湖泊萎缩现象也较显著(孟丹 等,2019)。长沙市中心城区 1950—2016 年的地形图及同期城市建设用地数据显示,长沙市水系主要特征值均出现较大幅度的衰减,河网密度和水面率分别减少 3.74% 和 26.26%。水系具体变化特征体现在湖泊水塘减少、支流沟渠被填埋、零星水系消失、流域水系结构单一等方面(蒋祺 等,2019)。

城市河流、湖泊、湿地、坑塘、沟渠等水生态敏感区是城市生态系统的重要组成部分,具有调蓄雨洪、净化水质、维系生态等多重功能。在城市建设过程中,应该根据城市防洪排涝安全的需要,提前统筹规划,充分利用现有水生态敏感区,严格保护城市河道、湿地、湖泊水域及其岸线,禁止侵占河流、湖泊等防洪排涝设施,充分发挥其对雨洪水的吸纳、蓄渗和缓释作用,保持城市水循环系统的稳定性,有效缓解城市内涝。然而,我国许多城市在面积扩张和人口增长的过程中,往往会忽视城市水生态敏感区的治理和保护,甚至为充分利用土地,城市建设侵占了洪水通道和雨洪调蓄空间,破坏原有水系,城市水面率不断减少,大大降低了水生态敏感区的自然滞洪和蓄洪能力。主要体现在如下几个方面:

(1)城市建设往往侵占天然河道的洪水滩地和滞洪洼地,填埋支流河道。

(2)原本具有自然调蓄能力的湖泊、湿地、池塘等被人为填筑破坏,水面面积大大萎缩,减少了原有的自然排水通道和调蓄空间。

(3)城市建设过程中滥挖乱弃渣土,破坏河道两岸植被,水土流失明显,垃圾直接入河,造成河道淤积和阻塞,水流不畅通,影响正常行洪。

(4)部分天然河沟渠道化、暗涵化,河道岸坡被硬化,自然水循环系统遭到破坏,削弱了城市河道的防洪排涝能力。

(5)城市化建设加快了河道上桥梁建设,桥梁众多,阻水作用显著。

(6)城市绿地是调洪蓄水的重要场所,可缓解城市的暴雨洪峰压力。现阶段我国城市绿地面积和分布明显还不能满足城市发展需求,不利于城市绿地发挥改善城市蓄洪排水压力的功能。

(7)水系在城市建设中被大量裁弯取直、填埋消失,导致流域水生态结构和水动力条件发生大幅改变,河流结构逐渐简单,水系形态越来越单一,使得邻水城市建设区域成为洪涝灾害风险区。

# 第四节　城市下垫面硬化改变地表径流数量和过程

城市空间的快速扩展使得大量的不透水面取代了以植被为主的自然地表景观,不透水面大幅增加,植被急剧减少。原来的农村郊区变为城区,原有自然地貌被大量民用和商用建筑物、混凝土和沥青道路、停车场、广场等不透水面代替,土地利用方式发生了结构性改变。据统计,中国建成区内平均城市不透水面比例为 67%。特大以上城市和城市群地区正呈现高密度连绵式的城市不透水面分布,局部地区不透水面比例超过了 80%(匡文慧,2019),京津冀、长三角等城市群地区尤为突出。快速城市扩张导致的城市"过度硬化"和城市群地区城市不透水面高密度连绵式扩张阻止了雨水的下渗,导致暴雨时地表径流增加,发生城市内涝。

1989—2015 年,上海不透水面增长面积为 874.32 km²,年均增长率为 12.4%。在上海市中心的老城区,不透水面斑块大,斑块连通度和聚集度都较高,少有植被分割。1989—2014 年间福州市建成区的不透水面面积呈大幅上升趋势,25 年间城市不透水面面积增加了 87.16 km²,年均增加 6.69%,其中有 76.86% 的不透水面是由原来的植被转变而来(王美雅 等,2018)。2006—2016 年粤港澳大湾区不透水面扩张现象明显,年均增长速度高达 6.65%。区域内城市不透水面空间分布越来越集中,呈现高密度区域聚集(冯珊珊 等,2018)。近 20 年来,随着城市化进程加快,海口市城区面积迅速扩张,大部分蓄水湖、鱼塘被填垫,原来的郊区(如海甸岛、新埠岛、西海岸和江东地区等)已经发展为新城区,地面硬化面积急剧增加。海口市不透水面呈现由沿海向内陆扩张的趋势,不透水面占全市面积的比例增长了 2 倍以上(冯杰 等,2015)。

在城市化过程中,城市洪涝的水文特性与成灾机制发生着显著的变化,使城市型水灾显现出新的特点。城市化通过改变城市地形、地貌及产汇流条件,造成地表植被和坑塘湖泊减少,阻碍了雨水的自然渗透,地面渗透能力减弱,地表糙率系数降低,地表下渗量和补给地下水量减少,同时产汇流时间缩短,河道洪峰流量增加,峰现时间提前,产流系数加大,城市洪水呈现出显著的非一致性,导致河道和排水管网的排涝压力增加。与稳定环境背景下的水文观测资料不同,非一致性时间序列的概率分布随时间而变化,这种非一致性直接影响其重现期和风险的计算。例如,1963 年 8 月 9 日,北京城区面雨量为 359.1 mm,主要排洪河道通惠河的乐家花园水文站洪峰流量为 261 $m^3$/s,径流系数为 0.52,峰现时间 20 h,洪峰历时 44 h;2012 年 7 月 21 日,北京城区面雨量为 197.0 mm,但该站洪峰流量达到 440 $m^3$/s,径流系数为 0.54,峰现时间 7 h,洪峰历时 16 h。与 1963 年 8 月的暴雨相比,2012 年 7 月的暴雨雨量远小于前者,但乐家花园站的径流系数和洪峰流量变大,峰现时间和洪峰历时减小,其根本原因是北京中心城区不透水面积的比例已从 1963 年的 61% 上升到 2012 年的 86%(白国营 等,2012)。对济南市 1956 年和 1991 年 2 次洪水进行对比发现,前期雨量相近的情况下,后者洪峰是前者的1.6 倍,洪量相差 2.1 倍,洪峰滞时相差 8～9 h(张志华,2000)。广州市城区不透水面积增加,透水面积缩小,蓄、滞、渗水能力减退,天然河道经过整治、疏浚和裁弯取直,并兴建雨水管网、排洪沟和抽水泵站,导致地面径流系数增大了约 1 倍,由 0.3～0.5 增大到 0.6～0.9。城市雨水排泄加快,归槽洪水增加,暴雨时城区河涌的流速增大,河道水位不断提高,洪峰流量提前出现,峰型越来越呈尖瘦形状(陈刚,2010)。南宁市城市化地区洪峰流量约为城市化前的 3 倍,洪峰历时缩短大约 1/3。洪峰持续时间一般为 1 h 左右,洪水过程一般为 1～2 d(潘成旭,2014)。

下垫面变化下的城市水文效应是城市水文学的研究热点之一。例如,北京市城区暴雨洪水数值模拟的结果表明,城市化后的地表径流量是城市化前的 3.5 倍,径流系数从 0.12 增加到 0.41,渗透率从 88% 下降到 60%,城市化后 20 年重现期的峰值流量大于城市化前 100 年重现期的峰值流量值(徐宗学,2018);秦淮河流域城市化前后的洪水模拟结果表明,流域内不透水面积增加明显使得相同降雨条件下流域的径流系数变大,洪峰流量值和洪水总量均增加,峰现时间提前。为提高洪水模拟预报精度,需要分别率定不同土地利用情景下的产汇流参数(司巧灵,2018)。基于有效不透水面识别对北京市凉水河流域大红门排水区的城市雨洪过程模拟表明,当有效不透水面占比由 100% 降低到 25% 时,100 年一遇暴雨的总径流深和洪峰流量的削减率分别为 62.9% 和 21.8%(石树兰 等,2019)。基于 SWMM 模拟探讨径流量空间分布与降雨和下垫面的关系表明,径流量高值区多位于沥青小区,低值区多位于绿地小区。沥青小区和砌砖小区的地表径流量均与坡度呈极显著或显著线性正相关关系。对沥青－砌砖和沥青－绿地小区,将非渗透面积比例(PIC)降至 60% 可明显控制其暴雨和大雨径流。要明显控制大暴雨径流,可将沥青－绿地小区的 PIC 降至 30% 以下;但降低 PIC 对沥青－砌砖小区大暴雨径流的控制作用不明显(罗英杰 等,2020)。

## 第五节　排水防涝系统规划设计不够合理,原有设计标准偏低

城市开发的趋势大部分是从中心区慢慢向周边辐射,参与早期规划、开发的城市规划部门难以预料城市最终的发展趋势及程度,因此管道建设初期未将排水系统的建设一步到位。我国城市化进展快,城市化地区洪涝特性变化较大,随着排水单元的扩张,城市排水防涝系统结构复杂,排水管网设计和建设无法跟上城市建设和人口迁移的步伐,城市排水防涝问题日益突出。

为统筹推进解决城市排水防涝问题,国家提出编制排水防涝设施建设规划的要求,2013年6月住房和城乡建设部发布《城市排水(雨水)防涝综合规划编制大纲》,全国城市排水防涝综合规划编制工作全面展开。在排水防涝能力调研与内涝风险评估的基础上,我国各城市积极推进该综合规划编制,完成了城市雨水径流控制与资源化利用、城市排水(雨水)管网系统规划、城市防涝系统规划、管理规划等工作。2016年以来,《城市排水工程规划规范》《室外排水设计规范》《城镇内涝防治技术规范》《城市雨水调蓄工程技术规范》《城市排水防涝设施数据采集与维护技术规范》等排水防涝领域的相关规范标准先后出台,为城市排水防涝系统的规划设计提供了技术支撑。尽管近年来城市排水防涝取得了很大的进展,但城市水文学的理论和方法还处于发展完善阶段,支撑城市排水防涝规划设计的新技术积累还显薄弱,规划设计相关的基础数据还较缺乏,部分规范标准的颁布也略显滞后。因此,总体来看,目前我国城市排水防涝系统的规划设计还不够合理,相当多的地方设计标准还偏低,有待继续修改和完善。

(1)基础资料薄弱

基础数据和资料是开展排水防涝规划设计的重要基础支撑条件。城市排水除涝规划设计需要收集地形地貌、水文气象、土壤地质、经济社会、土地利用、排水设施、道路竖向、历史内涝等各方面的基础数据和资料,数据类型多,权属复杂,涉及很多管理和业务部门。许多城市地下排水管网的数据采集、维护管理工作薄弱,缺乏准确、全面的排水管网基础数据。暴雨强度计算、暴雨洪水模拟所需要的水文气象和下垫面资料也很薄弱,要么缺乏一手监测资料,要么资料年份有限,不足以科学支撑模型参数的率定。特别是极端暴雨情况下的暴雨径流资料严重缺乏,暴雨强度公式还沿用几十年前的老公式,影响城市雨洪模拟模型的精度。另外,由于不同部门之间的职能分割,众多基础数据资料以不同形式保存在不同部门,相关的协调机制还存在差距,一些重要基础数据的共享和公开仍然是一个很大的问题,缺乏完整的数据库及系统有效的管理。

(2)模型支撑有限

长期以来,我国城市排水除涝规划设计大多以推理公式法为主,该方法操作简单,但是较适用于小面积汇水、均匀产流的情况。当汇水面积较大时,采用推理公式法得到的结果容易失真,而且该方法只能给出洪峰流量,不能推算流量过程线,更无法反映地面渍水情况,功能单一。欧美发达国家从20世纪60年代开始研制满足城市排水、防洪、环境治理等方面要求的城市雨洪模型。目前,发达国家开发了一些通用性相对较好的城市雨洪模型,并应用于实际规划、设计和管理工作,包括丹麦水力研究所DHI的Mike Urban、英国Wallingford公司的Infoworks、美国EPA的SWMM等软件。国内也自主开发了一些模型,但模型功能相对比较单一,可视化程度不好,通用性也不够高,往往针对特定研究区域。总体上看,由于城市地表覆盖

分布不均,不透水面与透水面之间呈现错综复杂的空间分布,当前多数城市雨洪模型对于降雨蒸发和入渗的模拟较为简化,我们对城市复杂下垫面产流规律的认识还有待加强。虽然我国《室外排水设计规范》(2016 年版)规定,当汇水面积超过 2 km² 时,宜考虑降雨在时空分布的不均匀性和管网汇流过程,采用数学模型法计算雨水设计流量。但是,长期以来我国主要采用传统的计算方法对城市排水系统进行规划设计,当前很多规划设计专业人员对城市雨洪模拟模型的运用还不熟悉,很多地方因资料原因没有条件开展雨洪模型的参数率定工作。在这种情况下,内涝风险评估等很多规划设计的基础工作的顺利开展受到一定制约。如何根据现有数据资料合理选择和应用模型,使模拟结果更好地指导规划设计,是值得深入研究的问题。

(3)源头减排不足

源头减排主要指雨水降落下垫面形成径流,在排入市政排水管渠系统之前,通过渗透、净化和滞蓄等措施,控制雨水径流产生、减排雨水径流污染、收集利用雨水和削减峰值流量。国内外许多成功经验表明,除提高排水管网标准、推行雨污分流、加强应急管理等措施外,还需要从城市规划层面整体考虑内涝问题,形成"源头控制、强化下渗、蓄滞结合"的综合内涝防治体系。欧美一些发达国家,针对雨洪控制提出了"LID"(low impact development,低影响开发)理念,将径流系数作为城市规划的控制性指标,达到城市雨洪防治、雨水初期污染控制和水环境生态保护等多重目标。住宅、公共建筑要考虑雨水收集利用,削减雨水冲击负荷,将推广绿色建筑落实到建筑设计和工程建设的全过程;要多建下凹式绿地和公共空间、透水路面等,增加雨水的蓄滞和渗透能力,减少地面径流。海绵城市建设以前,我国长期将"以最短的路径和最快的时间排除雨水"作为城市排涝系统规划设计的指导思想,过于依赖管网排放雨水,却忽视了雨水下渗和滞蓄,源头减排不足,导致下游管道传输和泵站提升压力大。目前,国内许多城市已经正在开始城市内涝的综合应对和海绵城市建设,将源头减排工程性设施作为城镇内涝防治系统的重要组成部分。

(4)应急设施缺乏

城镇内涝防治的工程性设施应包括源头减排、排水管渠和排涝除险等子系统。3 个子系统在控制目标、工程措施、设计方法、参数选取等方面均存在较大差异,需要因地制宜地处理好三者之间的协调和耦合关系,使之相互衔接、共同发挥作用,构成一个有机整体。我国传统的排水规划主要针对一定重现期内设计暴雨的排涝,更多地侧重于管道、泵站等排水设施的布置和规模确定,对控制内涝防治设计重现期下超出源头减排设施和排水管渠承载能力的雨水径流的排涝除险设施则考虑不够。多数城市在开发建设过程中都暂时没有考虑建设所谓的"大排水系统",缺乏应对极端强降雨的应急设施。由于大排水系统的构建需要评估超标暴雨的排放通道或调蓄空间,涉及城市河湖水系、市政排水、道路、园林绿地等多个不同专业领域及规划设计在措施、平面、竖向之间的衔接关系,一些地方对大排水系统及其设施组成的理解存在不足,缺乏清晰的规划思路和明确有效的设施安排。

(5)设计标准偏低

雨水管渠的设计重现期应根据汇水地区性质、城镇类型、地形特点和气候特征等因素综合确定。受经济因素等历史原因制约,长期以来我国城市雨水管渠的设计标准与发达国家相比普遍偏低。当暴雨强度超过设计规模时,现状管渠无法及时排除雨水,必然会形成内涝积水。2016 年我国颁布的《室外排水设计规范》对雨水管渠设计重现期的规定有了较大幅度的提高,并明确提出了不同城市内涝防治的设计重现期(见表 6.1 和表 6.2)。新建城区可以按照新的标准进行规划设计,但一些已建老城区存在地下管线复杂、雨污混接严重、改建工程难度大且工期长、维护管理落后等难题,短期内进行整体的提标改造还面临较大压力。此外,城市热岛效应导致暴雨频发,原有设计重现期下的降雨强度增大,也会导致现有城市排涝标准降低。

表 6.1　雨水管渠设计重现期

| 城镇类型 | 城区类型 | | | |
|---|---|---|---|---|
| | 中心城区 | 非中心城区 | 中心城区重要地区 | 中心城区地下通道和下沉式广场等 |
| 超大城市和特大城市 | 3～5 a | 2～3 a | 5～10 a | 30～50 a |
| 大城市 | 2～5 a | 2～3 a | 5～10 a | 20～30 a |
| 中等城市和小城市 | 2～3 a | 2～3 a | 3～5 a | 10～20 a |

注:超大城市指城区常住人口在 1000 万以上的城市;特大城市指城区常住人口 500 万～1000 万之间的城市;大城市指城区常住人口 100 万～500 万之间的城市;中等城市指城区常住人口 50 万～100 万之间的城市;小城市指城区常住人口在 50 万以下的城市。下同。

表 6.2　内涝防治设计重现期

| 城镇类型 | 重现期 | 地面积水设计标准 |
|---|---|---|
| 超大城市 | 100 a | |
| 特大城市 | 50～100 a | 居民住宅和工商业建筑物的底层不进水;道路中一条车道的积水深度不超过 15 cm |
| 大城市 | 30～50 a | |
| 中等城市和小城市 | 20～30 a | |

## 第六节　城市大量下凹式立交桥及地下设施是内涝易发频发点

随着城市规模扩大和快速发展,大量立体交叉道路修建,下凹式立交桥及地下通道、地下商场越来越多,它们既是城市道路交通的重要节点,也是城市内涝的易发频发点。每逢强降雨,往往成为积水重灾区,严重影响交通和城市运行。造成下凹式立交桥及地下设施内涝积水的主要原因,一是城市建设导致地面硬化及周边地形发生变化,致使地表径流系数不断增加,汇流面积增大,形成客水流入;二是设计标准普遍偏低,暴雨强度和瞬时雨量大,超出泵站设计能力;三是部分泵站下游河道未达到城市行洪标准,影响泵站正常退水;四是城市管理不完善,暴雨期间的树枝落叶、垃圾等杂物容易堵塞雨水箅子,致使排水不畅,大大降低雨水管网的排水能力;五是地道两端道路未设置驼峰,致使地道两侧大量客水涌入。

2007 年 7 月 18 日,山东省济南市发生一场强降雨过程,市区 1 小时最大降雨量 151 mm,造成一个近 1 万 m² 的地下商城在不到 20 分钟的时间内积水深达 1.5 m,损失惨重。与其他路段相比,下凹式立交桥桥下积水往往具有积水深度大、积水面积大、持续时间长、交通影响大等特点。2012 年 7 月 21 日罕见暴雨造成北京市区多座立交桥桥下积水深度达 0.3～4.0 m,交通被迫中断。京港澳高速公路出京方向 17.5 km 处南岗洼铁路桥下严重积水,部分车辆被淹,积水路段长达 1 km,积水最深处达 6.91 m,平均积水 4 m,积水量近 20 万 m³,积水时间长达 54 h,导致京港澳高速公路北京段五环至六环之间双向交通瘫痪。此后,北京市新编了《北京市下凹桥区雨水调蓄排放设计规范》(DB11/T 1068—2014),全力推进中心城区雨水泵站升级改造工程,并在海绵城市建设中,通过建设调蓄池、桥区周边小区下凹式绿地等综合措施,减少直接汇入桥区的雨水,大大提高下凹式立交桥应对降雨的能力。已完成改造的下凹式立交桥区,积水问题防治成效显著,基本没有再发生积水。

图 6.2　2012 年 7 月 22 日京港澳高速公路南岗洼段被积水淹没(新华社图片)

## 第七节　城市内排与外排不衔接

城市内涝排水由内排与外排 2 个步骤组成。内排是指利用市政管网汇集较小面积的雨水并最终排入干、支流河道,主管部门通常为住建部门。外排是指水利排涝计算,即依靠水利设施排除市政管网汇入河道和地面汇流汇入河道的较大汇流面积上的暴雨涝水,主管部门通常为水利部门。城市排水管网出口往往设置在内河、湖泊及渠系等具有一定调蓄作用的水域,这些水域是市政排水系统的"承泄区",其调蓄能力的大小、水位高低直接影响市政排水工程布置和规模。内排与外排都是城市排水除涝系统的重要组成部分,联系非常紧密。由于市政排水与水利排涝的规划与建设分别由住建部门和水利部门负责,虽然两部门在进行规划设计时,均是采用一定频率的设计暴雨推求设计流量,但由于两者所选用的水文气象资料、暴雨选样方法及区域产、汇流分析计算方法存在差异,加之所采用的暴雨重现期标准存在一些区别,导致了市政排水与水利排涝之间存在标准衔接问题。城市水利排涝的相应设施必须要保证能够及时地排出市政排水系统收集转运的涝水。若水利排涝标准偏低,则排涝能力不足,导致城区受淹;若水利排涝标准过高,则会造成工程规模过大,经济上不合理。因此,应根据不同城市的实际情况和问题,深入分析市政排水和水利排涝的规模,确保内排与外排设施的顺利衔接。

(1)暴雨选样及重现期计算

雨水管渠的设计重现期一般小于雨量资料的年数,频率曲线主要用于内插。城市河道排涝的设计重现期往往比实测资料年数长得多,频率曲线主要用于外延。2016 版《室外排水设计规范》对超大城市、特大城市、大城市、中等城市和小城市的内涝防治设计重现期的规定分别是 100 年、50～100 年、30～50 年、20～30 年。计算暴雨强度时,对于具有 10 年以上自动雨量记录的地区,推荐采用年多个样本取样。计算降雨历时采用 5、10、15、20、30、45、60、90、120 min 共 9 个历时,每年每个历时选择 6~8 个最大值,然后汇总后从中选择资料年数 3~4 倍数量的最大值,作为统计的基础资料。对于具有 20 年以上自动雨量记录的地区,推荐采用年最大值法。计算降雨历时采用 5、10、15、20、30、45、60、90、120、150、180 min 共 11 个历时。2016 版《治涝标准》中规定了承接市政排水系统排出涝水区域的城市治涝标准,对于特别重要的城市,设计暴雨重现期为≥20 年;对于重要城市,设计暴雨重现期为 10~20 年;对于一般城市,设计暴雨重现期为 10 年。设计暴雨历时和涝水排除时间可采用 24 h 降雨 24 h 排除。一般地区的涝水排除程度可按在排除时间内排至设计水位或设计高程以下控制,有条件的地区可按在排除时间内最高内涝水位控制在设计水位以下。可见,市政排水标准与水利治涝标准在暴雨重现期、暴雨历时、暴雨量、暴雨强度等方面的规定均存在较大差别,造成城市管道排水与河道排涝设计标准之间不一致,两者存在重现期的衔接问题。

许多文章针对市政排水与水利排涝的暴雨重现期衔接问题进行了深入的分析研究。例如,分析广州市市政排水与水利排涝设计暴雨过程线的雨峰衔接对比关系,发现 1 年一遇的市政排水的设计重现期大约对应水利排涝 5 年一遇的设计重现期(张明珠,2015);通过比较上海市排水标准与排涝标准的差别,在分析上海市年最大 1 h 暴雨、年最大 24 h 暴雨及 24 h 暴雨中最大 1 h 暴雨特点的基础上,揭示了年最大 1 h 暴雨与年最大 24 h 暴雨的相融关系,建立了排水标准与排涝标准衔接的暴雨重现期关系(贾卫红 等,2015);分析南京市六合区排水与排涝设计暴雨重现期关系,获得了不同排水设计暴雨重现期对应的最佳排涝设计暴雨重现期(陆廷春,2012)。

(2)设计排涝流量计算

水利部门推求区域排涝流量和市政部门推求管网设计排水流量所采用的计算方法也存在差异。传统上,市政部门采用推理公式法计算雨水设计流量。由于推理公式法的局限性,我国《室外排水设计规范》(2016 年版)规定,当汇水面积超过 2 km² 时,宜采用数学模型法计算雨水设计流量,国外常用的模型有 Mike Urban、Infoworks、SWMM 等。2012 年版《城市防洪工程设计规范》则规定,城市排水管网控制区分区的设计涝水,缺少实测资料时,可选取暴雨典型,计算设计面暴雨时程分配,并根据排水分区建筑密集程度,确定综合径流系数,进行产流过程计算。汇流可采用等流时线等方法计算,以分区雨水管设计流量为控制推算涝水过程线。对于城市的低洼区,按平均排除法进行涝水计算,排水过程应计入泵站的排水能力。

许多文章针对市政排水与水利排涝的设计排涝流量衔接问题进行了深入的分析研究。例如,北京市马草河流域不同设计重现期的洪峰流量计算结果表明,当市政排水标准低于 5 年一遇时,与水利排涝的重现期存在约 10 倍的衔接关系;当市政排水标准高于 5 年一遇时,对应水利排涝重现期约 20 倍。汇流参数是两者重现期相差较大的主要原因(李永坤 等,2019)。基于城市综合流域排水模型分析广州市东濠涌流域,发现 1 年一遇市政排水标准与 10 年一遇水利排涝标准的组合能够满足流域涝水顺利排除的要求,但管道排水口底高程距河底高程的距离过短也会对管道的水位顶托产生一定影响(黄国如 等,2017)。海口市水利排涝和市政排水重现期的对应关系研究表明,市政排水重现期 1 年对应水利排涝重现期 10 年,市政排水重现期 2 年对应水利排涝重现期 15~20 年,市政排水重现期 3 年对应水利排涝重现期 20~28 年(冯耀龙 等,2015)。

## 第八节　城市洪涝应对管理的不完善

城市洪涝应对不仅仅是工程问题,需要统筹考虑源头减排、排水管渠和排涝除险等不同类型的工程设施,还需要通过健全管理制度,加强日常维护,建立应急预案,完善预警体系,提升城市洪涝应对的软实力,做到事前有准备、事中有对策、事后有评价。城市洪涝应对管理涉及市政排水、城市防洪、道路交通、园林绿地等多个管理部门。

近年来,我国城市洪涝应对管理能力和管理制度整体有了显著的进步,但目前一些城市还存在风险意识淡薄、预报能力低、信息不畅、联动不足、预警不及时、应急保障能力不足等问题,需要进一步完善。例如,没有系统地开展排水防涝设施空间数据、属性数据和运行维护管理数据的采集,城市排水防涝设施数据库的格式不统一、信息不完整、部分数据多年不更新;缺少针对事故应急以及超过设计重现期情况下的应急预案,联动管理制度不健全;没有根据城市内涝易发点分布及影响范围,对城市易涝点、易涝地区和重点防护区域进行全面监控,缺乏城市洪涝防治设施统一的运行管理平台和监控预警系统,发布的预警信息审批时间长、不够及时;部分排水设施由于管理不到位,存在设备老化等问题,在降雨时不能及时开泵抽水、关闸挡水,也是导致内涝的原因之一;城市内部排水设施管理参差不齐,一些老城区存在排水设施管理不到位问题,管道淤堵、雨水箅等收集设施缺失常有发生;一些城市基础设施建设中水土保持、施工排水等存在问题,申报流于形式,实际施工中不重视,降雨时泥浆遍地,淤堵排水管涵,导致内涝;部分市民防灾警惕性不高,缺乏相应的防灾、避险、自救、互救知识和能力;此外,大数据、深度学习、物联网等高新技术在城市内涝防治中的应用还不够广泛和深入。

# 第七章　中国沿海城市内涝防治措施

气候变化和快速城市化打破了城市原有水文生态系统的平衡,是我国城市内涝形成的外因和内因。我国沿海城市的快速城市化进程显著改变了沿海地区下垫面的自然下渗、调蓄、汇流过程,导致地表产流量增加、汇流时间缩短,再加上城市内涝应对体系的发展相对滞后,内涝问题成为我国沿海城市亟待解决的主要水问题之一。结合当前我国城市内涝的特征,针对城市内涝的形成与致灾机制等关键问题,本章从综合应对体系构建、基础设施规划建设、标准体系制定、模拟仿真技术研发、应急预警体系构筑、风险管理制度实施等方面分析提出我国沿海地区城市内涝防治应采取的主要措施。

## 第一节　构建更完善的城市内涝综合应对体系

城市内涝综合应对体系的构建本质上是为了系统解决城市内涝问题提出的诸多工程与非工程措施的综合体。国际上,诸多国家对构建城市内涝综合应对体系已经进行了长足的探索,立足本地城市内涝问题的特征与成因,制定了一系列具有地域特色的城市内涝管理措施。以伦敦、东京、纽约、新奥尔良等国际重要沿海城市为典型,伦敦位于泰晤士河三角洲地区,气候变化带来的海平面上升增加了城市内涝的风险;受到强降水、风暴潮和台风等影响,日本东京也是城市内涝发生的典型区域,高度城市化对东京的防洪排涝设施提出了更高的风险防控要求;纽约市辖区海平面 1920—2005 年上升了 0.26 m,给城市水库蓄水、防洪工程提出了更高要求,城市排水能力也面临巨大挑战;位于美国南海岸、密西西比河岸的新奥尔良市则更具有代表性,水道纵横、地势低洼,平均海拔仅 1.5 m,在飓风、暴雨的频繁作用下,新奥尔良市内涝问题频发,特别是 2005 年卡特里娜飓风和 2016 年 8 月路易斯安纳州发生的暴雨洪水事件,造成了巨大的经济损失和人员伤亡。在这样的背景下,这些典型沿海(河口)城市为应对气候变化及其伴生的城市内涝问题,制定了大量应对措施和策略。例如,2007 年东京都会政府公布了《气候变化应对策略》,2008 年日本国土交通省基础设施发展事务委员会发布了《由气候变化引起的水灾害的适应措施》,2010 年还出台了《气候变化适应战略规划实践指南——洪水灾害》,应对洪灾是东京适应气候变化最为重要的举措;新奥尔良市则颁布了《维持路易斯安那海岸的战略方案》,提出了适应气候变化的具体策略。表 7.1 列出了国外重要河口城市的气候变化适应策略(马涛和冒丽琴,2014)。

表 7.1　国外重要河口城市的气候变化适应策略

| 城市 | 适应措施 |
|---|---|
| 英国伦敦 | 1）通过 GIS 技术预测未来洪涝风险；<br>2）制定伦敦地表水管理计划，识别高风险区域并制定详细应对计划；<br>3）建立在线数据，有效分享洪涝信息；<br>4）建立洪水事故报告系统；<br>5）识别并优先考虑重要基础设施和弱势群体的洪涝风险；<br>6）检修防洪设施，尤其是高风险区域 |
| 美国纽约 | 1）增加水收集系统；<br>2）修改排水设计标准以应对可能出现的情况；<br>3）利用和加强自然景观的排水功能；<br>4）增加关键设施的建设标高；<br>5）增加重要设备、仪器和房间的防水性能；<br>6）使用潜水泵；<br>7）安装防护屏障；<br>8）建设防水堤；<br>9）设计和完善在暴雨时引水至固定区域的方案；<br>10）修改洪水安全管理策略 |
| 美国新奥尔良 | 1）最大限度地将自然生态过程融合到基于社区的规划设计中，同时将基础设施的有害环境影响降到最低；<br>2）以岛屿作为抵御风暴潮的第一道防线，湿地或沼泽为第二道防线，在沿海沿河的地方构筑土岭阻滞洪水，最后是防洪门、堤坝、泵站等设施；<br>3）深化与拓展水资源综合管理的理念，扬弃单纯依靠工程措施控制洪水的思路 |
| 日本东京 | 1）一级水系建设能抵御地震和具有强大防洪能力的超级堤坝，使其能够具有抵抗高达 50 mm/h 降水的能力；<br>2）改善和扩大调整水库、引水渠道与地下水道系统，迅速消除洪灾；<br>3）利用综合防洪信息系统，及时准确地响应降水和涨潮危险的变化；<br>4）在公共空间建设蓄水设施，并建设地面渗水设施；<br>5）根据区域特征设计或在不改变建筑特点的情况下新建或改善防洪设施；<br>6）建设潮堤、沿海堤防、水闸或污水处理设施，保护东部洼地；<br>7）在东京西部地区每个流域修建地下河流，沿河修建可调节的水库；<br>8）堤防建在经常遭受洪灾的地方，实现易受灾区的重点防护；<br>9）通过绿化堤坝、建设步道等手段实现水资源利用与休闲娱乐协调发展，改善滨水环境 |

　　当前，我国城市内涝应对体系发展相对滞后，仍处于发展建设时期。特别是近年来，我国城市内涝频发，以北京"7・21"暴雨事件为典型的"城市看海"现象已发展为全国普遍性内涝问题，根据住房和城乡建设部 2011 年对 351 座城市的调查，2008—2010 年发生了内涝事件的城市超过 60%，其中 1/3 以上的城市发生过 3 次以上的内涝事件（袁媛和王沛永，2016）。进入21 世纪以来，随着极端天气事件的频发、重发，城市内涝逐渐引起了我国社会各界的高度关注。针对上述问题，开展城市内涝综合应对被纳入城市发展规划与建设的重要内容。2013年，国务院发布了《关于加强城市基础设施建设的意见》（国发〔2013〕36 号），明确指出要加强

城市排水防涝防洪设施建设,解决城市积水内涝问题,到 2023 年左右,要在城市内建成比较完善的城市排水防涝体系。同年,国务院办公厅发布了《关于做好城市排水防涝设施建设工作的通知》(国办发〔2013〕23 号),提出了合理确定城市排水防涝设施建设标准,科学制定排水防涝建设规划,建成较为完善的城市排水防涝工程体系的目标任务。2016 年,国家发展和改革委员会、水利部、住房和城乡建设部联合印发了《水利改革发展"十三五"规划》,明确提出了应对当前城市内涝问题的主要任务是要补齐城市排涝这一短板,包括要明确排水防涝标准、落实海绵城市建设指导意见、排水设施和蓄滞设施建设以及加强调度等。

在这样的背景下,围绕我国沿海城市内涝现状特征,许多学者深入探究了沿海城市内涝事件的成因,剖析了我国当前城市内涝应对体系的现状及问题。总体来说,造成我国沿海城市内涝问题的主要因素可以总结归纳为自然因素、规划因素、工程因素和管理因素(周宏 等,2018)。自然因素方面,主要是气候变化导致的暴雨频发,城市热岛、雨岛效应使得区域暴雨中心向城市化程度高的区域聚集(耿莎莎,2013),同时,城市硬化路面和不透水区域的增加,道路及地下空间建设等微地形的变化改变了原有的水循环过程,加剧了暴雨洪水聚集和洪涝的形成。规划因素方面,主要是城市总体规划中对内涝灾害的重视程度不足,规划深度也相对较浅,专项的城市排水规划与其他规划间的协调性尚不完备。工程因素方面,城市排水管网系统的设计标准滞后,与城市防洪标准又存在衔接问题,且同一区域不同排水系统组成往往由不同部门设计建设,难以做到统一,此外,以往城市排水系统多强调"排"而忽略了"蓄",城市防洪排涝基础设施的调蓄能力得不到提升也给内涝风险的增加带来了隐患。管理因素方面,一是对内涝发生的机理、成因、风险评估的定量分析还不深入,二是缺乏系统的城市内涝监测预警体系来支撑内涝规划与防治措施的制定和实施,三是还未建立内涝风险应急管理制度。

针对城市内涝综合应对体系的现状及存在问题,我国不断创新城市内涝治理理念,提出了包括防洪排涝、海绵城市、低影响开发、排水除涝、风险管理等内涝防治理念,特别是 2013 年 12 月中央城镇化工作会议上首次正式提出的"海绵城市"这一理念,为系统治理包括城市内涝在内的城市水问题提供了解决方案。近年来,我国颁布实施了一系列政策措施,推进海绵城市的建设。2014 年,住房和城乡建设部发布实施了《海绵城市建设技术指南——低影响开发雨水系统构建(试行)》,明确了海绵城市的概念和建设路径,提出了低影响开发(low impact development,LID)的概念以及采用降雨总量控制模式实现径流总量控制目标的建设方式。2015 年,国务院办公厅发布了《关于推进海绵城市建设的指导意见》(国办发〔2015〕75 号),明确指出"海绵城市是指通过加强城市规划建设管理,充分发挥建筑、道路和绿地、水系等生态系统对雨水的吸纳、蓄渗和缓释作用,有效控制雨水径流,实现自然积存、自然渗透、自然净化的城市发展方式",提出了海绵城市建设的总体要求和基本原则,从加强规划引领、统筹有序建设、完善支持政策、抓好组织实施 4 个方面提出了具体指导意见,确立了"源头削减—过程控制—系统治理"的技术路线,初步建立了"渗、蓄、净、用、排"一体的海绵城市建设模式,并且先后推进实施了 2 批 30 个海绵城市建设试点城市,取得了一定的内涝防治效果。

海绵城市建设模式的提出为系统构建城市内涝综合应对体系提供了理论框架和创新理念。在治理理念上,2017 年住房和城乡建设部颁布的《城镇内涝防治技术规范》(GB 51222—2017)明确了城市内涝防治系统分为源头控制、排水管渠和排涝除险等工程性措施以及应急管理等非工程性措施,与海绵城市的"源头削减—过程控制—系统治理"技术路线具有较好的协同性。具体表现在,源头控制设施主要指低影响开发和分散式雨水管理等绿色基础设施,通过调蓄降雨期间的水量、水质缓解排水管渠的压力;排水管渠设施主要针对城市排水系统(又称小排水系统),排涝除险设施则主要指大排水系统,通过泵站管网、深邃工程、大型调蓄工程等灰色基础设施,应对不同重现期降雨事件下的排水除涝问题;此外,海绵城市建设模式还提出了利用城市周边乡村农田、河湖湿地等蓝色基础设施,恢复其调蓄、滞洪能力承接城市内涝的排水。因此,科学合理推进海绵城市建设,发挥其在内涝综合应对体系中的作用具有广阔的应用发展前景(徐宗学 等,2017)。

在海绵城市建设模式的框架下,2017 年住房和城乡建设部联合国家发展和改革委员会办公厅发布了《关于做好城市排水防涝补短板建设的通知》(建办城函〔2017〕43 号),明确了当前城市内涝应对的具体工作部署,要求加强地下排水管渠、雨水源头减排工程、城市排涝除险设施及城市数字化综合信息管理平台建设等工作(黄国如,2018)。结合我国沿海城市内涝综合应对体系现状及面临的挑战,下节将从合理规划城市防洪防涝基础设施建设,科学制定城市内涝管理控制标准,研发高精度城市内涝模拟仿真技术,构建智慧型城市内涝应急预警系统,实施风险可控的城市内涝管理制度与措施等方面论述综合应对体系构建的具体内涵。

## 第二节　规划更系统的城市排水基础设施建设

做好城市排水基础设施建设规划是城市洪涝防治的关键环节,针对不同城市面临的内涝问题,因地制宜,系统规划城市排水基础设施建设是构建城市内涝综合应对体系的基础。例如,英国伦敦规划建设了世界上最早的排水系统之一,19 世纪中期,伦敦共修建了超过 2 万 km 的排水工程,构成了伦敦排水系统的基础,近年来,伦敦政府及地方水务公司投资建设了地下深水排水隧道,有效阻止了未经处理的污水进入泰晤士河,同时也缓解内涝问题;日本东京投资 2400 亿日元(约合人民币 200 亿元),耗时 14 年(1992—2006 年)建成了当时世界上最先进的下水道排水系统——首都圈外围排水道,整个排水系统的排水标准是"5～10 年一遇",全长 6.3 km,系统总储水量达 67 万 $m^3$,借助先进的降雨信息系统预测、统计和分析各种降雨数据,及时进行排水调度(王磊,2012);法国巴黎早在 100 多年前建设了完善的城市下水道排水系统,总长接近 2400 km,成为世界上排水系统最为复杂的城市之一,此外,还兴建了 3 条地下蓄水隧道和 8 个蓄水池,蓄水能力达到 80 多万 $m^3$,使得巴黎在年均降雨量 642 mm 的情况下很少发生积水引发的城市内涝现象(崔艳红,2016);德国首都柏林早在 1893 年就采用了雨污分流立式排水系统的规划设计方案,这一方案的优点是污水管道将居民、商业和企业等处的脏水送到区间污水站,经过加压再输送到柏林市郊的污水处理厂净化处理,雨水系统则以应急迅速、排放量大为特点,它不与生活排水系统争管道空间,而且将收集的雨水在简单处理后,存入柏林的蓄水池或排入河流,不会在城市遇到大雨时造成泛滥(姜立晖,2011);欧洲最大的海港城、荷兰第二大城市鹿特丹是典型的海绵城市建设的案例,全市实行的"屋顶绿化计划"有效发挥了雨水收集利用的海绵作用,同时铺设了透水性能良好的地砖,并按一定坡度向周围绿地渗水,此外,建设了大型的排水网络系统,包括蓄水池和沟槽,形成了高效的防涝系统(刘卓等,2012)。

在顶层设计层面,城市排水规划是城市内涝防治的顶层设计,我国的排水规划还存在协调性不足的问题。在城市总体规划中,尽管设置了排水专业规划,但规划深度往往较为宽泛,而专项排水规划通常与其他规划,特别是与城市防洪规划、流域规划、城市总体规划存在一些协调性的问题,缺乏系统性。规划本身的整体性、系统性、协调性和综合性决定了排水与内涝防治规划是一个综合性很强的规划,重点需要考虑以下4个方面。(1)合理进行排水分区。城市往往被水系、山体等自然要素分割成若干个排水分区,这是自然形成的状态,但现在为了开发建设,经常人为地改变原有的地形和高差,破坏了自然分区,结果一遇到暴雨,雨水就不能及时排除。这是排水分区不合理造成的,因此规划必须根据各个地区的排水条件划分好排水分区。(2)科学确定系统方案。编制排水防涝规划,要根据当地经济社会发展情况、气候特征、受纳水体、气象水文、地形条件等资料进行布局。在充分研究分析的基础上,提出系统的规划方案和城市建设用地布局建议,综合确定系统构建方式。要合理布局雨洪行泄通道,优化系统方案,选择调蓄方式。(3)做好大、小排水系统之间的衔接。编制排水防涝规划,首先要保证管网、河湖水系等自身系统的合理性,还要做好管道、河道、水系的衔接,特别是与城市防洪系统的衔接。要关注河道水位变化过程,根据河道的纵横断面、现有和规划的控制设施计算排水能力。在此基础上,提出应对城市内涝的工程措施。(4)做好排水防涝规划与其他规划的衔接。排水防涝规划涉及多个专业规划,因此要协调城市排水规划和用地规划的关系,做好多专业衔接。城市用地布局和道路规划要考虑雨水排放的出路;城市竖向设计和道路竖向设计要保证排水渠道畅通和雨水的综合利用;城市绿地规划要考虑接纳附近的雨水。多专业协调联动,才能使规划科学合理。

在设计理念层面,要建立适合中国国情的城市雨水系统规划设计理论和方法体系。随着形势的发展和技术的进步,近年来国际上排水规划的理论、技术、方法有了很大的发展,例如,美国的低影响开发理念(Michael,2007)、英国的可持续发展排水系统(Ashley et al.,2015)以及澳大利亚的水敏感性设计(Tony,2006)等。低影响开发(low impact development,LID)理念起源于20世纪90年代的美国,其基本原理是在人工系统的开发建设活动中,尽可能减少对自然生态系统的冲击和破坏(Prince George's County,1999)。低影响开发理念、可持续发展排水系统和水敏感性设计都强调城镇开发应减少对环境的冲击,其核心是基于源头控制和延缓冲击负荷的理念,构建与自然相适应的城镇排水系统,合理利用景观空间和采取相应措施对暴雨径流进行控制,减少城镇面源污染,使区域开发建设后尽量接近于开发建设前的自然水文状态(徐丹,2014)。低影响开发的主要措施,一是保护和修复城市的天然河湖,划定河湖蓝线,立法禁止围填河湖及天然湿地,对已渠化的河道进行生态修复;二是修建生物滞留池(bio-retention),又称雨水花园(rain garden),或者生物入渗池(bio-infiltration),一般修建于流域上游,通过利用植物、微生物和土壤的化学、生物及物理特性进行污染物的移除,从而达到水量和水质调控目的;三是草地渠道,这是一种狭长的渠道,对来自于停车场、人行道、街道以及其他不透水性表面的径流进行过滤和入渗,与传统渠道的区别是其表面铺设有植被;四是植被覆盖,又称绿色屋顶或者绿色覆盖,在不透水性建筑的顶层覆盖一层植被,由植被层、介质层、过滤层以及排水层等构成一个小型的排水系统;五是透水性路面。各国在应对城市雨涝问题时,都提出了各自新的设计理念。其他国家的建设理念和措施与LID基本一致,只是侧重点不同。英国的可持续发展排水系统(SUDS)侧重“蓄、滞、渗”,提出了4种途径(储水箱、渗水坑、蓄水池、人工湿地)“消化”雨水,减轻城市排水系统的压力。澳大利亚的水敏感性城市设计(WSUD)侧重“净、用”,强调城市水循环过程的“拟自然设计”。日本城市泄洪系统和雨水地下储存系统强调“滞”和“排”。

针对我国沿海城市的内涝特征与问题,树立“一片天对一块地”新型规划设计理念是建设城市排水基础设施的技术内核。要结合我国城镇化的特色,强化绿色、低影响开发和可持续发展等理念,推广低影响开发、可持续排水系统、水敏感设计等规划技术,通过渗、滞、蓄、净、用、排等手段,使土地开发时能最大限度地保持原有的自然水文特征和自然系统,充分利用大自然本身对雨水的渗透、蒸发和储存功能,促进雨水下渗。采用源头消减、过程控制、系统治理的方法,从源头开始全程控制地表径流,降低雨水径流量和峰流量,减少对下游受纳水体的冲击,保护利用自然水系,达到防治内涝灾害、控制面源污染、提高雨水利用程度的目的(谢映霞,2013a)。"一片天对一片地"理念可实现立体多层次、多功能分流分滞,在基本遵循自然产汇流规律的基础上,城市建成后实现"一片天对一片地",利用城市空间对降雨"化整为零"进行收集和储存,就地渗排,构建分散立体多层次、多功能的分流分滞系统。其原则是上拦洪峰进行错峰、中储雨水进行分流分洪、下建综合管廊快泄畅通通道确保城市安全度汛。中储雨水,即利用城市空间和有效资源对降雨化整为零进行收集和储水、就地渗排、分散立体多层次储水分流、多功能智能合理分洪、科学调控集水和排洪。

在实施建设层面,城市排水系统主要由大排水系统(major system)和小排水系统(minor system)构成,大排水系统主要针对城市超常雨情,设计暴雨重现期一般为50~100年一遇,由隧道、绿地、水系、调蓄水池、道路等组成,通过地表排水通道或地下排水深隧,传输小暴雨排水系统无法传输的径流;小排水系统主要针对城市常见雨情,设计暴雨重现期一般为2~10年一遇,通过常规的雨水管渠系统收集排放。城市排水系统也可以称为城市内涝防治体系,是输送高重现期暴雨径流的排水通道,也有的国家将大小排水系统称为"双排水系统"。大排水系统通常由"蓄""排"2部分组成,"排"主要指具备排水功能的道路或开放沟渠等地表径流通道,"蓄"则主要指大型调蓄池、深层调蓄隧道、地面多功能调蓄、天然水体等调蓄设施。大排水系统与小排水系统在措施的本质上并没有多大区别,它们的主要区别在于具体形式、设计标准和针对目标的不同。更重要的是,它们构成了一个有机整体并相互衔接、共同作用,综合达到较高的排水防涝标准。我国目前仅有小排水系统,或叫管道系统,在已有规划体系中,没有大排水系统的概念,即没有明确的城市内涝防治系统。我国在流域层面已经建设了一套防洪工程体系,有相应的规划设计规范和技术标准,目的是防止客水进入城市。针对城市管网排水系统也提出了相应的建设标准,但对于应对超过雨水管网排水能力的暴雨径流,在设计方法、技术标准、工程手段等方面都没有相应的对策。这就使得当城市面临超过管网设计标准的暴雨径流形成内涝时,缺少大排水系统支撑内涝防治体系。

需要说明的是,内涝防治体系的建设方式要根据当地经济社会发展情况、气候特征、受纳水体、气象水文等资料,综合确定系统构建方式,靠近大江大河大海的可以直排,缺水地区应采取蓄排结合的方式。例如,澳大利亚采用的是防洪、大排水系统和小排水相对独立的模式,香港采取的是防洪、大排水系统和小排水系统一体化的模式(谢映霞,2013a)。构建大排水系统的一个重要应用是建设地下深层排水隧道,补充浅层排水系统不足(刘迎和叶碧瑄,2015)。2012年广州首次提出了要建设深层排水隧道补充目前浅层排水系统的不足,增加河涌防洪排涝功能和解决河涌污染问题的设想。东濠涌是广州深层隧道系统的试验段,也是国内城市中第一条开工建设的深层排水隧道,北起东风路以南的东濠涌高架桥西侧绿化用地,沿越秀北路、越秀中路、越秀南路以南,终于江湾大酒店东侧的补水泵站。工程包括建设直径6 m的东濠涌深层隧道约1770 m,直径3 m的新河浦涌截污管道约1390 m,以及中山三路竖井、东风东路竖井、玉带濠竖井及江湾竖井(含泵站)。整个东濠涌流域范围总汇水面积1247 hm²,中北段汇水面积 735.27 hm²,南段汇水面积 512.11 hm²。项目主要收集得鱼岗涌、玉带濠、中山三路的合流污水,是对东濠涌浅层排水系统的补充和提升,能削减东濠涌和新河浦涌流域雨季合流污水和初期雨水 70%～80% 以上的污染(汪东林,2014)。

## 第三节　制定更合理的城市内涝防治标准体系

长期以来,我国一直没有明确制定城市内涝控制标准,以往应用的内涝标准,如《治涝标准》(SL 723—2016),主要适用于农作物淹没的农田涝水控制,对于城市内涝并不适用。2013年《关于做好城市排水防涝设施建设工作的通知》中提出"合理确定建设标准"的要求,在广泛应用的城市排水系统设计标准《室外排水设计规范》(GB 50014—2006)中,经过 2014 年、2016年多次修订,增加了雨水调蓄、雨水管渠等方面的规定,但受到标准适用性和篇幅的限制,未能对内涝控制技术进行系统规范的说明。在此背景下,2017 年住房和城乡建设部发布实施了国家标准《城镇内涝防治技术规范》(GB 51222—2017),提出了源头减排、排水管渠和排涝除险的三段式内涝防治工程体系,以及应急管理等非工程性措施的城镇内涝防治系统,对新建、改建和扩建的城镇内涝防治设施的建设和运行维护提出了明确规定,并与防洪设施相衔接,弥补了我国长期缺失的城市内涝控制标准空白。

《城镇内涝防治技术规范》(GB 51222—2017)的颁布实施为城镇内涝防治控制标准提供了纲领性文件。在城市内涝综合应对体系中,建立一套完整、合理的城市内涝防治标准体系,还应与防洪标准、雨水调蓄利用规范、除涝标准、排水技术规范等当前国家现行有关标准相协调,保障内涝防治规划与城市总体规划及海绵城市、城镇排水、城镇防洪等其他专项规划的系统性和协调性。在我国已经颁布实施的有关规划中,城市防洪标准是针对城市过境或城市边缘(外围)洪水(高潮位)的防御标准;雨水调蓄利用规范是遵循低影响开发理念,对雨水进行调蓄管理和利用的标准,实现雨水源头减排的总体目标;除涝标准强调降雨期间地面积水控制在可接受的范围,包括内河、湖泊、排水沟渠和除涝泵站及水闸等建设标准;排水标准是针对城市雨水管网、排涝泵站、排涝河道、湖泊以及低洼承泄区等采用的设计标准(张建云 等,2017)。针对不同城市的区域特征,建立合理的城市内涝防治标准体系,对制定城市内涝防治规划,实施排水基础设施建设具有重要指导作用。

合理制定城市防洪标准,是科学合理制定城市总体规划及防洪排涝专项规划,进而制定城市内涝应对策略的重要前提,主要的防御基础设施包括水库、泄洪河道、泄洪闸、防洪堤(海堤)、蓄滞洪区等(张建云 等,2017)。当前我国颁布实施的《防洪标准》(GB 50201—2014)根据经济社会地位重要性、常住人口数量划分了 4 个等级的防洪标准。2012 年颁布实施的国家标准《城市防洪工程设计规范》(GB/T 50805—2012),针对不同城市防洪工程级别,制定了洪水、涝水、海潮和山洪的设计标准。

总体来看,我国当前实行的国家防洪标准偏低,特别是相对于西方发达国家,其城市防洪标准普遍确立在 100～200 年一遇以上,在我国只有重要的大城市才能达到这个标准。对于沿海城市来说,防洪标准过高,其实用性与经济性欠佳,防洪标准过低又不足以应对洪水及风暴潮等风险,在未来气候变化与城市化进程中如何寻找一个平衡点还需要进一步探索。同时,防洪标准的确立还需根据不同城市内涝的洪水风险源的组成作相应的调整,例如,福州市闽江北港北岸城区是福州市的政治、经济、文化中心,确立防御闽江洪水标准为 200 年一遇,南台岛及马尾区防洪标准设为 100 年一遇,对于内河洪水防洪标准为 50 年一遇。由于我国沿海城市城市化进程普遍较快,侵占洪水通道与雨洪调蓄空间,降低了河道、泄洪区的调蓄能力,使得原有确立的防洪标准不能发挥其有效调蓄能力,对不同的城市区域,实施改善河道、拓宽滞洪区面积等工程措施,加强防洪工程的运行管理是提高城市防洪能力的有效途径。

许多沿海城市还针对风暴潮等引起内涝的自然灾害提出了相应的标准。例如,上海市对于黄浦江洪水防洪标准为 200 年一遇,还设立了防御风暴潮标准为 200 年一遇潮位加 12 级台风。受到沿海城市地面沉降和海平面上升等多重因素影响,海堤设计标准的确立是应对未来气候变化下沿海城市内涝问题的特殊需求。我国海堤的设计标准相对较低,应针对我国海堤的现状,根据对未来全球气候变化及海平面上升的形势判断,结合社会经济发展状况,对现行海堤设计标准进行适当修订,重新确定海堤等级及划分依据,尤其对高风险的脆弱地区应大幅提高建设标准,提高海堤防潮抗洪能力,有效应对气候变化。确定海堤工程的防风暴潮标准,首先应考虑海堤工程保护对象的防风暴潮标准。依据国家标准《防洪标准》(GB 50201—2014)的规定,按照保护区内的人口规模、社会经济发展状况以及重要基础设施的现状要求和远景发展预测,综合分析确定保护区的防洪(潮)标准(李维涛 等,2003)。各段海堤工程的设计风暴潮标准,应在已确定的保护区防洪(潮)标准基础上,综合各种因素经多方案技术经济指标的分析比较后确定。

雨水综合利用是我国海绵城市建设和内涝治理的发展方向之一。《城镇内涝防治技术规范》(GB 51222—2017)中源头减排设施的重点是对雨水源头减排提出了技术要求和说明,并指出源头减排设施的设计规模,应遵循 2017 年住房和城乡建设部发布的国家标准《城镇雨水调蓄工程技术规范》(GB 51174—2017)。该标准首次系统对城镇雨水综合利用提出了技术要求,在低影响开发理念的框架下,充分利用自然蓄排水设施,合理规划和建设城镇雨水调蓄工程,是《室外排水设计规范》(GB50014—2006))中雨水调蓄章节的延伸和细化。通过规定雨水调蓄工程的规划、设计、施工、验收和运行维护等技术要求,为解决城镇雨水问题提供了依据,也对构建内涝防治标准体系具有重要的支撑作用(《城镇雨水调蓄工程技术规范》编制组,2015)。

除涝标准通常与城市排水标准一同是城市内涝防治标准体系中最重要的组成。发达国家城市排水排涝标准一般包含 2 个层面,例如,欧盟标准体系中明确规定了管道排水标准和涝灾控制标准;美国和澳大利亚标准体系明确规定了小暴雨排水系统标准和大暴雨排水系统控制标准(王强,2014)。我国香港特别行政区也有大、小排水系统之分,但防洪、排涝和管道的标准是统一的,我国内地目前还没有大、小排水系统标准的区别。

我国已经颁布的排涝标准有《治涝标准》(SL 723—2016),主要针对承接城市排水系统排出涝水的区域,即承泄区,通常适用于城市内涝区以外的农村地区,其标准明确的对象包括设计暴雨的重现期和涝水排除时间等,对城市内涝问题的防治适用性不高。现行的排水标准包括《室外排水设计规范》《城市排水工程规划规范(GB 50318—2017)》等。2016 年版《室外排水设计规范》重点对排水管道和泵站等排水设施作了详细的技术规定,相比之前排水管渠设计重现期有了大幅提升,同时对不同级别城市的中心城区、非中心城区、中心城区重要地区、中心城区地下通道和下沉式广场等不同类型区域的排水管渠设计标准进行了规定,但受到适用性和篇幅的限制,对雨水综合利用和内涝防治设施的规定偏宏观,其适用范围依旧针对的是城市小排水系统。2017 年住房和城乡建设部发布的《城市排水工程规划规范(GB 50318—2017)》系统规定了城市排水工程规划的技术要求,该标准是《城市排水工程规划规范》(GB 50318—2000)的修订,为适应当前城市化进程加剧、城市排水工程建设条件发生显著改变的新问题而颁布的,规定了排水系统、污水系统、雨水系统、合流制排水系统的排水分区与系统布局及相应的技术细则,对支撑城市规划中排水工程规划和专项排水工程规划具有指导意义,在规划层面为排水管渠和排涝除险设施的规划建设提供了依据。

由于城市排涝、排水隶属于不同学科,特别是在我国行政管理归属于不同行政管理部门,在制定不同行业规范和标准的时候,存在着服务对象、选样方法方面的差异性。具体表现在服务范围上,城市排涝标准的服务对象主要为由内河、蓄滞洪区、深邃组成的大排水系统,城市排水标准则主要为雨水收集利用管道系统服务;在设计方法上,城市排涝标准主要采用“年最大值法”“年多个样本法”确定重现期,对于长序列资料,选择每年的最大降雨量为特征值组成样本,或者在每年降雨序列资料中选择多个样本点,再采用超定值法选出雨量样本,早期城市排水系统受到超标雨水影响较小,在标准制定时没有考虑超标雨量样本的情况(陈斌,1999)。为构建完善的城市内涝防治标准体系,实现大排水系统与小排水系统的有机组合,特别是在当前城市内涝治理任务严峻,排水防涝规划编制工作亟待开展的背景下,开展城市排涝、排水标准衔接的探索十分必要。

当前城市排涝、排水标准衔接中的关键问题是要明确二者之间的对应关系,特别是设计流量和设计水位之间的衔接对应关系。在设计流量衔接方面,应当针对不同区域,在摸清汇水的调蓄空间、下垫面条件的情况下,采用排涝模数法、径流系数法、平均排除法、暴雨强度公式法等方法,确定不同重现期的水利排涝设计标准,并确定与之在数值上对应的城市排水设计流量(高学珑,2014)。在设计水位衔接方面,重点是要将城市排水管网出口水位与城市河道水位进行衔接,当管网出口水位高于城市河道水位时,排水管网以自由出流的形式与河道衔接,管道水位仅受限于管道的水力坡降,当管道出口水位低于城市河道水位时,排水管网以淹没出流的形式与河道衔接,受到河道水压的雍水作用,其排水标准则需要相应的提高,使出口水位与河道水位衔接。因此,设计水位衔接的基本原则是当排涝标准提高时,相应地针对水位的高低维持,提高城市排水管网系统的设计标准,并且以管网出口的水位与城市河道的设计最高水位为城市排水排涝系统水位边界,确保城市排涝系统、排水系统的合理衔接(黄国如和王欣,2017)。

## 第四节　研发更精细的城市内涝模拟仿真技术

在构建新形势下我国城市内涝综合防治体系的进程中,研发精细化的城市内涝模拟仿真技术是支撑城市排水规划、基础设施建设、制定合理内涝防治标准的有力手段。当前我国发布的一系列城市内涝防治纲领性文件中,对研发精细化城市内涝模拟仿真技术均有所提及,例如,2013年住房和城乡建设部印发的《城市排水(雨水)防涝综合规划编制大纲》提出了“推荐使用水力模型对城市现有排水管网和泵站等设施进行评估,分析实际排水能力”“推荐使用水力模型进行城市内涝风险评估”“推荐使用水力模型,对城市排水防涝方案进行系统方案比选和优化”等方面的建议和要求;2016年版国家标准《室外排水设计规范》明确提出“对于汇水面积超过 2 km² 的,宜考虑降雨在时空分布的不均匀性和管网汇流过程,采用数学模型法计算雨水设计流量”;2014年住房和城乡建设部印发的《海绵城市建设指南——低影响开发雨水系统构建》(试行)中,也提出了模型使用的有关要求。当前,我国开展城市内涝模拟仿真技术的研发和应用主要在城市内涝机理探索、城市暴雨内涝模拟、城市内涝风险预警等方面。

城市内涝机理探索，主要包括摸清城市内涝形成机理、演化机制、影响因素、参数定量、补充观测等方面，是开展城市内涝模拟仿真技术研发的重要基础。举例来说，开展城区强降雨汇流观测实验，深入掌握城区下垫面及排水管网建设布局与路面积水的定量关系，确定不同降雨强度、不同雨型下各类下垫面对低洼路面内涝的贡献量，对城区产汇流过程进行定量观测，不仅是水文科学实验在城市下垫面条件下的重要补充，而且能通过可控条件识别城市内涝形成关键过程中的重要参数，为定量开展排水计算、制定城市内涝防治规划与标准、实施内涝治理措施提供可靠的科学依据和数据基础（雷思华和刘培，2019）。我国已经开展了相关的室内、室外城市内涝机理探索研究。在室内研究方面，岑国平等（1997）搭建了室内降雨装置，模拟城市地表土地、草地、混凝土地面下的产流过程，建立了降雨特征、土壤性质、不透水面特征与径流系数、产流系数的关系；武晟等（2006）设置了屋面防水材料、不透水地砖、水泥路面、透水砖、草地等下垫面条件，开展了人工模拟降雨条件下降雨历时、降雨强度与径流系数的关系研究；许翼等（2014）等测定了紫花苜蓿、早熟禾木与冬青等草坪类型在不同降雨条件下的径流系数，分析了强降雨条件下，降雨、坡长、坡度对径流过程的影响；唐双成等（2015）开展了连续 4 年的实验雨水花园径流过程监测实验，探究了雨水花园对暴雨径流的削减效果；张阳维等（2018）研究了不同透水铺装条件下降雨强度与地形对稳定下渗率的影响。

为更好地揭示城市化进程与海绵城市建设背景下城市内涝形成机理，国内外学者还开展了大量室外原型观测实验，获得的实测资料与结论为城市排水系统规划设计、城市排水基础设施建设提供了有力支撑。例如，北京市政设计院在北京百万庄社区开展了降雨产流实验，分析得到城市径流系数、集水时间和延缓系数，为北京市排水系统设计提供了重要参考（孟昭鲁等，1992；周玉文 等，1995，1997）；覃建明等（2017）针对广州市中心城区内涝现状，在 4 个内涝点开展了降雨、水深、流速和淹没范围等要素的观测，为进一步构建城市内涝预报模型提供了数据支撑；刘力等（2018）对陕西西咸新区海绵城市试点区低影响开发改造前后内涝积水情况进行检测，对比了相似降雨条件下内涝点数量、积水范围和水深情况，评估了低影响开发措施对缓解中型降雨造成的内涝问题的效果；刘家宏等（2019b）在厦门海绵城市改造完成区开展了土壤入渗性能实验，采用单水头法和双水头法测定传统城市建设区与海绵城市改造完成区的饱和导水率，解析了海绵城市建设背景下土壤入渗变化机理。

相比针对城市内涝事件进行原型观测与实验，开展城市内涝数值模拟具有操作性强、可重复性高、可预测性好等优势，特别是研发和应用城市内涝数学模型，能较好地提升城市内涝现象的预报预测能力，为进一步提升城市内涝防治与应对能力提供了有力支撑。当前城市内涝模型的研发与应用主要围绕：应用成熟的数学模型与方法进行城市内涝过程及其影响模拟，研发和改进现有模型方法针对不同内涝问题进行模拟仿真，以及结合地理信息系统（GIS）、遥感、并行计算等技术创新提升模拟能力与效果等方面。

当前国内外已有的城市雨洪模型主要包括暴雨径流管理模型（SWMM）、Mike Urban、Infoworks、TELEMAC_2D 等（王成坤 等，2018；童旭 等，2019；刘家宏 等，2019a），同时，国内也研发了雨水管道计算模型（SSCM）、城市雨水径流模型（CSYJM）、城市分布式水文模型（SS-FM）等具有物理机制的城市雨洪模型（岑国平，1990；周玉文和赵洪宾，1997）。其中，SWMM模型已经成为城市排水管网设计、城市雨洪模拟、城市水污染模拟及城市低影响开发模拟等方面研究与应用中最为广泛的一款模型（梅超 等，2017）。例如，黄国如等（2015）提出了基于

GIS 和 SWMM 的暴雨积水计算方法,模拟了 3 场实测暴雨过程并取得了良好的模拟效果;李春林等(2017)利用 SWMM 模型模拟了城市化前、城市化后和低影响开发措施后 3 种情景下的水文水质过程,评估了低影响开发措施对城市雨洪过程及水质过程的控制效果;王文川等(2019)基于 SWMM 模型模拟了重现期为 20 年的设计暴雨下福州市某小区的内涝情况,提出了低影响开发措施与管道改造方案,对比了不同方案在应对暴雨事件能力上的效果;徐冰等(2019)结合 SWMM 与 Infoworks ICM 模型模拟了福州晋安河流域城市内涝过程,探究了上游湖库泄水水位抬高与外江涨潮对城市内涝的影响,提出了湖库闸站联合错峰调度方案,模拟评估了调度方案对减少溢流点流量、城区淹没面积及重灾区河道水位的影响。此外,其他城市雨洪模型如 Mike Urban 模型(李帅杰,2017;刘兴坡 等,2017;李品良 等,2018;童旭 等,2019)、TELEMAC_2D 模型(刘家宏 等,2019a)、Infoworks ICM 模型(黄国如 等,2017)也具有一定程度的应用。

　　上述应用的城市内涝模型的基本原理是以城市地表与明渠、河道水流运动为主要模拟对象,以平面二维非恒定流基本方程为骨架,同时在城市排水系统中结合一维非恒定流方程,构建暴雨洪水内涝动力学过程基本方程组;在对模拟计算区域进行概化仿真时,通常采用规则矩形网格或拟一致的三角形网格进行划分,对于城市局部复杂地形地貌条件的区域,如各种建筑物、街道、河流、城市防洪排涝设施等,则通常采用非结构不规则网格进行计算域划分;在此基础上,采用有限体积法、有限差分法等方法在计算单元上对动力学方程组进行离散,结合城市排水排涝系统的水量水位边界条件,对离散方程组进行求解(解以扬 等,2005;胡伟贤 等,2010)。基于上述模型构建原则,许多学者在已有成熟的城市内涝模型的基础上,针对区域地形地貌特征和城市内涝特点,研发或改进了城市内涝模型的构建方法与结构,改良了对暴雨内涝过程的模拟效果。徐向阳(1998)通过概化城市透水地面与不透水地面的产流子模型,构建坡面汇流子模型、管网汇流子模型和河网汇流子模型,提出了一种适用于平原城市的水文过程模型;张新华等(2007)基于二维浅水波方程,提出了任意多边形网格有限体积离散的洪水淹没模型,结果表明,模型运行可靠,精度较高,能更好地反映洪水运动波的特性;左俊杰和蔡永立(2011)结合遥感影像、航片、DEM 和排水管网等数据,采用 Burn in 算法与 D8 算法相结合的方法,改进了平原区河网及汇水区划分的方法,提高了模型结构刻画的精度;张振鑫等(2016)针对不规则三角网格模拟内涝淹没范围和水深时模拟效率不高、求解过程复杂等问题,创新提出了约束 Delaunay 不规则三角网与三棱柱的城区内涝淹没模拟算法,相比基于栅格 DEM 淹没模拟算法具有更强的适用性;王昊等(2018)改进了一种基于数字高程模型(DEM)的 SWMM 模型构建方法,模拟了城市地表的淹没过程;薛丰昌等(2019)结合 SWMM 模型和 GIS 技术,提出一种面向城市暴雨积涝全过程的模拟方法,实现了降雨过程中地表积水空间分布和积水风险深度的模拟计算;沈才华等(2019)基于城市内涝动态特征,提出了内涝冲量的概念,建立了包含城市局部内涝瞬时指标、局部内涝综合指标、区域整体内涝指标标准值等指标的城市内涝程度评价指标体系,并结合 SWMM 模型提出了区域内涝程度整体评价方法;朱呈浩等(2019)改进了 SWMM 模型动态链接库文件(DLL)的编译生成方法,构建了改进泄流计算的城市雨洪模型,比较了不同泄流方程在模拟雨水口泄流过程的模拟效果;杨东等(2019)结合无人机载激光雷达技术与正射影像技术获取了高精度城市 DEM 数据,为构建高精度城市洪涝模拟模型提供了可靠的数据支撑。

　　近年来,随着城市内涝问题越来越受到学者和管理人员的关注,如何快速、高效、便捷进行城市内涝的模拟仿真,有效支撑城市内涝防治规划与措施的制定和实施,成为当前内涝防灾减灾工作的主要发展方向之一(侯精明 等,2018)。值得注意的是,当前无论是应用成熟的商业模型抑或是研发改进的新型城市雨洪模型,在进行洪水演进和淹没过程模拟时,往往依赖于高精度的地形地貌数据,在计算域网格划分上通常也需要求解非结构三角网格等计算单元,对计算性能的稳定性和精度提出了较高的要求和挑战,特别是耦合 DEM 与航拍影像数据等高分辨率地形的复杂性导致的地表水动力过程的复杂性(Hapuarachchi et al.,2011),同时还可能带来计算失稳和物理动量不守恒等问题。针对这一问题,侯精明等研发了一项基于 GPU (graphic processing unit)并行计算技术的二维浅水动力学模型 GAST(GPU accelerated surface water flow and associated transport)(Hou et al.,2013;2015),应用于城市洪水演进及淹没过程的模拟中。侯精明等(2018)对比了基于 GPU 加速技术的 GAST 模型与 MIKE21 FM 模型在英国莫帕斯小镇百年一遇洪灾下城区淹没过程及范围的模拟精度,结果表明,计算效率提高了 1.07～19.55 倍,具有广阔的应用前景。近期,已有一些研究人员应用该项技术开展了城市内涝模拟仿真相关研究。例如,陈光照等(2019)依托 GAST 模型研究了降雨空间非一致性对内涝过程的影响;侯精明等(2020)依据低影响开发措施中植草沟主要设计参数,应用 GAST 模型模拟了该项低影响开发措施的径流调控效果。

## 第五节　构筑更智慧的城市内涝应急预警系统

随着城市内涝及城市管道溢流问题逐渐受到全社会的关注,针对内涝的积水、淹没、溢流等问题,当前我国城市内涝防治已经提出了一系列工程性措施和非工程性措施。工程性措施包括规划建设防洪排涝基础设施、提高防洪排涝设计标准、推进海绵城市设施建设等方面。非工程性措施包括加强对城市排水系统的监督管理和维护、建立城市内涝模拟与风险评估模型、建立城市内涝数据信息监测系统等方面(赵印,2017)。

由于城市内涝的形成由多重因素构成,其形成机理又十分复杂,特别是随着我国沿海城市高速城市化进程的推进,复杂下垫面条件下城市内涝的风险具有相当的不确定性,内涝灾害的不确定性与城市内涝防治措施实施确定性之间的矛盾(秦波和田卉,2012),对应对与防治突发和超标准内涝事件的应急管理提出了巨大的挑战,亟需推进构建城市内涝防治应急预警系统,对城市内涝全过程风险和影响进行监控和管理。2013 年国务院办公厅发布了《国务院办公厅关于做好城市排水防涝设施建设工作的通知》(国办发〔2013〕23 号)文件,明确提出了要完善暴雨内涝应急机制,加快建设具有灾害监测、预报预警、风险评估等功能的综合信息管理平台,强化数字信息技术对排水防涝工作的支撑。党的十八大报告中也表明了智慧城市建设已成为国家发展战略的发展方向之一,结合互联网、物联网、大数据等技术,将城市中的排水、电网、燃气、通信、公路等公共资源有机结合起来,实现智能化、信息化管理和服务(阳宇恒,2016)。

当前,我国多个省市在城市洪涝汛情应急预警系统的研究和应用方面已经开展了探索工作。例如,上海市气象局建立了基于 WebGIS 平台的城市暴雨积涝预警系统,在数据层,建设了精细化的基础地理数据库,融合了实时监测降水数据和定量降水预报信息,同时接入了城市排水系统信息;在管理层,结合天津市气象科学研究所研发的城市暴雨积水模型,依据上海城市地形地貌特征,建立了适合上海沿海城市特征的积涝模型;在应用层,以 WebGIS 技术为支撑,建立了城市积涝情况的监测、预报、风险评估等子系统。系统的结构设计以 B/S 开发框架为基础,依托 J2EE 技术,融合了动态网页技术、Web2.0 技术、分布式技术、中间件技术等系统技术,确保了系统的先进性、稳定性和可靠性(房国良 等,2009)。陈洋波等(2013)依托东莞市三防决策支持系统平台,研发了东莞市城区内涝预警预报系统,系统的主要特点是以新一代多普勒雷达测雨系统为主要降水预报手段,结合先进的城市内涝模型与 GIS 平台,实现对东莞城区暴雨和内涝过程的监测、预报和预警,系统主要由雷达测雨模块、暴雨监测预警模块、内涝仿真模型模块、内涝预警模块、排水系统管理模块构成。针对珠江三角洲城市化进程中内涝灾害的特征,广东省佛山水文局研发了一套基于实时监测技术的城市内涝监测站建设技术方法,以触点式电子水尺为基本手段,结合信息采集传输终端机,通过移动集群网采用 GPRS 格式将内涝信息传输至内涝预警中心,同时设立防雷、防盗和太阳能板等动力设备,有效支撑了珠江三角洲地区内涝监测预警系统的信息采集、传输和报告工作(梁计和,2016)。薛丰昌等(2018)基于普遍存在于城市道路上方的视频监控数据,提出了一种基于视频监控图像解译的城市内涝监测预警方法,首先利用区域无内涝和内涝事件发生时的视频影像进行图像背景差分计算,对比不同帧幅影像的差别,识别积涝区域;在对差分的影像进行滤波的基础上,采用图像区域分割算法,提取洪涝区域的范围;最后,利用提取的积涝区域和预警标记点叠加分析的方法,获得积水深度。此外,随着城市内涝问题在我国多地逐渐受到关注,许多内地城市也相继开展了城市积涝预警系统的研发和应用,包括哈尔滨市(景学义 等,2009)、莱芜市(万胜磊等,2011)、武汉市(袁凯 等,2014)、苏州市(陆沈钧 等,2015)等。

以往城市内涝监测预警系统的建设发展,为我国沿海城市构建智慧型城市内涝监测预警系统积累了宝贵的经验。一是强化城市水文、气象、积涝的物联观测网,充分利用卫星遥感、无人机(船)、定位技术、视频监控、智能终端、图像识别等技术设备和手段,特别是对城市低洼地区、立交桥、泵站出水口、管道溢流点、主要道路和桥梁以及城市河道的水位进行重点实时监测,提升内涝监测系统能力;二是改善暴雨积涝的预报预测能力,结合数值天气模拟、雷达暴雨估算及地面暴雨观测等手段,提高城市暴雨预报精度,延长暴雨预报的预见期;三是对暴雨积涝过程数值模拟进行快速响应,利用机器学习、并行计算等技术,提升城市内涝模拟的精度和模拟效率;四是利用"互联网＋"的技术,结合大数据、云技术计算,实现内涝信息的云存储、云共享;五是结合地理信息技术和数据库技术,将城市地面信息与内涝信息有机结合起来,建设形成具有人机交互、智慧决策功能的内涝监测预警系统平台。

在上述城市内涝监测预警系统建设框架的基础上,对系统建设和创新仍需要不断深入研究。例如,针对预报预警信息传递共享性和实时性的问题,结合移动云端服务技术,邵鹏飞等(2016)研发了一种基于移动云端服务的城市内涝监测预警信息系统平台,通过无线技术将智能手机、移动 GIS 等接入城市内涝监测预警信息系统平台,通过在云端收集道路积水情况、道路通行情况、汛情现场照片、官方渠道发布和网友评论等内涝讯息,实现用户终端信息共享,对于普通民众及时获取汛情、涝情,规避内涝风险具有较大推广意义。这种基于移动客户端的城市内涝预警系统还能实现预报部门与市政、水利管理部门的预报预警信息共享,郑屹(2018)基于推送和轮询相结合的长连接交互模式,分析和筛选内涝预警模型,设计并实现了基于客户端/服务架构的交互式内涝预警系统,该系统具有便携性、易交互、延时小、资源利用效率高等特点,增加了预警信息的实时性,并增加了用户现场确认和上报的交互机制,结合 GIS 技术将预警信息展布到空间地图上,提高了预警信息的准确性。

值得注意的是,针对气候变化下我国沿海城市面临的海平面上升带来的内涝问题,在建设智慧型城市内涝监测预警系统中还需考虑如下因素。在监测网络建设方面,加强和改善观测设备,改进观测方法,提高技术水平和观测精度,取得长时间序列的观测资料。监测内容包括沿海的海平面变化、地面垂直升降,以及海洋水文、湿滩湿地、海岸侵蚀、地下水位、咸潮入侵、土地盐渍化等。加强海洋灾害的监测预警,完善全国海岸带和相关海域的海洋灾害监测预警系统,构建统一的信息平台,重点加强风暴潮、海浪、海冰、咸潮、海岸带侵蚀等海洋灾害的立体化监测和预报预警能力,强化应急响应服务能力。

## 第六节　实施更可控的城市内涝风险管理制度

加强城市内涝风险管理制度建设,主要包括健全防洪排涝应急管理制度、建立内涝风险评价制度、完善会商预警制度、强化应急处置能力、提高全民应对灾害能力。

健全防洪排涝应急管理制度,完善城市防洪排涝法律法规体系。明确政府的城市内涝防治工作的责任主体地位,建立健全政府防汛指挥部统一指挥调度、分级分部门防洪排涝应急机制,充分发挥应急指挥部在应对城市内涝事件上的作用。明确住建、水利、气象、规划等部门的责任分工,加强部门联动与资源整合,建立统一指挥、功能齐全、反应灵敏、运转高效、部门联动、综合协调的应急管理制度(徐业平 等,2015)。

建立内涝风险评价制度是进行城市雨洪管理、内涝防治的重要依据。要了解洪涝灾害的影响范围和程度,了解洪涝水灾的类型和成因、发生概率、发生范围、持续时间、深度和速度等方面的特征,同时,还要了解洪涝灾害可能发生的地点和方式,以及洪涝灾害发生后可能受到影响的人员和财产损失,有效制定应对措施和确定措施的优先级别。国外经验表明,澳大利亚、日本、欧盟、美国等国家和地区均有雨水影响评价和雨洪风险评估制度,都有洪涝灾害分布图,显示排水系统遭遇不同暴雨频率下内涝发生的可能性、淹没时间、淹没范围以及淹没深度,识别城市开发建设给城市雨水排放带来的影响,并在此基础上进行洪涝灾害区划,进行规划和用地管理工作。2014 年,住房和城乡建设部与中国气象局联合开展了城市内涝风险区划图的编制工作,不仅用于城市内涝风险分析,为分类分级开展城市内涝灾害风险管理提供辅助决策依据,还用于内涝防治规划的编制,为规划方案优化提供技术支持,为城市开发建设及改造提供决策支持(谢映霞,2013b)。

完善会商预警制度,提前开展内涝风险会商和灾害预警信息审批与发布,紧扣预报、会商、审批、发布、反馈等各个环节流程,规范多部门信息共享和技术会商,确保灾害预警信息准确发布(徐业平 等,2015)。在互联网、大数据、云端技术发展的今天,借助视频会商、实时监控预警平台、移动端等工具,结合现场查勘、现场会商等传统手段,建立和完善内涝风险预警平台的建设、运行和管理,通过实时获取和更新内涝风险、影响等信息,及时向各有关责任部门和公众发布内涝灾情预警信息,确保预报预警信息准确通畅。

强化应急处置能力,主要从城市搜救体系、医疗卫生体系、通信交通体系、资源支撑体系、转移安置体系、恢复重建体系等方面进行能力建设。城市搜救体系应提供救生帮助,比如伤亡人员定位、现场救治等,主要由消防部门和具有搜救经验的专家组成;医疗卫生体系要保证医疗护理、药品器械的供应,组织病人撤离,监测食品饮水安全,为有需要的群众提供心理指导,防止传染病的暴发;通信交通体系应保持主要对外道路的通畅,确保救援人员和物资能快捷送达,受灾人员能迅速疏散,同时保持信息传播网络的畅通;资源支撑体系,人力资源包括应急通信人员、医疗救助人员、搜救人员以及社区应急反应活动联系人等,物资资源包括简易厨房、盥洗室、水净化设备和淋浴、帐篷等设备以及必需的食物、药品等补给品;5)转移安置体系,应及时组织受灾群众进行安全有序的转移和安置,需要提前规划安全避难所,并储备食物、衣服和生活必需品;恢复重建体系,洪涝退去后,应及时组织专家对受灾地区进行评估,同时清理受灾现场,确定现场安全后,组织受灾群众返回,进行财产清点和抢救(秦波 等,2012)。

　　提高全民应对灾害能力,以构筑的智慧城市内涝监控预警系统为核心,结合广播、电视、报刊、网络、移动客户端等方式,向公众普及防灾、避险、自救、互救等城市内涝防灾救灾知识技能,组织开展应对灾害公益讲座、展出和实战演练,提高公众应对内涝灾害的意识和能力。依据各地组织编制的城市洪水风险图,分类分级设立警示标牌,提高公众防灾避险的可操作性。同时,借助移动客户端技术,鼓励民众对内涝灾害的全过程进行全民监控,利用大数据技术为科学合理制定内涝应对措施提供大数据支持,形成"监控—会商—发布—接收—反馈"的全民应对内涝灾害机制。

# 第八章　沿海地区电网运行特征及薄弱环节分析

沿海地区电网运行特点主要体现在以下 3 个方面：（1）就电网负荷来说，我国东部及沿海地区集中了全国 65% 的电力负荷，负荷比较集中；（2）就电网基础设施来说，沿海地区远距离输电容量占比很高，以广东沿海为例，西电东送占广东用电量约 30%，远距离对电网基础设施要求较高；（3）就电网电源来说，新能源需求量大，沿海风力发电储量占全国风电储量的 10.2%，潮汐发电量占全国潮汐发电量的 100%。

电网结构呈现地区分布特点。华北和华东地区都是以火力发电为主，采取远距离大容量输送方式，负荷相对集中于沿海地区；华南地区略有不同，在发电方式上以火电加水电为主，但同样存在资源分布不均的问题，因此远距离大容量输送、负荷集中沿海的特点依然存在。

本章分别以华北、华东、华南沿海地区为例，分析电网在这些沿海地区的运行特征以及由沿海因素造成电网在运行过程中的薄弱环节。

## 第一节　华北沿海地区电网

**1. 华北沿海地区电网运行特征**

华北沿海地区（涉及辽宁、河北、天津、山东）电网是一个以 500 kV 线路为主的特大型区域电网，网内装机已超过 1 亿 kW，最高负荷超过 9600 万 kW，日供电能力超过 20 亿 kW·h。华北地区电网电力流向整体呈现"西电东送、北电南送"的特征。蒙西、山西电网依托大煤电基地，形成电力送端，京津唐、河北、山东为主要的电力受端。整个电网依据"西电东送、北电南送"的潮流特点形成"七横三纵"以及京津唐双环网、京津冀大环网，多方向、多通道、多落点的网架格局。特高压电网覆盖京津冀鲁 4 个负荷中心，直接向负荷中心供电，交流特高压电网和华北 500 kV 电网一起已成为华北地区电网主网架，承担从区外受电、区域内西电东送和向负荷中心安全可靠供电的任务。

**2. 华北沿海地区电网薄弱环节分析**

火力发电效率受水资源减少影响，西电东送通道跨度大、潮流重、地理气象条件复杂，运行风险较高。

华北地区的地域特点以及电源中心和负荷中心的逆向分布特征决定了西部电源需要通过大功率、长距离输电通道将电力送至东部负荷中心，区间振荡模式的系统阻尼较弱，电网内曾发生过多次低频振荡，对系统稳定威胁很大。

西电东送主要通道长期接近稳定极限运行，且由于气象条件复杂，西电东送通道故障频发,输电线路绝缘水平裕度不足。

西电东送通道穿越气象条件复杂的太行山脉和燕山山脉,雷击、大风、冰冻等灾害性天气频发,局部小地区运行环境较为恶劣,极大地增加了线路故障跳闸的概率,进一步增大了电网的运行风险。

京津唐双环网、京津冀大环网的网架负载过重,电压不稳定问题较为严重。

# 第二节　华东沿海地区电网

## 1. 华东沿海地区电网运行特征

华东沿海地区(涉及江苏、上海、浙江、福建)电网能源以火电为主,水电和新能源占 12%,沿海地区多为受端系统。具有明显的"北电南送、西电东送"的特点。特高压直流保持满送,特高压"弱交强直"过渡期特征明显。随着 2012 年特高压三华同步电网的建成,华东区内已形成南京北－泰州－苏州－上海西－浙北－芜湖－南京北的特高压受端环网,安徽、浙江、江苏、福建和上海电网除原有 500 kV 各区域电网互联外,还通过特高压电网互联。华东电网通过武汉－芜湖、豫北－徐州和济南－徐州 3 个特高压通道接受区外来电,(刘梦欣 等,2010)。另外,华东电网还通过三峡直流、金沙江直流、锦屏直流输电系统对外联系。负荷方面,江苏是华东地区负荷最大省份,华东地区负荷由大到小依次为江苏、浙江、福建、上海和安徽(图 8.1)。

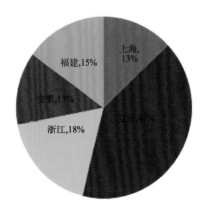

图 8.1　华东负荷分布示意图

## 2. 华东沿海地区电网薄弱环节分析

华东地区电网目前面临的最大问题是输电容量不足,电网运行面临高温大负荷挑战。

主干输电通道经常重载,低谷调峰压力加大,电网局部存在薄弱环节。

由于电力系统间互联,系统短路容量过大。

典型送端系统:阳城、安徽皖北。由于输电容量不足,系统电压不够稳定,动态、暂态调节能力较弱。

送受端系统:苏南、浙西南。动态无功储备严重不足,静止无功补偿器使用较少,导致低电压问题严重。

上海黄渡:持续高温和大负荷的不利因素导致输电通道重载严重,系统调峰调频能力较弱,同样缺乏动态无功支撑能力,电压不够稳定。

# 第三节　华南沿海地区电网

**1. 华南沿海地区电网运行特征**

华南沿海地区(涉及广东、广西、海南)电能装机组成为火电 55%、水电 35%、新能源约 6%,广东火电为主核能为辅,就近利用。水电由"西电东送"高压交直流远距离大容量输送,负荷集中在珠江三角洲。图 8.2 为华南地区东西部能源储量与用电量比例图。

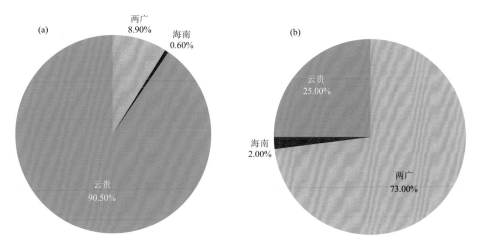

图 8.2　华南地区东西部能源储量(a)与用电量(b)比例

**2. 华南沿海地区电网薄弱环节分析**

能源分布与经济发展的不对称性。南方 5 省(区)可开发水电资源的 78% 和可开发煤炭储量的 95% 都集中在云南和贵州 2 省,近年来这 2 省的 GDP 之和只占南方 5 省(区)不足 20%,能源资源分布和经济发展水平的不对称,决定了必须实施西电东送战略。

这个系统是强直弱交型,当直流发生双极闭锁时,如果交流系统的潮流较大,直流闭锁转移来的功率会使交流通道电压急剧下降,甚至会使系统失稳,还可能由于电压降低造成其他直流线路闭锁的连锁反应等问题。

直流多馈入广东电网,交、直流故障相互影响大。广州换流站、肇庆换流站和鹅城换流站等 3 个换流站之间的电气距离较近,当直流系统发生单极闭锁,单极大地回线运行时,对交流系统主设备的影响较大,特别是主变压器的中性点直流分量很高,控制不当很可能造成主变压器损坏。假如广东电网 500 kV 或 220 kV 系统发生永久性故障,失灵保护切除故障时,当系统电压低于 70% 额定电压的时间超过 300 ms,3 条直流可能会同时闭锁,系统将失去稳定。

系统调频调峰能力较低。2015 年底广东电网的核电机组装机容量达 830 万 kW,不具备调峰能力,三峡送电广东的电力基本不参与南方电网的调峰,广西水电在枯水期和丰水期发电都容易受阻,调节能力很差,丰水期云南水电调节能力也不理想,同时还受到通道输送能力的限制。

系统中部的广西电网和受端的广东电网,动态无功支撑能力较弱,特别因直流故障造成直流系统闭锁,送电功率大量转移到交流线路时,容易造成系统的电压失稳。

南方电网是典型的远距离、大容量输电的互联电网,东西跨度约 2000 km,区间振荡模式的系统阻尼较弱,电网内曾发生过多次低频振荡,对系统稳定威胁很大。

# 第九章　气候变化影响沿海电网运行安全的因素和作用机理分析

## 第一节　沿海地区气候特点及影响电网安全的因素

在全球气候变暖和海平面上升的大环境下,中国沿海地区的海平面也在不断上升,且上升速率大于全球平均(景垠娜,2010)。20世纪50年代以来,中国沿海海平面上升的平均速率为2.5 mm/a,略高于全球海平面上升速率,未来30年中国沿海海平面还可能上升0.08~0.13 m。受气候变暖和海平面上升影响,台风、暴雨、风暴潮和洪涝等自然灾害的发生频次和强度增大,预计到2050年左右,年均登陆我国的台风频次可能比目前增多1~2个,引发的风暴潮频次也可能比目前增多0.6~1.5个(林而达 等,2006)。这些气候变化引起的自然灾害已对我国沿海地区造成严重的影响,其中对环渤海地区、长江三角洲和珠江三角洲人类社会经济系统的影响最为严重(林而达 等,2006),对这些地区电网的影响也日趋严重。

随着人口的快速增长和城市化进程的不断加快,人类在自然灾害面前表现得越来越脆弱。世界人口从20世纪60年代的30亿增加到2000年的60亿,预计到2050年将会增加到70亿~100亿,城市化进程也由29%增长到现在的50%,预计到2050年将可能增长到70%。中国是世界上人口最多和城市化发展速率最快的国家。我国人口从1950年的5.45亿增加到2005年的13.12亿,预计到2030年将会达到14.62亿。城市化水平由1978年的18%提高到2007年的45.7%,预计到2050年末将会达到75%左右(杨桂山,2000)。沿海地区是我国乃至全世界人口和财富最为密集、城市化水平最高的地区之一,其面对自然灾害的暴露性和脆弱性日益增大。根据我国沿海现状,沿海地区气候变化影响电网安全的气候因素主要有如下几点:

(1)我国海岸线长,地理情况复杂给电力系统的规划建设增加了难度。

近年来随着气候环境的恶化,冰冻、雨雪、台风、洪涝、雷电、海平面上升、盐雾等均对沿海电网产生了重大影响。考虑到我国海岸线跨度大,地理情况复杂,电力系统必须按照差异化原则设计相关标准,因地制宜。

(2)能源结构不合理,风电、潮汐能、核能等可再生能源占比过低。

我国可再生能源占比依然远低于美欧等发达国家,在煤炭石油资源百年内就将枯竭的情况下,必须大力发展可再生能源。沿海地区潮汐能与核能发展潜力巨大,电网应加大对能源结构改造升级的投入。

(3)针对电网的自然灾害预警与监测系统建设不完善。

台风和冰灾的频发凸显了我国沿海自然灾害预警与监测系统的不完善,必须建设系统的、完善的灾害预警和监测系统。电力部门和气象部门应当联合开展科学研究,建立全国和区域性气象灾害应急系统和协调应对机构,提高灾害气象的预报水平,加强预警机制,能以最快、最有效的方式多部门协调一致,联合抗御自然灾害。

(4)自然灾害过后信息收集与总结机制有待提高。

台风和冰灾的频发,提供了庞大的灾情信息,是一笔巨大的财富。这些信息的搜集、整理和使用,是今后防灾减灾、灾情预测的宝贵资料。不能仅仅以灾区复电为最终目的,应组织专门力量,对灾情信息统一收集、整理、分析,为国家提供抗灾防灾决策参考,为抗灾措施研究提供信息宝库。

# 第二节 气候灾害作用机理分析

## 1. 台风

台风是形成于热带或副热带海面温度在 26 ℃以上的广阔海面上的热带气旋。按世界气象组织定义,热带气旋中心持续风速达 12～13 级(即 32.7～41.4 m/s)称为台风(程正泉 等,2005,王慧 等,2006,中国南方电网公司,2013a)。在每年的夏秋季节,我国毗邻的西北太平洋上会生成不少名为台风的猛烈风暴,有的消散于洋上,有的则登上陆地,带来狂风暴雨(张勇 等,2012)。

台风登陆的可能性与登陆地点、季节和强度有关(陈玉林 等,2005)。侵入中国的台风路径范围较广,北起辽宁、南至海南的广阔沿海地区均容易遭受到台风的袭击,中国东部近 20 个省(区、市)直接受到台风的影响。历史资料统计显示,我国 90% 以上的热带气旋和台风于东南部的广东、台湾、海南、福建、浙江、广西 6 省(区)登陆。其中,南方 5 省(区)中 3 省(区)占据了全国台风危害省份数的 50%。

电力产业是关系国计民生的重要基础产业和公用事业。安全、稳定、充足的电力供应,是国民经济健康稳定持续快速发展的重要前提条件。然而,台风对我国东南沿海电网造成的破坏之大(中国南方电网公司,2013b),直接影响国家的生产建设和人民的生活秩序。台风的到来是不可避免的,但如果能够充分把握电网特征以及台风对电网影响规律,在台风来袭前做好适当的安排,则有可能避免电网大面积停电,提高电网的安全运行水平。台风灾害主要以影响电网线路设施为主,受损的部件主要集中于杆塔、线路、地线、绝缘子等裸露在外部自然环境中的设备上。电网台风灾害的影响包括(从荣刚,2013):

(1)台风直接导致倒塔事故。位于强台风风口的杆塔,在受到强台风袭击时,当最大风速超过了杆塔设计的抗风标准时,由于杆塔强度不够以及塔基薄弱将可能引发倒杆、折杆现象或杆塔整体倾倒。

(2)台风引起断线。当风载过大超过线路设计标准、大风刮起线路周边外来物体击断线路、部分绑扎线强度不足均可能引发线路断股或断线或导线脱落。

(3)台风直接引起线路跳闸。伴随台风而来的暴雨袭击使绝缘瓷瓶绝缘能力降低,发生击穿和闪络,导致线路跳闸。线路走廊上的树木被台风吹倒(断)后触碰到线路导致线路对地放电或相间短路,造成线路故障跳闸。

(4)台风引起导线风偏放电。线路中有大跨越、大档距、大弧垂的导线,在强风作用下产生较大风偏,使导线与距离较近的建筑物、树木、其他交叉跨越的线路等因电气距离不足而造成放电。线路杆塔上的跳线和变电站构架上的跳线因风偏放电。

（5）变电站设备引线线夹固定不牢脱落放电。台风的间接危害主要是强风造成线路及变电站以外的其他设备（物品）倒塌或飞落，导致电力设备故障。

（6）台风导致通信中断。台风依靠强劲风力直接作用于通信线路导致倒杆断线；台风还会对位于变电所、发电厂的微波天线产生破坏，使其歪倒或弯折，干扰微波及载波通信信道，导致通信质量下降甚至通信中断。

（7）配电线路杆塔受损主要集中在水泥杆倒杆、断杆。35 kV 及以下配电线路杆塔主要采用水泥杆，由于水泥杆抗风强度低，容易造成倒杆、断杆。

广东、广西和海南为沿海省份，是台风影响高发区。从破坏频度来看，近 4 年的统计显示，广东、广西和海南平均每年会遭受 4.25、1.25 和 2.5 起台风的影响。从破坏范围和规模来看，主要对 35、10 kV 以下电网破坏严重，广东、广西几次较严重台风事故对 110 kV 电网带来影响，其中广西电网引起 220 kV 跳闸 1 次。从破坏力来看，广东严重的台风事故造成 10 kV 线路倒塔 1300～2400 基，广西倒塔 70 基左右。因此，台风灾害对广东影响范围相对较广，破坏力严重，对广西沿海地区也存在一定的破坏因素。

从灾害发生的概率来看，广东是受台风影响大省，根据历史资料统计，1949－2008 年 59年中共有 195 个热带气旋登陆广东，每年平均 3.3 个，最多年份达到 7 个；严重影响广东的热带气旋每年平均超过 5 个，均居全国之首。热带气旋突发性强、移动速度快、路径变化多、预报难度大，往往短时间内造成巨大危害。部分台风的中心风速很大，如 9615 号台风登陆时中心最大风速达 57 m/s，7908 号、9107 号最大风速均超过 50 m/s。

**2. 雷电**

雷击跳闸事故是输电线路跳闸事故的主要原因，因此是电力供应安全所面临的一个难题。文献（徐青松 等，2007；中国气象局气候变化中心，2013）给出了我国年平均雷暴日数和年最多雷暴日数分布图，可知我国雷暴呈现南方多北方少、山区多平原少的特点，最多的地区是云南南部和两广地区，这两个地区处于我国沿海，可以说沿海面临雷击的风险高于内地。

雷电对电力系统会产生热力、机械和电磁等 3 种不同类型的不利影响，其中对电力系统安全影响最大的是电磁影响引起的设备损坏和线路跳闸。输电线路分布广泛，延绵数千千米，容易遭受雷击，按雷电对线路的影响机理可分为直击和绕击。直击是指雷击于输电线路塔顶或塔顶避雷线，巨大的雷电流注入杆塔引起杆塔电位抬升，绝缘子串两端电压超过其耐受水平而闪络，引起输电线路跳闸，同时可能损伤绝缘子；绕击指雷电绕过避雷线击于导线引起导线电位抬升，当绝缘子或塔头间隙两端电压超出其耐受电压，将发生绝缘子闪络，引起线路跳闸及绝缘子损伤。变电站作为电网的枢纽也可能遭受雷电的威胁，一方面是雷电直击站内母线和设备，引起设备故障和系统断电；另一方面是雷击变电站附近的输电线路进而沿线路侵入站内损坏站内设备，甚至带来大面积停电事故。

雷击对电网安全的影响主要表现为线路绝缘子损坏和线路跳闸、变电站设备损坏和变电站供电中断。据统计，因雷击引起的跳闸事故占整个电网跳闸事故的 70% 左右。随着国内外对于雷电认识的深入和对电网雷电防护方法研究的加强，目前已经出现了多种防护措施，但仍不能完全消除雷电的影响。表 9.1 给出了广东电网 2002－2011 年输电线路雷击跳闸次数统计结果。

表 9.1　广东电网 2002—2011 年输电线路雷击跳闸次数

| 输电线路 | 年份 | | | | | | | | | |
|---|---|---|---|---|---|---|---|---|---|---|
| | 2002 年 | 2003 年 | 2004 年 | 2005 年 | 2006 年 | 2007 年 | 2008 年 | 2009 年 | 2010 年 | 2011 年 |
| 500 kV | 10 | 17 | 17 | 20 | 22 | 28 | 17 | 31 | 21 | 15 |
| 220 kV | 70 | 53 | 82 | 78 | 93 | 119 | 131 | 113 | 185 | 104 |
| 110 kV | 164 | 131 | 150 | 331 | 360 | 498 | 502 | 390 | 604 | 316 |

**3. 洪涝**

我国部分地区降水强度季节性变化很大,在雨量相对集中的夏季,常有暴雨发生。由于暴雨具有强度强、历时长、降水量大且集中等特点,易导致平地积水,河道漫溢,有时甚至导致山洪暴发,淹没良田,房屋倒塌,给国家和人民的生命财产造成重大损失。影响电力系统安全稳定运行的洪涝包括洪水和雨涝 2 大类型。洪水指气候季节性变化引起的特大地表流不能被河道容纳而泛滥,或因山洪暴发使江河水位陡涨,导致河堤决口、水库溃坝、道路和桥梁被毁、城镇和农田淹没的现象。雨涝指长期大雨或暴雨造成洼地积水不能及时排除而因渍生灾的现象(宿志一,2003)。我国洪水灾害主要发生在 7 大江河及其中下游流域、四川盆地和关中盆地等地区。中国北方气候干燥,雨水较少,但在异常的气候影响下,也常有洪涝发生。对我国电力安全产生影响的主要是洪水灾害(刘芳 等,2010;蒋安丽,2011;王兆坤,2012;中国南方电网有限责任公司,2013b)。

暴雨洪涝对电网安全的影响可以分为以下几个方面:

(1)洪涝灾害对变电设备产生影响。在洪涝灾害下,地势低洼的变电站容易被淹,同时由于大量降雨,容易致使变压器发生绝缘受潮故障。变压器绝缘受潮后,绝缘性能大大下降,在系统电压以及内部和外部过电压的长期作用下,绝缘性能将会进一步恶化,甚至击穿,导致变压器损坏。个别变压器安装在低洼地段,容易受到洪涝的冲击,甚至淹没,致使变压器不能正常工作。

(2)洪涝灾害对输电设备产生影响。在洪涝灾害下,当暴雨和风的联合作用力超过某些输电线路或杆塔的抵抗能力时,将造成断线、倒杆等破坏。洪水及其引发的山体滑坡和泥石流冲击输电线路的杆塔会导致倒杆、断线。由于大量的降雨,致使绝缘子受潮发生闪络,也可能造成绝缘子伞裙桥接引起雨闪。尤其是跨河输电线路的杆塔,容易被淹没甚至冲毁。另外,因暴雨折断的树枝压在架空输电线路上,容易造成输电线路断线故障。

(3)洪涝灾害对发电设备产生影响。在洪涝灾害下,一方面,水库下游水位会随着水库的下泄洪量增大而升高,造成发电水头降低,水力发电的出力减小,即出库下泄洪量会对水电站的出力产生负面效应。另一方面,由于洪水中含有大量的泥沙和其他杂物,容易对水轮机组等发电设备造成影响。洪涝灾害影响交通运输行业的正常运作,使得火力发电厂的煤供应不足,对火电厂的发电造成很大影响。此外,局部暴雨产生的洪水,容易引发泥石流、滑坡等灾害,将直接破坏发电厂的电力设施。

2013 年 5 月 19—24 日,广东省多个地市出现特大暴雨,累计造成广东电网 500 kV 线路跳闸 10 条次、220 kV 线路跳闸 8 条次、110 kV 线路跳闸 28 条次(均重合成功),35 kV 线路跳闸 79 条、10 kV 线路跳闸 420 条;10 kV 及以下线路杆塔倒杆 222 基,损坏线路 33.72 km;影响台区 5728 个、客户 326628 户。

### 4. 冰雪凝冻

覆冰作为一种在我国分布广泛的自然现象,其物理特性已被人们熟知,但仅限于不带杂质的纯冰。对于积覆在绝缘子及输电线路表面的污染冰层的覆冰特征、物理特性和电气性能等均缺乏系统研究。为表征输电线路的覆冰严重程度的大小,根据运行经验以及大量的观测和调查,宏观上将输电线路的覆冰程度分为轻微、轻度、中等和严重覆冰 4 种类型(吴斌,2013)。如果按照覆冰形态来分类,覆冰又可分为雨凇、雾凇和混合凇。大量的试验和运行经验均表明,雨凇是产生覆冰的主要原因,也是对线路影响最严重的覆冰形态。覆冰的形成既与大尺度、长时段的天气变化有关,又与和地形、地貌相关的中小尺度的局地气候有关。就我国而言,年平均雨凇日数南方多,北方少(蒋兴良 等,2002)。

自 20 世纪 30 年代起,国外便开始研究电网覆冰问题。经过 80 余年的持续研究,国内外已经初步制定了覆冰相关的试验方法,并在试验室内获得了大量的绝缘子冰闪特性试验结果,所研究的绝缘子串涉及超特高压交直流系统。

覆冰对于电网安全的影响非常大。总的来说,覆冰对于电网的危害分为机械性能的危害和电气性能的危害。按其引发原因可以分为 4 类(张弦,2007):线路过荷载、相邻档不均匀覆冰或不同期脱冰、绝缘子串冰闪和输电导线舞动。

(1)线路过荷载。寒冷雨雪天气下,覆冰在导线上不断增长,会导致导线的体积和质量不断增大,使得导线的弧垂增大,对地间距减小,积累到一定程度时,就可能发生闪络事故。同时,导线弧垂的增大,在风力的作用下,也容易造成导线与导线或导线与地相碰,发生短路跳闸、烧伤甚至烧断导线的事故。当覆冰质量进一步增大时,超过导线、金具、绝缘子以及杆塔的机械强度时可能会使导线外层断裂、钢芯抽出,当覆冰质量超过杆塔的额定荷载时,则会导致杆塔折断甚至倒塔。

(2)相邻档不均匀覆冰或不同期脱冰。输电线路相邻档不均匀覆冰或不同期脱冰,会产生张力差使得导线在线夹内滑动,严重时会使得外层铝股在线夹出口处全部断裂、钢芯抽动。相邻档张力不同时,还会使直线杆塔承受张力的能力变差,悬垂绝缘子偏移变大而碰撞横担,造成绝缘子损坏或破裂;也可能使横担转动,导线碰撞拉线导致拉线烧断或烧伤,杆塔失去拉线支持后倒塔。

(3)绝缘子串冰闪。绝缘子的覆冰闪络是覆冰对电网最普遍的一种危害。对于绝缘子冰闪,其基本问题可以概括为预染污是否是绝缘子发生覆冰闪络的必要条件;若绝缘子表面染污是发生冰闪的必要条件(中国南方电网公司,2010),那污秽种类和程度该如何界定;运行电压下长串绝缘子的覆冰形成机理。总的来说,覆冰绝缘子表面闪络过程极其复杂,相互作用的影响因素很多,如绝缘子沿面电场分布、空气间隙的数量和位置、周围的环境条件等。其中,冰凌长度、密度、数量、位置以及覆冰水电导率的影响最明显(蒋一平 等,2010)。此外,绝缘子的伞裙参数是不可忽视的重要影响因素。

在冬季湿寒天气条件下,污秽绝缘子表面可能会积覆着各种形态的覆冰,如果覆冰不是很严重,伞裙边缘不会形成冰凌,伞裙外形也没有发生变化。随着时间的推移,覆冰会改变绝缘子形状,使绝缘子表面的污秽分布发生变化。绝缘子表面的污秽会随着覆冰的过程被排斥至冰面,导致污秽分布极不均匀,即大部分污秽离子集中在冰凌,绝缘子覆冰表面相对清洁。此时,绝缘子伞裙边缘的冰凌处于临界桥接状态,闪络风险性是最高的。原因是此时的冰凌桥接了绝缘子的大部分干弧距离,使得电压要由有限的空气间隙来承担,冰凌中包含了 90% 绝缘子的原始污秽,因此在这种情况下,冰凌—冰面间隙最先产生电晕放电,并很容易发展成局部电弧。融冰过程中,冰层表面水膜会很快溶解污秽中的电解质,提高融冰水或者冰面水膜的电导率,引起绝缘子串电压分布及单片绝缘子表面电压分布的畸变,降低覆冰绝缘子的闪络电压。此外,大气中的污秽颗粒将进一步增加融冰水电导率。以上情况都会使绝缘子发生闪络,闪络过程中持续电弧将烧伤绝缘子,造成绝缘子的绝缘强度永久下降(司马文霞 等,2007;蒋兴良 等,2009;巢亚锋 等,2013)。

(4)输电导线舞动。输电导线覆冰后并非是圆截面,风力作用下会发生低频(通常 0.1~3 Hz)、大幅度(振幅为导线直径的 5~300 倍)的振动或者舞动。导线舞动时,将破坏杆塔、金具、导线及部件,造成频繁跳闸甚至停电事故。导线舞动是一种复杂的流固耦合振动,受导线覆冰、风力作用及线路结构参数的综合影响。

2016 年 1 月 21 日,强寒潮陆续影响浙江山区配网,累计导致 1 条 220 kV、6 条 35 kV、426 条 10 kV 线路跳闸、拉停,影响 1.2 万个台区、92.25 万电力用户正常用电。

### 5. 持续高温

气温是影响电力需求的最显著变量之一(史军 等,2009)。研究表明,温度对电网影响主要集中体现在持续高温对负荷的影响。当某日日最高气温大于或等于某一给定的温度值(通常是 35 ℃或以上)时,则该日为一个高温日;连续 5 日及以上日最高气温大于或等于某一给定的温度值时,即为持续高温天气(张海东 等,2009)。

高温对电网安全的影响可以从电网的用电负荷、输电线路的载流量和导线弧垂 3 个方面来考虑。高温引起的电网负荷的变化对电网安全稳定的影响最为突出,对输电线路载流量及弧垂的影响相对较小。

(1)高温使电网用电负荷屡创新高(谢宏 等,2001;周友斌 等,2009;邹圣权 等,2009)。一些地区的电网调度分析表明,在夏季高温的条件下,用电负荷会不断攀升,电网的最大用电负荷和日用电量都会达到很高的水平。用电负荷和用电量的迅速增长无疑会给电网运行的安全性、电能的质量、供电的可靠性和设备的安全稳定运行带来重大的影响。用电负荷的攀升,会使得电网备用偏低,电网处于极限运转状态,对电网运行的安全性产生影响。研究还发现,持续高温大负荷还可能会造成局部低压配电线路出现过载或重载,影响电网的安全稳定运行;大负荷供电会导致线路电压损失大,线路末端电压偏低,使得低电压问题严重,无功潮流也会受到较大影响,供电的电能质量得不到保证;持续高温下,电网的多个稳定控制断面将超过或者接近规定限额,可能需要进行错峰限电,使电网受到了严峻的供电能力的考验,影响系统供电的可靠性;高温大负荷情况下,配变熔断器过负荷熔断,配变低压熔断器或低压空气开关的故障大幅增加,造成各种高低压设备故障,也会对电网的安全稳定运行构成极大的威胁。

近年来,随着大功率、高耗能电器的普及率和利用率的不断提高,供电最高负荷也在逐年上升。降温取暖负荷在总用电负荷中所占比例越来越大,构成了用电峰荷,它们对温度的变化非常敏感(季斌 等,2010)。空调是一种应用很广泛的降温电器,近年来其普及率越来越高,在电网负荷中所占的比重也越来越大。空调的主要动力是异步电动机,具有与异步电动机相似的负荷特性。其静态无功-电压特性是,在额定电压附近,空调负荷的无功随电压的升降而增减,当电压明显低于额定值时,无功功率随电压下降反而上升。空调负荷的这一无功-电压特性对电网的稳定性具有明显的副作用(张凯 等,2008)。研究发现,持续高温、日最低温度的升高及湿度大是造成夏季空调负荷不断攀升的直接原因(金欣龙,2013)。因此,在夏季持续高温的情况下,空调负荷会迅速增加,对电网的电压稳定性产生极大的威胁。

(2)持续高温可能会造成导线温度过高,线路载流量降低,影响电网运行安全。载流量问题是缆线工程设计的关键点,对内关系到汇流母线安全与电能质量,对外关系到用电负荷与供电系统稳定(李民 等,2006)。研究发现,微气象因素包括日照强度、风速、环境温度等的变化对线路的载流量都有影响。设置环境温度变化范围为 0~40 ℃,环境温度从 0 ℃上升到 40 ℃的过程中,导线载流量减少了 450 多安(陈必荣 等,2012)。由此可见,环境温度对载流量有较大的影响。环境温度过高,或者是持续高温,会使得线路载流量降低,造成线路输电能力降低,影响电网的安全稳定运行。因此,在高温天气,尤其是持续高温的情况下,应及时分析输电线路的动态增容限额,在不改变现有输电线路结构和确保电网安全运行的前提下,充分发挥输电线路的载荷能力,提高电网的供电可靠性。实际上,我国大部分地区一年中的环境温度都很少达到 40 ℃,实时监测周围的环境温度,对输电线路载流量的提高非常重要。

(3)异常高温可能会导致导线弧垂增大而造成对地放电。输电线路弧垂是线路设计和运行的主要指标之一,能反映输电导线运行的安全状态,因此必须保证弧垂在规定的范围内(杨国庆,2012)。线路运行负荷、导线的温度和应力、导线上覆冰厚度以及周围风速都会造成线路弧垂的变化。弧垂过大,线路离地太低,会造成导线对地放电,影响电力系统安全稳定运行。持续高温或者是异常高温天气,可能导致导线自身的温度升高而使得导线的弧垂增大,就有可能会出现导线弧垂过大对地放电的事故,对电网的安全稳定性产生影响,但是概率极小。

此外,在持续高温的作用下,电网输变电设备的绝缘老化也会更加严重,对设备的安全性造成影响,影响电力系统的安全稳定运行。

2003 年美国和加拿大发生“8·14”大停电,期间关键输电线路同时或相继跳闸,受端系统电压明显下降;系统中的感应电动机和空调等恒功率负荷大量吸收无功,导致系统电压的进一步下降;低电压周边地区机组失去动力,最终导致电压崩溃。

### 6. 暴雨

2012 年 7 月 21 日,北京市出现强降雨天气,城区平均降雨量 215 mm,房山区河北镇 460 mm,接近 500 年一遇。19 时 04 分,房山地区因持续强降雨引发山洪,导致该地区 110 kV 磁家务变电站全站停电。受山洪和积水影响,电网 10 kV 设备共发生 76 起永久性故障,35 kV 设备发生 1 起永久性故障。可见,暴雨灾害对输电网、配电网均有巨大影响。

暴雨对电力系统的影响主要分为以下几个方面:

(1)对发电厂的影响。水电站的水工建筑以及火电厂的饮水渠道、灰场灰坝、煤场等极易受到暴雨影响。

(2)对线路及设备的影响。处于低洼地或城市内涝地段的变电站易受暴雨洪水和泥石流的冲击,导致设备运行异常,绝缘能力降低,二次回路或通信系统故障;位于沟内、跨河及滑坡体上的杆塔及其基础易受暴雨冲刷、长期浸泡及整体平移,造成杆塔倾倒。

此外,暴雨是导致绝缘子雨闪的关键因素。由于污秽在绝缘子表面受降雨影响使得绝缘强度降低,当运行电压高于污闪阈值时将发生污闪;雨闪主要集中于变电设备,这些设备大多位置较高,伞裙较密,伞间距较小,直径较大且上细下粗,导致上部伞裙流下的雨水与下部伞裙形成"雨水桥",发生闪络。超高压变电设备瓷套和换流站瓷套就是发生雨闪的主要元件。由于雨水的冲刷作用,污秽在雨闪中的作用较小,由短时暴雨产生的"雨水桥"才是雨闪的决定因素,因此雨闪一般在暴雨后的数分钟内发生。研究表明,位置越高、直径越大的绝缘设备,受雨表面积也越大,发生雨闪概率也越高。在同等条件下电压等级越高的设备越容易发生雨闪。

(3)对负荷的影响。降雨会带来温度的变化和湿度的提高,主要取决于降雨的起始时间、延续时间、雨量等因素。降雨对电力负荷的影响体现在和气温的联合作用,在一定的区间内,湿度或者温度的升高都会降低人类自身的体温调节能力,增大电力调温负荷。一旦湿度超过90%之后,负荷则开始回落,因为该湿度一般对应为阴雨天气,较为凉爽。降雨会给该地区小水电提供水量,降低统调负荷。

以海南电网为例,2010 年 10 月 1 日 00 时至 7 日 16 时,大广坝水电站流域平均累计降雨量 368 mm,来水量 6.273 亿 $m^3$(平均入库流量 1090 $m^3/s$),发电用水量 0.557 亿 $m^3$(平均发电流量 97 $m^3/s$),可大大减小统调负荷压力。

### 7. 盐雾

电气设备表面发生污秽闪络大致要经过积污、潮湿、干带(形成局部干区)、局部电弧发展 4 个过程(彭向阳 等,2010)。在盐雾天气时,这 4 个过程比较容易满足。同时,盐雾对绝缘体表面没有清洁、洗刷作用,只能使污秽的程度严重恶化。当污层电阻较大或电流密度较大的局部表面形成局部干带时,由于雾气的存在,更容易引起干带上的空气击穿或产生较大的泄漏电流脉冲。潮湿而不洁净的大雾会影响绝缘子表面的污层电导,也会对空间电场和带电粒子数目产生影响(刘建华 等,2008),导致绝缘子表面发"雾闪"和空气间隙闪络。

(1)绝缘子表面"雾闪"机理。在长时间的大雾天气下,瓷绝缘子的表面将形成一层水膜(吴光亚,2000;马军,2012),合成绝缘子因其憎水性能的丧失,表面也同样会形成水膜,由于绝缘子场强分布的严重不均匀(郑知敏,2000),同时绝缘子表面也不可能绝对无污,雾水的成分也由于大气的污染变得越来越复杂,在绝缘子的端部将首先形成电晕和局部电弧放电。实验表明,水珠越小起晕电压越低,水珠的运动速度越快,起晕电压越高,因此,雾状的水汽比大雨条件下更易放电(毛凤麟 等,2012)。

(2)空气间隙闪络机理。由于空气湿度的增加,空气击穿场强将明显降低,正常为 30 kV/cm,在空气相对湿度高于 90% 时,将为正常值的 10%～30%,即为 3～9 kV/cm(叶齐政,1999),在这种情况下输电杆塔上很容易出现端部瓷群间飞弧击穿引起闪络。据统计,由于大雾引发 220 kV、500 kV 高压输电线路空气绝缘击穿并导致线路跳闸的事故也有发生,严重威胁电力系统的安全运行。

(3)个例分析。据资料显示,1990 年 2 月 10—21 日,华北地区出现了罕见的盐雾现象,导致输变电设备的绝缘性能大幅度降低,造成京津唐电网中的 51 条输电线路共发生跳闸事故 147 次之多,使城市供电处于紧急状况,仅北京就有约 200 家大型工厂和工业单位因限电停止生产 2 d,经济损失无法估量(巢亚锋 等,2013)。雾闪的电流较大,一般在 2500 A 左右,这么大的电流会造成变电所供电闸刀跳开,使接触网停电,严重时还会烧断接触网;雾闪还会损坏车顶高压带电设备,强大的能量有时会将绝缘子爆损。表 9.2 是 1999 年以来,我国输电线路在不同程度自然雾条件下导线对杆塔空气间隙击穿事故的不完全统计(王守强,2012)。

表 9.2　国内输电线路导线—杆塔空气间隙雾闪事故的不完全统计情况

| 序号 | 事故时间 | 地点 | 天气 | 事故简况 |
|---|---|---|---|---|
| 1 | 1999 年 3 月 12—13 日 | 北京 | 雪雾 | 使 110 kV 聂康一、二线路先后掉闸,500 kV 沙昌二线先后掉闸 7 次 |
| 2 | 2001 年 2 月 22 日 | 天津 | 大雾 | 220kV 线路 4 条、110 kV 线路 14 条、35 kV 线路 1 条,共 19 条 35 kV 及以上线路累计跳闸 41 条次 |
| 3 | 2006 年 2 月 12 日 | 河南 | 大雾 | 牡丹变 500 kV 系统全停,郑州变 500 kV 母线停电及多条 500 kV 线路跳闸 |
| 4 | 2006 年 2 月 14 日 | 邯郸 | 大雾 | 导致 35 kV 线路 22 条、35 kV 变电站 19 座、10 kV 线路 21 条跳闸停电,总计动作跳闸 79 条次 |
| 5 | 2007 年 11 月 26 日 | 昌图 | 浓雾 | 220 kV X 线路 112 号塔 A 相导线对铁塔塔身放电;Y 线路 117 号 B 相导线对南边拉线放电 |
| 6 | 2012 年 1 月 1 日 | 郑州 | 大雾 | 高铁 D1002 次列车 2 次出现"雾闪"断电事故,造成 3 次动车晚点 |

**8. 海平面上升**

海平面上升给电力带来的最大危害就是各项潮汐特征值的增加,导致风暴潮位的提高以及风暴潮发生频率的增加。电能生产:影响潮汐电站库区蓄水过程,风暴潮使潮差减小,导致潮汐电站的出力和发电流量减小;对电网基础设施而言,地势低洼的变电站容易被淹,海岸侵蚀导致输电通道选择困难。

1989 年 9 月 15 日,浙江省温岭县松门镇一带发生特大风暴潮灾,系第 23 号台风引发。这次大潮连同暴雨和洪水给浙江省工农业生产和人民生命财产造成了严重损失。台州和宁波地区的大多数县(市)受灾,受灾最严重的椒江及温岭、玉环、黄岩、临海和三门等县(市)都发生了冲毁堤坝海塘的情况,海水倒灌,大片农田和许多村庄受淹,海门港两岸所有仓库进水,海水冲入台州电厂,工厂被迫停产。

# 第十章　气候变化下沿海电网运行的风险评估及改进措施

　　针对气候灾害,有必要对其造成的经济损失进行风险评估,衡量不同气候灾害造成的损失大小,确定未来沿海电网遇到类似灾害时应采取的措施。风险是指事故发生的概率以及事故引发后果的严重性的度量(倪长健,2013),由重要国际组织、灾害学领域著名专家学者给出的影响较为广泛且具有代表性的灾害风险概念或表述来看,灾害风险的定义分为以下六类:

　　(1)风险概率论:认为风险就是灾害事件的发生概率或灾害可能造成损失的概率(或者可能性)。

　　(2)风险损失论:认为风险就是灾害事件可能造成的损失。

　　(3)风险暴露论:认为风险就是暴露事件的可能性和暴露程度。

　　(4)风险两要素论:认为风险就是危险性与脆弱性相互作用的产物。

　　(5)风险三要素论:认为风险就是危险性、脆弱性和暴露性相互作用的产物,三者缺一不可。

　　(6)风险四要素论:认为风险是危险性、脆弱性、暴露性和防灾减灾能力相互作用的结果。

　　针对电网风险评估,本研究认为前五种对风险的认识过于注重某一个或几个方面,如风险概率论过于强调灾害事件或损失发生概率;风险损失论过于强调灾害事件造成的损失;风险暴露论过于强调承灾体暴露于灾害事件的可能性和暴露程度;风险两要素论过于强调致灾因子和脆弱性的重要性,忽略了风险要素之间的联系;风险三要素论没有对电网防灾减灾能力给予充分考虑。

　　目前最为详尽,考虑最为全面的方法是风险四要素论,因此本书采用风险四要素论。风险四要素论认为,风险是由致灾因子危险性,承灾体脆弱性、暴露性和防灾减灾能力四要素共同作用而成,四者缺一不可。当风险系统中任一要素的贡献增加或者降低时,风险随之增加或降低(张继权 等,2007)。自然灾害风险是致灾因子本身属性(危险性)、承灾体脆弱性与暴露性、防灾减灾能力的函数,用数学表达式可以这样表示:

$$RI = f(H, E, V, R) \tag{10.1}$$

式中,$RI$ 为风险指数;$H$ 为致灾因子危险性;$E$ 为承灾体脆弱性;$V$ 为承灾体暴露性;$R$ 为防灾减灾能力。利用加权综合评分法,建立各灾害风险评估模型如下:

　　(1)危险性指数计算模型:

$$H = \sum_{i=1} H_i a_i \tag{10.2}$$

式中,$H$ 为危险性指数;$H_i$ 为危险性评估的第 $i$ 个指标;$a_i$ 为第 $i$ 个危险性指标的权重系数。

　　(2)暴露性指数计算模型:

$$E = E_1 b \tag{10.3}$$

式中，$E$ 为暴露性指数；$E_1$ 为测试地区电网总资产；$b$ 为暴露性指标的权重系数。

（3）脆弱性指数计算模型：

$$V = V_1 c \tag{10.4}$$

式中，$V$ 为脆弱性指数；$V_1$ 为测试地区单位平方千米电网资产；$c$ 为脆弱性指标的权重系数。

（4）防灾减灾能力指数计算模型：

$$R = \sum_{i=1} R_i d_i \tag{10.5}$$

式中，$R$ 为防灾减灾能力指数；$R_i$ 为防灾减灾能力评估的第 $i$ 个指标；$d_i$ 为第 $i$ 个防灾减灾能力指标的权重系数。

（5）风险指数计算模型：

$$SLRI = \frac{H^\alpha \cdot E^\beta \cdot V^\gamma}{1 + R^\delta} \tag{10.6}$$

式中，$SLRI$ 为各灾害的风险指数；$\alpha$ 为危险性指数的权重系数；$\beta$ 为暴露性指数的权重系数；$\gamma$ 为脆弱性指数的权重系数；$\delta$ 为防灾减灾能力指数的权重系数。

只要测试地区不具备危险性、暴露性、脆弱性三者中任一种条件，即 $H$、$E$ 或 $V$ 中任一者为零，则各灾害的风险指数 $SLRI=0$；若测试地区不具备防灾减灾能力，即 $R=0$，则各灾害的风险指数 $SLRI$ 的值为危险性、暴露性和脆弱性三者共同作用产生的结果，即 $SLRI = H^\alpha \cdot E^\beta \cdot V^\gamma$。

# 第一节　台风

台风对沿海电网的风险评估分别从危险性、暴露性、脆弱性和防灾减灾能力 4 个方面进行。

灾害危险性是指灾害的异常程度，主要是由危险因子活动规模（强度）和活动频次（概率）决定的。

承灾体的暴露性是指可能受到危险因子威胁的所有人和财产，如人员、房屋、农作物、生命线等。

承灾体的脆弱性是指在给定危险地区的所有人和财产，由于潜在的危险因素可能造成的伤害或损失程度，综合反映了自然灾害的损失程度。

防灾减灾能力表示受灾区在短期和长期内能够从灾害中恢复的程度，包括应急管理能力、减灾投入、资源准备等。

一般来讲，危险因子强度越大，频次越高，灾害所造成的损失越严重，灾害的风险也越大；一个地区暴露于危险因子的人和财产越多即受灾财产价值密度越高，可能遭受潜在损失就越大，灾害风险越大；承灾体的脆弱性越高，灾害损失越大，灾害风险也越大；防灾减灾能力越高，可能遭受潜在损失就越小，灾害风险越小。

**1. 指标体系**

对沿海电网台风灾害的风险评估，其危险性主要考虑自然因素的影响，评估最大风速；从电网角度来看，台风及其引发的次生灾害会对社会经济产生较大影响，主要从经济方面评估台风的暴露性和脆弱性；政府抑制台风带来的危害的财政投入以及相关从业人员的比例高低能够反映台风所带来的灾损程度，主要从人力和财力 2 个方面评估防灾减灾能力。

确定台风风险指标体系,由总到分共三层,并选取了 5 个指标用来描述台风风险(表10.1)。

表 10.1　台风风险评估指标体系

| 第一层 | 第二层 | 第三层 |
|---|---|---|
| 危险性(H) | 大风 | $H_1$:最大风速(m/s) |
| 暴露性(E) | 经济暴露性 | $E_1$:电网总资产(亿元) |
| 脆弱性(V) | 经济脆弱性 | $V_1$:单位平方千米电网资产(万元/$km^2$) |
| 防灾减灾能力(R) | 人力资源 | $R_1$:电网从业人口占总从业人口比例(%) |
| | 减灾投入 | $R_2$:用电量(亿 kW·h) |

由于各项指标的特征和影响程度不同,因此需要计算各评估指标的权重系数。对于第一层风险指标体系,基于 AHP 原理(李响 等,2014),利用设置判断矩阵的方法,计算特征向量并做一致性检验,得到一致性检验指标小于 0.1,符合一致性检验。因此,从判断矩阵中计算得出的特征向量可以形容危险性(H)、暴露性(E)、脆弱性(V)以及防灾减灾能力(R)4 个因子的权重系数,分别为 $\alpha=0.50,\beta=0.15,\gamma=0.25,\delta=0.10$。

同理,对于第三层中危险性的最大风速($H_1$),由于只考虑最大风速的影响,因此权重 $a=1.00$。

对于第三层中暴露性的风险指标,由于电网中只考虑经济影响,因此取 $b=1.00$。

对于第三层中脆弱性的风险指标,同样只考虑单位平方千米电网资产($V_1$),权重系数 $c=1.00$。

对于第三层中防灾减灾能力的 2 个风险指标从业人口比例($R_1$)和地方财政收入($R_2$),考虑实际情况财力状况起到的作用要比人力状况相对大一些,因此二者权重系数分别为 $d_1=0.40,d_2=0.60$。

(1)危险性指标分析

基于上述台风致灾因子分析思路,主要从反映台风大风这个致灾因子入手,构建沿海地区台风致灾因子指标体系。

大风特征选取最大风速指标来表征台风大风强弱,最大风速表征对杆塔和线路等户外电力设备的瞬间破坏强度,台风风速越大,危险性越大。

(2)暴露性指标分析

选用评估地区电网总资产表征经济的暴露性,电网总资产越高,该地区暴露在台风灾害危险因子中的人口和财产越多,电网可能遭受潜在损失就越大,台风风险越大。

(3)脆弱性指标分析

选用单位平方千米电网资产表征经济脆弱性,单位电网资产越高,受灾财产价值密度越高,台风危险因素可能造成电网的伤害或潜在损失程度就越大,台风灾害风险越大。

(4)防灾减灾能力指标分析

选用电网从业人口占总从业人口比例表征电网人力资源投入情况,电网从业人口比例越高,灾害预防及灾害后重建能力越强,应对台风灾害能力越强,台风风险越小。选用地方用电量表征台风减灾投入,一般来说,地方用电量越高,电网收入越高,相对地电网对减灾投入就越大,应对台风灾害能力越强,台风风险越小。

（5）各指标计算方法

最大风速（$H_1$）：根据沿海地区气象监测站观测数据得到2015年沿海各省（区、市）最大风速（m/s）。

电网总资产（$E_1$）：2015年沿海各省（区、市）电网总资产（亿元）。

单位平方千米电网资产（$V_1$）：2015年沿海各省（区、市）电网总资产/沿海各省（区、市）总面积（万元/km²）。

电网从业人口比例（$R_1$）：2015年沿海各省（区、市）电网从业人口/从业人口总数（%）。

用电量（$R_2$）：2015年沿海各省（区、市）全社会年用电量（亿 kW·h）。

**2. 算例分析**

根据《中国气象灾害大典（2015）》（辽宁卷、北京卷、天津卷、河北卷、山东卷、江苏卷、上海卷、浙江卷、福建卷、广东卷、广西卷、海南卷）（牛海燕，2012；殷洁 等，2013；中国气象局，2015）、2015年各省（区、市）发展和改革委员会公布数据、2015年各省（区、市）统计信息网以及国民经济与社会发展统计公报等获得各划分地区 $H_1$、$E_1$、$V_1$、$R_1$ 以及 $R_2$ 共5项评估指标数据。由于各指标的单位和级别不同，为了合理和方便计算，采用分级赋值法将指标进行量化，建立指标定量化标准，如表10.2所示。

表 10.2　中国沿海地区台风风险评估指标量化值及量化标准

| 评估指标 | 量化标准 | 量化值 | 评估指标 | 量化标准 | 量化值 |
|---|---|---|---|---|---|
| 最大风速（m/s） | ≥41.5 | 5 | 电网总资产（亿元） | ≥1500 | 5 |
| | 32.7～41.4 | 4 | | 1200～1500 | 4 |
| | 24.5～32.6 | 3 | | 900～1200 | 3 |
| | 17.2～24.4 | 2 | | 600～900 | 2 |
| | ＜17.2 | 1 | | ＜600 | 1 |
| 单位平方千米电网资产（万元/km²） | ≥500 | 5 | 电网从业人口占总从业人口比例（%） | ≥0.40 | 5 |
| | 300～500 | 4 | | 0.30～0.40 | 4 |
| | 100～300 | 3 | | 0.20～0.30 | 3 |
| | 50～100 | 2 | | 0.10～0.20 | 2 |
| | ＜50 | 1 | | ＜0.10 | 1 |
| 用电量（亿 kW·h） | ≥4000 | 5 | | | |
| | 3000～4000 | 4 | | | |
| | 2000～3000 | 3 | | | |
| | 1000～2000 | 2 | | | |
| | ＜1000 | 1 | | | |

根据量化指标值和各省（区、市）具体评估指标值，可以分别计算出各省（区、市）危险性指数、暴露性指数、脆弱性指数和防灾减灾能力指数，最后得出风险指数如表10.3～10.9及图10.1所示。

**表 10.3 中国沿海地区台风风险评估指标数据表**

| 指标 | 辽宁 | 河北 | 天津 | 山东 | 江苏 | 上海 | 浙江 | 福建 | 广东 | 广西 | 海南 |
|---|---|---|---|---|---|---|---|---|---|---|---|
| 最大风速(m/s) | 17.4 | 16.5 | 11.0 | 24.3 | 8.0 | 20.0 | 68.0 | 54.0 | 60.4 | 53.1 | 55.0 |
| 电网总资产(亿元) | 974 | 753 | 700 | 1764 | 1988 | 344 | 1000 | 1055 | 1800 | 800 | 150 |
| 单位平方千米电网资产(万元/km²) | 65.8 | 39.9 | 588.2 | 111.7 | 185.5 | 545.5 | 98.2 | 85.1 | 100.2 | 33.8 | 42.4 |
| 电网从业人口占比(%) | 0.39 | 0.16 | 0.28 | 0.11 | 0.08 | 1.33 | 0.08 | 0.22 | 0.16 | 0.18 | 0.27 |
| 用电量(亿 kW·h) | 1985 | 3093 | 801 | 4108 | 5115 | 1406 | 3553 | 1850 | 5311 | 1377 | 252 |

**表 10.4 中国沿海地区台风风险评估指标等级划分结果**

| 指标 | 辽宁 | 河北 | 天津 | 山东 | 江苏 | 上海 | 浙江 | 福建 | 广东 | 广西 | 海南 |
|---|---|---|---|---|---|---|---|---|---|---|---|
| 最大风速 | 2 | 1 | 1 | 2 | 1 | 2 | 5 | 5 | 5 | 5 | 5 |
| 日均降雨总量 | 3 | 2 | 2 | 3 | 3 | 3 | 5 | 5 | 5 | 5 | 5 |
| 历史最高潮位 | 4 | 4 | 3 | 4 | 4 | 4 | 3 | 5 | 3 | 4 | 3 |
| 电网总资产 | 3 | 2 | 2 | 5 | 5 | 1 | 3 | 3 | 5 | 2 | 1 |
| 单位平方千米电网资产 | 2 | 1 | 5 | 3 | 3 | 5 | 2 | 2 | 3 | 1 | 1 |
| 电网从业人口占比 | 4 | 2 | 3 | 2 | 1 | 5 | 1 | 3 | 2 | 2 | 3 |
| 用电量 | 2 | 4 | 1 | 5 | 5 | 2 | 4 | 2 | 5 | 2 | 1 |

**表 10.5 中国沿海地区台风危险性指数**

| | 辽宁 | 河北 | 天津 | 山东 | 江苏 | 上海 | 浙江 | 福建 | 广东 | 广西 | 海南 |
|---|---|---|---|---|---|---|---|---|---|---|---|
| 危险性指数 | 2.62 | 1.78 | 1.62 | 2.62 | 2.08 | 2.62 | 4.68 | 5.00 | 4.68 | 4.84 | 4.68 |

**表 10.6 中国沿海地区台风暴露性指数**

| | 辽宁 | 河北 | 天津 | 山东 | 江苏 | 上海 | 浙江 | 福建 | 广东 | 广西 | 海南 |
|---|---|---|---|---|---|---|---|---|---|---|---|
| 暴露性指数 | 3.00 | 2.00 | 2.00 | 5.00 | 5.00 | 1.00 | 3.00 | 3.00 | 5.00 | 2.00 | 1.00 |

**表 10.7 中国沿海地区台风脆弱性指数**

| | 辽宁 | 河北 | 天津 | 山东 | 江苏 | 上海 | 浙江 | 福建 | 广东 | 广西 | 海南 |
|---|---|---|---|---|---|---|---|---|---|---|---|
| 脆弱性指数 | 2.00 | 1.00 | 5.00 | 3.00 | 3.00 | 5.00 | 2.00 | 2.00 | 3.00 | 1.00 | 1.00 |

**表 10.8 中国沿海地区台风防灾减灾能力指数**

| | 辽宁 | 河北 | 天津 | 山东 | 江苏 | 上海 | 浙江 | 福建 | 广东 | 广西 | 海南 |
|---|---|---|---|---|---|---|---|---|---|---|---|
| 防灾减灾能力指数 | 2.80 | 3.20 | 1.80 | 3.80 | 3.40 | 3.20 | 2.80 | 2.40 | 3.80 | 2.00 | 1.80 |

**表 10.9 中国沿海地区台风风险指数**

| | 辽宁 | 河北 | 天津 | 山东 | 江苏 | 上海 | 浙江 | 福建 | 广东 | 广西 | 海南 |
|---|---|---|---|---|---|---|---|---|---|---|---|
| 风险指数 | 1.07 | 0.70 | 0.98 | 1.30 | 1.15 | 1.15 | 1.42 | 1.69 | 1.74 | 1.13 | 1.00 |

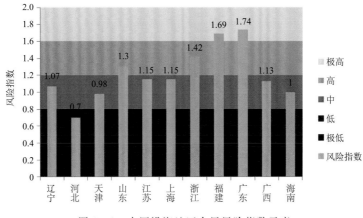

图 10.1　中国沿海地区台风风险指数示意

### 3. 改进措施

(1)优化路径的选择,尽量避开台风区,即使无法避开沿海 10 km 的强风区域,那么也应尽量选择有树林、丘陵等地面粗糙度较大的区域。

(2)加强台风观测,合理选择设计风速,改进输电塔的抗风设计。

(3)与气象部门密切配合,做好输电线路在台风前的预警工作。

(4)借鉴以往台风期间电网运行安排经验,根据实际情况提出台风期间运行方式安排的目标和原则,以及台风袭击过程中调整调度原则和电网事故的处理原则。

# 第二节　雷电

### 1. 指标体系

针对雷电的风险评估,其危险性主要考虑自然因素的影响;从电网角度来看,雷电及其引发的次生灾害会对社会经济产生较大影响,主要从经济方面评估雷击灾害的暴露性和脆弱性;电网抑制雷击带来的危害的财政投入以全年全社会用电量来衡量,相关从业人员的比例高低能够反映应对雷电所带来的灾损的人力投入情况,主要从人力和财力 2 个方面评估防灾减灾能力。确定雷电风险指标体系,由总到分共三层,并选取了 6 个指标用来描述雷电风险(表 10.10)。

表 10.10　雷电风险评估指标体系

| 第一层 | 第二层 | 第三层 |
|---|---|---|
| 危险性($H$) | 雷击 | $H_1$:地闪密度[次/(a·km)] |
| | | $H_2$:雷暴日(d/a) |
| 暴露性($E$) | 经济暴露性 | $E_1$:电网总资产(亿元) |
| 脆弱性($V$) | 经济脆弱性 | $V_1$:单位平方千米电网资产(万元/km$^2$) |
| 防灾减灾能力($R$) | 人力资源 | $R_1$:电网从业人口占总从业人口比例(%) |
| | 减灾投入 | $R_2$:用电量(亿 kW·h) |

与台风风险评估一致,利用设置判断矩阵的方法,从判断矩阵中计算得出的特征向量可以形容危险性($H$)、暴露性($E$)、脆弱性($V$)以及防灾减灾能力($R$)4个因子的权重系数,分别为 $\alpha=0.50,\beta=0.15,\gamma=0.25,\delta=0.10$。

同理,对于第三层中危险性的地闪密度($H_1$)、雷暴日($H_2$)2个指标权重,设置其判断矩阵并通过一致性检验,获得的特征向量数值分别为 $a_1=0.55,a_2=0.45$,可作为各危险性指标的权重系数。

对于第三层中暴露性的风险指标,由于电网中只考虑经济影响,因此取 $b=1.00$。

对于第三层中脆弱性的风险指标,同样只考虑单位平方千米电网资产($V_1$),权重系数 $c=1.00$。

对于第三层中防灾减灾能力的2个风险指标电网从业人口比例($R_1$)和用电量($R_2$),考虑实际情况财力状况起到的作用要比人力状况相对大一些,因此二者权重系数分别为 $d_1=0.40,d_2=0.60$。

(1)危险性指标分析

雷电特征分别选取地闪密度和雷暴日表征评估地区相对雷电变化状况,地闪密度越大和全年雷暴日越多,说明危险性越大。

(2)暴露性指标分析

选用评估地区电网总资产表征经济的暴露性,电网总资产越高,该地区暴露在雷电危险因子中的人和财产越多,电网可能遭受潜在损失就越大,受到雷击风险越大。

(3)脆弱性指标分析

选用单位平方千米电网资产表征经济脆弱性,单位电网资产越高,受灾财产价值密度越高,雷电危险因素可能造成电网的伤害或潜在损失程度就越大,受到雷击风险越大。

(4)防灾减灾能力指标分析

选用电网从业人口占总从业人口比例表征电网人力资源投入情况,电网从业人口比例越高,灾害预防及灾害后重建能力越强,应对雷电灾害能力越强,受到雷击风险越小。选用地方用电量表征雷电减灾投入,一般来说,地方用电量越高,电网收入越高,相对地电网对减灾投入就越大,应对雷电灾害能力越强,受到雷击风险越小。

(5)各指标计算方法

地闪密度($H_1$):根据沿海地区雷电监测网观测数据得到的全年平均地闪密度[次/(a·km)]。

雷暴日($H_2$):根据沿海地区人工观测站观测数据得到的全年雷暴日(d/a)。

电网总资产($E_1$):沿海各省(区、市)电网总资产(亿元)。

单位平方千米电网资产($V_1$):沿海各省(区、市)电网总资产/沿海各省(区、市)总面积(万元/ km²)。

电网从业人口比例($R_1$):沿海各省(区、市)电网从业人口/从业人口总数(%)。

用电量($R_2$):沿海各省(区、市)全社会年用电量(亿 kW·h)。

**2. 算例分析**

根据一些研究者(杜芳 等,2006;林挺玲 等,2007;童杭伟 等,2008;朱飙,2008;苏红梅 等,2009;于怀征,2009;孙丽 等,2010b;王建恒 等,2010;徐鸣一 等,2010;严岩,2011;司文荣 等,2012;喇元 等,2013;唐巧玲,2013;张文峰 等,2014;何俊池,2015;宋喃喃 等,2015;王赟 等,2015;

向念文 等,2015)的成果以及 2015 年各省(区、市)统计信息网和国民经济与社会发展统计公报等获得各划分地区 $H_1$、$H_2$、$E_1$、$V_1$、$R_1$ 以及 $R_2$ 共 6 项评估指标数据。由于各指标的单位和量级不同,为了合理和方便计算,采用分级赋值法将指标进行量化,建立指标定量化标准(表 10.11)。

表 10.11　中国沿海地区雷电风险评估指标量化值及量化标准

| 评估指标 | 量化标准 | 量化值 | 评估指标 | 量化标准 | 量化值 |
|---|---|---|---|---|---|
| 地闪密度[次/(a·km)] | ≥8 | 5 | 用电量(亿 kW·h) | ≥4000 | 5 |
| | 6~8 | 4 | | 3000~4000 | 4 |
| | 4~6 | 3 | | 2000~3000 | 3 |
| | 2~4 | 2 | | 1000~2000 | 2 |
| | <2 | 1 | | <1000 | 1 |
| 雷暴日(d/a) | ≥80 | 5 | 电网总资产(亿元) | ≥1500 | 5 |
| | 60~80 | 4 | | 1200~1500 | 4 |
| | 40~60 | 3 | | 900~1200 | 3 |
| | 20~40 | 2 | | 600~900 | 2 |
| | <20 | 1 | | <600 | 1 |
| 单位平方千米电网资产(万元/km²) | ≥500 | 5 | 电网从业人口占总从业人口比例(%) | 0.30~0.40 | 4 |
| | 300~500 | 4 | | 0.20~0.30 | 3 |
| | 100~300 | 3 | | 0.10~0.20 | 2 |
| | 50~100 | 2 | | <0.10 | 1 |

根据量化指标值和各省(区、市)具体评估指标值,可以分别计算出各省(区、市)危险性指数、暴露性指数、脆弱性指数和防灾减灾能力指数,最后得出风险指数如表 10.12~10.18 及图 10.2 所示。

表 10.12　中国沿海地区雷电风险评估指标数据表

| 指标 | 辽宁 | 河北 | 天津 | 山东 | 江苏 | 上海 | 浙江 | 福建 | 广东 | 广西 | 海南 |
|---|---|---|---|---|---|---|---|---|---|---|---|
| 地闪密度[次/(a·km)] | 1.73 | 2.13 | 2.26 | 2.22 | 3.22 | 4.52 | 7.50 | 8.50 | 7.98 | 10.09 | 7.50 |
| 雷暴日(d/a) | 26.7 | 34.0 | 28.2 | 25.0 | 28.8 | 58.0 | 70.5 | 46.2 | 77.1 | 79.0 | 109.0 |
| 电网总资产(亿元) | 974 | 753 | 700 | 1764 | 1988 | 344 | 1000 | 1055 | 1800 | 800 | 150 |
| 单位平方千米电网资产(万元/km²) | 65.8 | 39.9 | 588.2 | 111.7 | 185.5 | 545.5 | 98.2 | 85.1 | 100.2 | 33.8 | 42.4 |
| 电网从业人口占比(%) | 0.39 | 0.16 | 0.28 | 0.11 | 0.08 | 1.33 | 0.08 | 0.22 | 0.16 | 0.18 | 0.27 |
| 用电量(亿 kW·h) | 1985 | 3093 | 801 | 4108 | 5115 | 1406 | 3553 | 1850 | 5311 | 1377 | 252 |

表 10.13　中国沿海地区雷电风险评估指标等级划分结果

| 指标 | 辽宁 | 河北 | 天津 | 山东 | 江苏 | 上海 | 浙江 | 福建 | 广东 | 广西 | 海南 |
|---|---|---|---|---|---|---|---|---|---|---|---|
| 地闪密度 | 1 | 2 | 2 | 2 | 2 | 3 | 4 | 5 | 4 | 5 | 4 |
| 雷暴日 | 2 | 2 | 2 | 2 | 2 | 3 | 4 | 3 | 4 | 4 | 5 |
| 电网总资产 | 3 | 2 | 2 | 5 | 5 | 1 | 3 | 3 | 5 | 2 | 1 |
| 单位平方千米电网资产 | 2 | 1 | 5 | 3 | 3 | 5 | 2 | 2 | 3 | 1 | 1 |
| 电网从业人口占比 | 4 | 2 | 3 | 2 | 1 | 5 | 1 | 3 | 2 | 2 | 3 |
| 用电量 | 2 | 4 | 1 | 5 | 5 | 2 | 4 | 2 | 5 | 2 | 1 |

**表 10.14　中国沿海地区雷电危险性指数**

|  | 辽宁 | 河北 | 天津 | 山东 | 江苏 | 上海 | 浙江 | 福建 | 广东 | 广西 | 海南 |
|---|---|---|---|---|---|---|---|---|---|---|---|
| 危险性指数 | 1.45 | 2.00 | 2.00 | 2.00 | 2.00 | 3.00 | 4.00 | 4.10 | 4.00 | 4.55 | 4.45 |

**表 10.15　中国沿海地区雷电暴露性指数**

|  | 辽宁 | 河北 | 天津 | 山东 | 江苏 | 上海 | 浙江 | 福建 | 广东 | 广西 | 海南 |
|---|---|---|---|---|---|---|---|---|---|---|---|
| 暴露性指数 | 3.00 | 2.00 | 2.00 | 5.00 | 5.00 | 1.00 | 3.00 | 3.00 | 5.00 | 2.00 | 1.00 |

**表 10.16　中国沿海地区雷电脆弱性指数**

|  | 辽宁 | 河北 | 天津 | 山东 | 江苏 | 上海 | 浙江 | 福建 | 广东 | 广西 | 海南 |
|---|---|---|---|---|---|---|---|---|---|---|---|
| 脆弱性指数 | 2.00 | 1.00 | 5.00 | 3.00 | 3.00 | 5.00 | 2.00 | 2.00 | 3.00 | 1.00 | 1.00 |

**表 10.17　中国沿海地区雷电防灾减灾能力指数**

|  | 辽宁 | 河北 | 天津 | 山东 | 江苏 | 上海 | 浙江 | 福建 | 广东 | 广西 | 海南 |
|---|---|---|---|---|---|---|---|---|---|---|---|
| 防灾减灾能力指数 | 2.80 | 3.20 | 1.80 | 3.80 | 3.40 | 3.20 | 2.80 | 2.40 | 3.80 | 2.00 | 1.80 |

**表 10.18　中国沿海地区雷电风险指数**

|  | 辽宁 | 河北 | 天津 | 山东 | 江苏 | 上海 | 浙江 | 福建 | 广东 | 广西 | 海南 |
|---|---|---|---|---|---|---|---|---|---|---|---|
| 风险指数 | 0.80 | 0.75 | 1.12 | 1.13 | 1.11 | 1.21 | 1.32 | 1.34 | 1.56 | 1.14 | 1.02 |

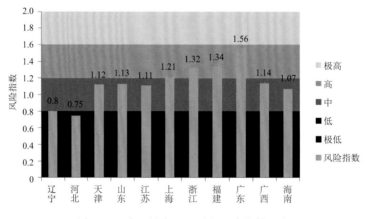

图 10.2　中国沿海地区雷电风险指数示意

## 3. 改进措施

（1）任何一种防雷措施都有它的局限性，尤其还要受环境等条件的限制，只有采取有针对性的综合防雷措施才能起到最佳的防雷效果。

（2）对于防雷措施，电力部门需要综合考虑其各种防雷措施经济效益问题。

（3）建立电网雷害风险评价体系，不单纯以雷击跳闸率为评价指标（可以考虑停电指标），应该综合考虑线路重要性等级和运行时间等。

（4）为了逐步掌握雷电活动规律和参数，必须大力开展雷电观测工作。电力部门应该与当地的气象台和科研部门紧密配合，掌握各种雷电数据，更好地指导电网的防雷工作。

# 第三节 洪涝

## 1. 指标体系

针对洪涝的风险评估，其危险性主要考虑自然因素的影响，沿海地区易受到季风等因素影响，暴雨集中、量大、强度大、变率大，评估暴雨强度和年均暴雨频次 2 个方面；从洪涝形成的背景与机理分析，孕灾环境主要考虑地形、水系、植被等因子对洪涝灾害形成的综合影响，地形主要包括高程和地形变化，地势越低、地形变化越小的平坦地区不利于洪水的排泄，容易形成涝灾。从电网角度来看，洪涝及其引发的次生灾害会对社会经济产生较大影响，主要从经济方面评估洪涝的暴露性和脆弱性；防灾减灾能力就是为抑制暴雨洪涝灾害对农业所造成的损害而进行的工程和非工程措施，主要考虑相关省（区、市）水利设施投入和电网的相关维修技术人员投入。

确定洪涝风险指标体系，由总到分共三层，并选取了 8 个指标用来描述洪涝风险，如表 10.19 所示。

表 10.19 洪涝风险评估指标体系

| 第一层 | 第二层 | 第三层 |
|---|---|---|
| 危险性（H） | 暴雨 | $H_1$：24 h 最大降水量（mm） |
| | | $H_2$：年暴雨日数（d） |
| | 地形 | $H_3$：地面高程（m） |
| | 建成区绿化覆盖率 | $H_4$：建成区绿化覆盖率（%） |
| 暴露性（E） | 经济暴露性 | $E_1$：电网总资产（亿元） |
| 脆弱性（V） | 经济脆弱性 | $V_1$：单位平方千米电网资产（万元/km²） |
| 防灾减灾能力（R） | 人力资源 | $R_1$：电网从业人口占总从业人口比例（%） |
| | 经济水平 | $R_2$：用电量（亿 kW·h） |

与台风风险评估一致，利用设置判断矩阵的方法，从判断矩阵中计算得出的特征向量可以形容危险性（H）、暴露性（E）、脆弱性（V）以及防灾减灾能力（R）4 个因子的权重数，分别为 $\alpha=0.50,\beta=0.15,\gamma=0.25,\delta=0.10$。

同理，对于第三层中危险性的 24 h 最大降水量（$H_1$）、年暴雨日数（$H_2$）、地面高程（$H_3$）、建成区绿化覆盖率（$H_4$）4 个指标权重，设置其判断矩阵并通过一致性检验，获得的特征向量数值分别为 $a_1=0.30,a_2=0.30,a_3=0.30,a_4=0.10$，可作为各危险性指标的权重系数。

对于第三层中暴露性的风险指标，由于电网中只考虑经济影响，因此取 $b=1.00$。

对于第三层中脆弱性的风险指标，同样只考虑单位平方千米电网资产（$V_1$），权重系数 $c=1.00$。

对于第三层中防灾减灾能力的 2 个风险指标从业人口比例（$R_1$）和用电量（$R_2$），考虑实际情况财力状况起到的作用要比人力状况相对大一些，因此二者权重系数分别为 $d_1=0.40,d_2$

＝0.60。

(1)危险性指标分析

沿海地区由于受海洋季风影响,暴雨集中、量大、强度大、变率大,城区易排水不畅,遇暴雨易成灾。故选取24 h最大降水量和年暴雨日数作为评估指标,暴雨强度越高,年均暴雨频次越高,越容易形成洪涝,危害越大。

选用评估地区平均地面高程表征地形因素的影响,高程越低,评估地区面临洪涝的危险性越大。绿化覆盖率越高,洪涝灾害的影响越小。

(2)暴露性指标分析

选用评估地区电网总资产表征经济的暴露性,电网总资产越高,该地区暴露在洪涝危险因子中的人和财产越多,电网可能遭受潜在损失就越大,洪涝风险越大。

(3)脆弱性指标分析

选用单位平方千米电网资产表征经济脆弱性,单位电网资产越高,受灾财产价值密度越高,洪涝危险因素可能造成电网的伤害或潜在损失程度就越大,洪涝风险越大。

(4)防灾减灾能力指标分析

选用电网从业人口占总从业人口比例表征电网人力资源投入情况,电网从业人口比例越高,灾害预防及灾害后重建能力越强,应对洪涝灾害能力越强,洪涝风险越小。选用用电量代表各省(区、市)经济水平,经济水平越高则基础设施越完备,抗洪涝能力越强。

(5)各指标计算方法

24 h最大降水量($H_1$):根据沿海地区气象局观测数据统计得到2015年24 h最大降水量(mm)。

年暴雨日数($H_2$):根据沿海地区气象局观测数据统计得到2015年年暴雨日数(d)。

地面高程($H_3$):沿海各省(区、市)平均海拔高度(m)。

建成区绿化覆盖率($H_4$):沿海各省(区、市)2015年建成区绿化覆盖率(%)。

电网总资产($E_1$):2015年沿海各省(区、市)电网总资产(亿元)。

单位平方千米电网资产($V_1$):2015年沿海各省(区、市)电网总资产/沿海各省(区、市)总面积(万元/km$^2$)。

电网从业人口比例($R_1$):2015年沿海各省(区、市)电网从业人口/从业人口总数(%)。

用电量($R_2$):2015年各省(区、市)全年全社会用电量(亿 kW·h)。

**2. 算例分析**

根据海洋台站观测资料、2015年各省(区、市)发展和改革委员会公布数据、2015年各省(区、市)统计信息网以及2015年各省(区、市)国民经济与社会发展统计公报等获得各划分地区 $H_1 \sim H_4$、$E_1$、$V_1$、$R_1$ 以及 $R_2$ 共8项评估指标数据。由于各指标的单位和量级不同,为了合理和方便计算,采用分级赋值法将指标进行量化,建立指标定量化标准(表10.20)。

根据量化指标值和各省(区、市)具体评估指标值,可以分别计算出各省(区、市)危险性指数、暴露性指数、脆弱性指数和防灾减灾能力,最后得出风险指数,如表10.21~10.27及图10.3所示。

表 10.20 中国沿海地区洪涝风险评估指标量化值及量化标准

| 评估指标 | 量化标准 | 量化值 | 评估指标 | 量化标准 | 量化值 |
|---|---|---|---|---|---|
| 24h最大降水量(mm) | ≥300.0 | 5 | 年暴雨日数(d) | ≥40.0 | 5 |
| | 200.0~300.0 | 4 | | 30.0~40.0 | 4 |
| | 100.0~200.0 | 3 | | 20.0~30.0 | 3 |
| | 50.0~100.0 | 2 | | 10.0~20.0 | 2 |
| | <25.0 | 1 | | <10.0 | 1 |
| 地面高程(m) | <5 | 5 | 建成区绿化覆盖率(%) | <30 | 5 |
| | 5~100 | 4 | | 30~35 | 4 |
| | 100~200 | 3 | | 35~40 | 3 |
| | 200~300 | 2 | | 40~45 | 2 |
| | ≥300 | 1 | | ≥45 | 1 |
| 电网总资产(亿元) | ≥1500 | 5 | 单位平方千米电网资产(万元/km²) | ≥500 | 5 |
| | 1200~1500 | 4 | | 300~500 | 4 |
| | 900~1200 | 3 | | 100~300 | 3 |
| | 600~900 | 2 | | 50~100 | 2 |
| | <600 | 1 | | <50 | 1 |
| 电网从业人口占总从业人口比例(%) | ≥0.40 | 5 | 用电量(亿 kW·h) | ≥4000 | 5 |
| | 0.30~0.40 | 4 | | 3000~4000 | 4 |
| | 0.20~0.30 | 3 | | 2000~3000 | 3 |
| | 0.10~0.20 | 2 | | 1000~2000 | 2 |
| | <0.10 | 1 | | <1000 | 1 |

表 10.21 中国沿海地区洪涝风险评估指标数据表

| 指标 | 辽宁 | 河北 | 天津 | 山东 | 江苏 | 上海 | 浙江 | 福建 | 广东 | 广西 | 海南 |
|---|---|---|---|---|---|---|---|---|---|---|---|
| 24h最大降水量(mm) | 215.5 | 359.3 | 158.1 | 298.4 | 207.2 | 203.4 | 246.4 | 195.6 | 284.9 | 229.9 | 331.2 |
| 年暴雨日数(d) | 13 | 14 | 14 | 26 | 36 | 23 | 25 | 37 | 79 | 40 | 118 |
| 地面高程(m) | 230 | 1000 | 5 | 120 | 50 | 4 | 100 | 600 | 100 | 350 | 120 |
| 建成区绿化覆盖率(%) | 38.81 | 40.51 | 30.97 | 41.77 | 42.10 | 38.05 | 37.75 | 39.97 | 40.60 | 34.84 | 42.78 |
| 电网总资产(亿元) | 974 | 753 | 700 | 1764 | 1988 | 343.7 | 1000 | 1055 | 1800 | 800 | 150 |
| 单位平方千米电网资产(万元/km²) | 65.8 | 39.9 | 588.2 | 111.7 | 185.5 | 545.5 | 98.2 | 85.1 | 100.2 | 33.8 | 42.4 |
| 电网从业人口占比(%) | 0.39 | 0.16 | 0.28 | 0.11 | 0.08 | 1.33 | 0.08 | 0.22 | 0.16 | 0.18 | 0.27 |
| 用电量(亿 kW·h) | 1985 | 3093 | 801 | 4108 | 5115 | 1406 | 3553 | 1850 | 5311 | 1377 | 252 |

表 10.22　中国沿海地区洪涝风险评估指标等级划分结果

| 指标 | 辽宁 | 河北 | 天津 | 山东 | 江苏 | 上海 | 浙江 | 福建 | 广东 | 广西 | 海南 |
|---|---|---|---|---|---|---|---|---|---|---|---|
| 24 h 最大降水量 | 4 | 5 | 3 | 4 | 4 | 4 | 4 | 3 | 4 | 4 | 5 |
| 年暴雨日数 | 2 | 2 | 2 | 3 | 4 | 3 | 3 | 4 | 5 | 5 | 5 |
| 地面高程 | 2 | 1 | 5 | 3 | 4 | 5 | 3 | 1 | 4 | 1 | 3 |
| 建成区绿化覆盖率 | 3 | 2 | 4 | 2 | 2 | 3 | 3 | 3 | 2 | 4 | 1 |
| 电网总资产 | 3 | 2 | 2 | 5 | 5 | 1 | 3 | 3 | 5 | 2 | 1 |
| 单位平方千米电网资产 | 2 | 1 | 5 | 3 | 3 | 5 | 2 | 2 | 3 | 1 | 1 |
| 电网从业人口占比 | 4 | 2 | 3 | 2 | 1 | 5 | 1 | 3 | 2 | 2 | 3 |
| 用电量 | 2 | 4 | 1 | 5 | 5 | 2 | 4 | 2 | 5 | 2 | 1 |

表 10.23　中国沿海地区洪涝危险性指数

| | 辽宁 | 河北 | 天津 | 山东 | 江苏 | 上海 | 浙江 | 福建 | 广东 | 广西 | 海南 |
|---|---|---|---|---|---|---|---|---|---|---|---|
| 危险性指数 | 2.70 | 2.60 | 3.40 | 3.20 | 3.80 | 3.90 | 3.30 | 2.70 | 4.10 | 3.40 | 4.00 |

表 10.24　中国沿海地区洪涝暴露性指数

| | 辽宁 | 河北 | 天津 | 山东 | 江苏 | 上海 | 浙江 | 福建 | 广东 | 广西 | 海南 |
|---|---|---|---|---|---|---|---|---|---|---|---|
| 暴露性指数 | 3.00 | 2.00 | 2.00 | 5.00 | 5.00 | 1.00 | 3.00 | 3.00 | 5.00 | 2.00 | 1.00 |

表 10.25　中国沿海地区洪涝脆弱性指数

| | 辽宁 | 河北 | 天津 | 山东 | 江苏 | 上海 | 浙江 | 福建 | 广东 | 广西 | 海南 |
|---|---|---|---|---|---|---|---|---|---|---|---|
| 脆弱性指数 | 2.00 | 1.00 | 5.00 | 3.00 | 3.00 | 5.00 | 2.00 | 2.00 | 3.00 | 1.00 | 1.00 |

表 10.26　中国沿海地区洪涝防灾减灾能力指数

| | 辽宁 | 河北 | 天津 | 山东 | 江苏 | 上海 | 浙江 | 福建 | 广东 | 广西 | 海南 |
|---|---|---|---|---|---|---|---|---|---|---|---|
| 防灾减灾能力指数 | 2.80 | 3.20 | 1.80 | 3.80 | 3.40 | 3.20 | 2.80 | 2.40 | 3.80 | 2.00 | 1.80 |

表 10.27　中国沿海地区洪涝风险指数

| | 辽宁 | 河北 | 天津 | 山东 | 江苏 | 上海 | 浙江 | 福建 | 广东 | 广西 | 海南 |
|---|---|---|---|---|---|---|---|---|---|---|---|
| 风险指数 | 1.14 | 0.90 | 1.35 | 1.47 | 1.61 | 1.18 | 1.26 | 1.15 | 1.67 | 1.06 | 0.95 |

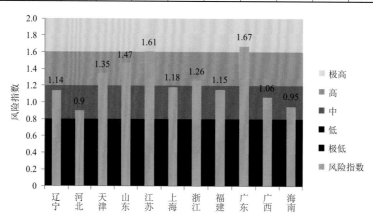

图 10.3　中国沿海地区洪涝风险指数示意

**3. 改进措施**

针对洪水对电网运行的危害,电力部门可以采取以下措施:

(1)合理安排电网运行方式,加强输变电设备巡视、监测,及时修复水毁电力设备、设施,确保电网主网安全稳定运行。电网公司、各级政府应将输电线路路径纳入城市总体规划中,优化重要输电线路的路径和变电站的选址,避开洪水易发地区和地段,降低相关风险。对重要的输电线路要进行差异化设计,提高输电线路对洪灾等极端天气的抵抗能力,减小灾害造成大面积停电事故的概率。

(2)加强电力建设施工队伍安全管理,根据天气变化情况,及时调整施工方案和生活区布置,防止泥石流、滑坡、山洪等突发灾害造成施工人员群伤群亡。尤其在水电站选址、设施建设等方面做好防灾准备,提高防灾等级以应对气候变化带来的频发极端天气。

(3)虽然洪水灾害具有不可抗力的特点,但是洪水灾害具有一定的地域性、季节性和可预测性,可以根据气候变化趋势设计发电设施及输配电线路,合理选址、科学规划,做好应对极端天气变化的准备,在洪水发生前,有预见性地调集人员、物资,做好电网抢修准备,就可以尽快恢复电力系统的正常运行。

# 第四节　冰雪凝冻

**1. 指标体系**

针对沿海电网冰雪凝冻的风险评估,其危险性主要考虑自然因素的影响,评估温度变化、地形以及冰雪凝冻3个方面;从电网角度来看,冰雪凝冻及其引发的次生灾害会对电网设备产生较大影响,主要从经济方面评估冰雪凝冻的暴露性和脆弱性;电网抑制冰雪凝冻带来的危害的财政投入以全年全社会用电量来衡量,相关从业人员的比例高低能够反映应对冰雪凝冻所带来的灾损的人力投入情况,主要从人力和财力2个方面评估防灾减灾能力。

确定冰雪凝冻风险指标体系,由总到分共三层,并选取了8个指标用来描述冰雪凝冻风险(表10.28)。

表 10.28　冰雪凝冻风险评估指标体系

| 第一层 | 第二层 | 第三层 |
|---|---|---|
| 危险性($H$) | 温度变化 | $H_1$:常年气温值(℃) |
| | | $H_2$:年平均气温较常年气温偏值(℃) |
| | 地形 | $H_3$:地面高程(m) |
| | 冰雪凝冻 | $H_4$:最大覆冰厚度(cm) |
| 暴露性($E$) | 经济暴露性 | $E_1$:电网总资产(亿元) |
| 脆弱性($V$) | 经济脆弱性 | $V_1$:单位平方千米电网资产(万元/km²) |
| 防灾减灾能力($R$) | 人力资源 | $R_1$:电网从业人口占总从业人口比例(%) |
| | 减灾投入 | $R_2$:用电量(亿 kW·h) |

与台风风险评估一致,利用设置判断矩阵的方法,从判断矩阵中计算得出的特征向量可以形容危险性($H$)、暴露性($E$)、脆弱性($V$)以及防灾减灾能力($R$)4个因子的权重系数,分别为 $\alpha=0.50,\beta=0.15,\gamma=0.25,\delta=0.10$。

同理,对于第三层中危险性的常年气温值($H_1$)、气温偏值($H_2$)、地面高程($H_3$)和最大覆冰厚度($H_4$)4个指标的权重取值具体为:$a_1=0.15,a_2=0.25,a_3=0.20,a_4=0.40$。

对于第三层中暴露性的风险指标,由于电网中只考虑经济影响,因此取 $b=1.00$。

对于第三层中脆弱性的风险指标,同样只考虑单位平方千米电网资产($V_1$),权重系数 $c=1.00$。

对于第三层中防灾减灾能力的2个风险指标电网从业人口比例($R_1$)和用电量($R_2$),考虑实际情况财力状况起到的作用要比人力状况相对大一些,因此二者权重系数分别为 $d_1=0.40,d_2=0.60$。

(1)危险性指标分析

温度变化特征分别选取各省(区、市)常年气温和2015年温度较常年气温偏值表征过去和最近评估地区温度变化状况,常年气温越高、2015年温度较常年气温偏值越大,冰雪凝冻危险性越小。

选用评估地区平均地面高程表征地形因素的影响,高程越高评估地区面临冰雪凝冻的危险性越大。

冰雪凝冻可以根据2015年输电线路最大标准覆冰厚度衡量冰灾的严重性,覆冰厚度越大,冰雪凝冻危险性越大。

(2)暴露性指标分析

选用评估地区电网总资产表征经济的暴露性,电网总资产越高,该地区暴露在冰雪凝冻危险因子中的人和财产越多,电网可能遭受潜在损失就越大,冰雪凝冻风险越大。

(3)脆弱性指标分析

选用单位平方千米电网资产表征经济脆弱性,单位电网资产越高,受灾财产价值密度越高,冰雪凝冻危险因素可能造成电网的伤害或潜在损失程度就越大,冰雪凝冻风险越大。

(4)防灾减灾能力指标分析

选用电网从业人口占总从业人口比例表征电网人力资源投入情况,电网从业人口比例越高,灾害预防及灾害后重建能力越强,应对冰雪凝冻灾害能力越强,冰雪凝冻风险越小。选用地方用电量表征冰雪凝冻减灾投入,一般来说,地方用电量越高,电网收入越高,相对地电网对减灾投入就越大,应对冰雪凝冻灾害能力越强,冰雪凝冻风险越小。

(5)各指标计算方法

常年气温值($H_1$):根据中国各省(区、市)2015年环境状况公报的数据得到各省(区、市)常年气温(℃)。

年平均气温较常年气温偏值($H_2$):根据中国各省(区、市)2015年气候公报的数据得到2015年平均气温较常年气温偏值(℃)。

地面高程($H_3$):沿海各省(区、市)的平均海拔高度(m)。

最大覆冰厚度($H_4$):沿海各省(区、市)2015年输电线路最大覆冰厚度(mm)。

电网总资产($E_1$):2015年沿海各省(区、市)电网总资产(亿元)。

单位平方千米电网资产($V_1$):2015年沿海各省(区、市)电网总资产/沿海各省(区、市)总面积(万元/ $km^2$)。

电网从业人口比例($R_1$)：2015 年沿海各省（区、市）电网从业人口/从业人口总数（%）。

用电量($R_2$)：2015 年沿海各省（区、市）全年全社会用电量（亿 kW·h）。

**2. 算例分析**

根据 2015 年中国沿海各省（区、市）环境状况公报、2015 年中国沿海各省（区、市）气候公报等获得各划分地区 $H_1 \sim H_4$、$E$、$V$、$R_1$ 以及 $R_2$ 共 8 项评估指标数据。由于各指标的单位和量级不同，为了合理和方便计算，采用分级赋值法将指标进行量化，建立指标定量化标准（表 10.29）。

表 10.29　中国沿海地区冰雪凝冻风险评估指标量化值及量化标准

| 评估指标 | 量化标准 | 量化值 | 评估指标 | 量化标准 | 量化值 |
|---|---|---|---|---|---|
| 常年气温（℃） | <10 | 5 | 2015 年气温较常年气温偏值（℃） | <0.5 | 5 |
| | 10~15 | 4 | | 0.5~0.6 | 4 |
| | 15~20 | 3 | | 0.6~0.7 | 3 |
| | 20~25 | 2 | | 0.7~0.8 | 2 |
| | ≥25 | 1 | | ≥0.8 | 1 |
| 地面高程（m） | ≥300 | 5 | 最大覆冰厚度（mm） | ≥25 | 5 |
| | 200~300 | 4 | | 20~25 | 4 |
| | 100~200 | 3 | | 15~20 | 3 |
| | 5~100 | 2 | | 10~15 | 2 |
| | <5 | 1 | | <10 | 1 |
| 单位平方千米电网资产（万元/km²） | ≥500 | 5 | 电网从业人口占总从业人口比例（%） | ≥0.40 | 5 |
| | 300~500 | 4 | | 0.30~0.40 | 4 |
| | 100~300 | 3 | | 0.20~0.30 | 3 |
| | 50~100 | 2 | | 0.10~0.20 | 2 |
| | <50 | 1 | | <0.10 | 1 |
| 用电量（亿 kW·h） | ≥4000 | 5 | 电网总资产（亿元） | ≥1500 | 5 |
| | 3000~4000 | 4 | | 1200~1500 | 4 |
| | 2000~3000 | 3 | | 900~1200 | 3 |
| | 1000~2000 | 2 | | 600~900 | 2 |
| | <1000 | 1 | | <600 | 1 |

根据量化指标值和各省（区、市）具体评估指标值，可以分别计算出各省（区、市）危险性指数、暴露性指数、脆弱性指数和防灾减灾能力指数，最后得出风险指数如表 10.30~10.36 及图 10.4 所示。

表 10.30　中国沿海地区冰雪凝冻风险评估指标数据表

| 指标 | 辽宁 | 河北 | 天津 | 山东 | 江苏 | 上海 | 浙江 | 福建 | 广东 | 广西 | 海南 |
|---|---|---|---|---|---|---|---|---|---|---|---|
| 常年气温（℃） | 9.4 | 11.9 | 12.7 | 13.4 | 15.8 | 17.0 | 17.7 | 20.1 | 22.6 | 21.5 | 25.4 |
| 气温偏值（℃） | 0.7 | 0.7 | 1.0 | 0.7 | 0.5 | 0.5 | 0.5 | 0.6 | 0.7 | 0.7 | 0.9 |
| 地面高程（m） | 230 | 1000 | 5 | 120 | 50 | 4 | 100 | 600 | 100 | 350 | 120 |
| 最大覆冰厚度（mm） | 30 | 27 | 20 | 15 | 15 | 15 | 13 | 20 | 11.8 | 10 | 0 |

| 指标 | 辽宁 | 河北 | 天津 | 山东 | 江苏 | 上海 | 浙江 | 福建 | 广东 | 广西 | 海南 |
|---|---|---|---|---|---|---|---|---|---|---|---|
| 电网总资产(亿元) | 974 | 753 | 700 | 1764 | 1988 | 343.7 | 1000 | 1055 | 1800 | 800 | 150 |
| 单位平方千米电网资产(万元/km²) | 65.8 | 39.9 | 588.2 | 111.7 | 185.5 | 545.5 | 98.2 | 85.1 | 100.2 | 33.8 | 42.4 |
| 电网从业人口占比(%) | 0.39 | 0.16 | 0.28 | 0.11 | 0.08 | 1.33 | 0.08 | 0.22 | 0.16 | 0.18 | 0.27 |
| 用电量(亿 kW·h) | 1985 | 3093 | 801 | 4108 | 5115 | 1406 | 3553 | 1850 | 5311 | 1377 | 252 |

表 10.31　中国沿海地区冰雪凝冻风险评估指标等级划分结果

| 指标 | 辽宁 | 河北 | 天津 | 山东 | 江苏 | 上海 | 浙江 | 福建 | 广东 | 广西 | 海南 |
|---|---|---|---|---|---|---|---|---|---|---|---|
| 常年气温 | 5 | 4 | 4 | 4 | 3 | 3 | 3 | 2 | 2 | 2 | 1 |
| 气温偏值 | 1 | 3 | 1 | 3 | 5 | 5 | 5 | 4 | 3 | 3 | 1 |
| 地面高程 | 4 | 5 | 1 | 3 | 2 | 1 | 3 | 5 | 2 | 5 | 3 |
| 最大覆冰厚度 | 5 | 5 | 4 | 3 | 3 | 3 | 2 | 4 | 2 | 2 | 1 |
| 电网总资产 | 3 | 2 | 2 | 5 | 5 | 1 | 3 | 3 | 5 | 2 | 1 |
| 单位平方千米电网资产 | 2 | 1 | 5 | 3 | 3 | 5 | 2 | 2 | 3 | 1 | 1 |
| 电网从业人口占比 | 4 | 2 | 3 | 2 | 1 | 5 | 1 | 3 | 2 | 2 | 3 |
| 用电量 | 2 | 4 | 1 | 5 | 5 | 2 | 4 | 2 | 5 | 2 | 1 |

表 10.32　中国沿海地区冰雪凝冻危险性指数

| | 辽宁 | 河北 | 天津 | 山东 | 江苏 | 上海 | 浙江 | 福建 | 广东 | 广西 | 海南 |
|---|---|---|---|---|---|---|---|---|---|---|---|
| 危险性指数 | 3.80 | 4.35 | 2.65 | 3.15 | 3.30 | 3.10 | 3.10 | 3.90 | 2.25 | 2.85 | — |

表 10.33　中国沿海地区冰雪凝冻暴露性指数

| | 辽宁 | 河北 | 天津 | 山东 | 江苏 | 上海 | 浙江 | 福建 | 广东 | 广西 | 海南 |
|---|---|---|---|---|---|---|---|---|---|---|---|
| 暴露性指数 | 3.00 | 2.00 | 2.00 | 5.00 | 5.00 | 1.00 | 3.00 | 3.00 | 5.00 | 2.00 | — |

表 10.34　中国沿海地区冰雪凝冻脆弱性指数

| | 辽宁 | 河北 | 天津 | 山东 | 江苏 | 上海 | 浙江 | 福建 | 广东 | 广西 | 海南 |
|---|---|---|---|---|---|---|---|---|---|---|---|
| 脆弱性指数 | 2.00 | 1.00 | 5.00 | 3.00 | 3.00 | 5.00 | 2.00 | 2.00 | 3.00 | 1.00 | — |

表 10.35　中国沿海地区冰雪凝冻防灾减灾能力指数

| | 辽宁 | 河北 | 天津 | 山东 | 江苏 | 上海 | 浙江 | 福建 | 广东 | 广西 | 海南 |
|---|---|---|---|---|---|---|---|---|---|---|---|
| 防灾减灾能力指数 | 2.80 | 3.20 | 1.80 | 3.80 | 3.40 | 3.20 | 2.80 | 2.40 | 3.80 | 2.00 | — |

表 10.36　中国沿海地区冰雪凝冻风险指数

| | 辽宁 | 河北 | 天津 | 山东 | 江苏 | 上海 | 浙江 | 福建 | 广东 | 广西 | 海南 |
|---|---|---|---|---|---|---|---|---|---|---|---|
| 风险指数 | 1.30 | 1.09 | 1.31 | 1.41 | 1.43 | 1.26 | 1.17 | 1.32 | 1.17 | 0.90 | — |

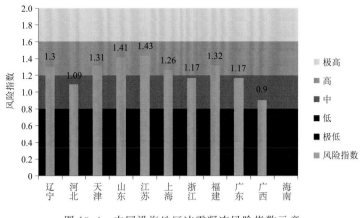

图 10.4　中国沿海地区冰雪凝冻风险指数示意

**3. 改进措施**

（1）在容易覆冰地区的杆塔上布置传感器装置，对线路覆冰进行预警，目前所运用的比较成熟的覆冰在线监测技术是称重法。

（2）及时对覆冰严重的线路进行融冰。从目前技术水平来看，交流短路电流融冰法和直流短路电流融冰法是最为成熟和可行的 2 种融冰手段。

（3）机械除冰、自然被动除冰由于成本较低，无需附加能量，而且除冰效果不错，因此在工程上应首先给予考虑。虽然这些技术不能阻止冰的形成，但有助于限制冰灾。

# 第五节　持续高温

**1. 指标体系**

持续高温是全球气候变暖的主要表现，针对持续高温的风险评估，其危险性主要考虑自然因素的影响；从电网角度来看，持续高温及其引发的次生灾害会对社会经济产生较大影响，主要从经济方面评估气温升高的暴露性和脆弱性；电网抑制持续高温带来的危害的财政投入以全年全社会用电量来衡量，相关从业人员的比例高低能够反映应对持续高温所带来的灾损的人力投入情况，主要从人力和财力 2 个方面评估防灾减灾能力。

确定持续高温风险指标体系，由总到分共三层，并选取了 6 个指标用来描述持续高温风险（表 10.37）。

表 10.37　气温升高风险评估指标体系

| 第一层 | 第二层 | 第三层 |
| --- | --- | --- |
| 危险性（H） | 持续高温 | $H_1$：高温天数（d/a） |
| | | $H_2$：全年最高气温（℃） |
| 暴露性（E） | 经济暴露性 | $E_1$：电网总资产（亿元） |
| 脆弱性（V） | 经济脆弱性 | $V_1$：单位平方千米电网资产（万元/km²） |
| 防灾减灾能力（R） | 人力资源 | $R_1$：电网从业人口占总从业人口比例（%） |
| | 减灾投入 | $R_2$：用电量（亿 kW·h） |

与台风风险评估一致,利用设置判断矩阵的方法,从判断矩阵中计算得出的特征向量可以形容危险性($H$)、暴露性($E$)、脆弱性($V$)以及防灾减灾能力($R$)4个因子的权重系数,分别为 $\alpha=0.50,\beta=0.15,\gamma=0.25,\delta=0.10$。

同理,对于第三层中危险性的高温天数($H_1$)、全年最高气温($H_2$)2个指标权重,设置其判断矩阵并通过一致性检验,获得的特征向量数值分别为 $a_1=0.75,a_2=0.25$,可作为各危险性指标的权重系数。

对于第三层中暴露性的风险指标,由于电网中只考虑经济影响,因此取 $b=1.00$。

对于第三层中脆弱性的风险指标,同样只考虑单位平方千米电网资产($V_1$),权重系数 $c=1.00$。

对于第三层中防灾减灾能力的2个风险指标电网从业人口比例($R_1$)和用电量($R_2$),考虑实际情况财力状况起到的作用要比人力状况相对大一些,因此二者权重系数分别为 $d_1=0.40,d_2=0.60$。

(1)危险性指标分析

持续高温特征分别选取高温天数、全年最高温度表征评估地区相对气温升高变化状况,持续高温天数越多和全年最高温度越高,说明危险性越大。

(2)暴露性指标分析

选用评估地区电网总资产表征经济的暴露性,电网总资产越高,该地区暴露在持续高温危险因子中的人和财产越多,电网可能遭受潜在损失就越大,受到持续高温风险越大。

(3)脆弱性指标分析

选用单位平方千米电网资产表征经济脆弱性,单位电网资产越高,受灾财产价值密度越高,持续高温危险因素可能造成电网的伤害或潜在损失程度就越大,受到持续高温风险越大。

(4)防灾减灾能力指标分析

选用电网从业人口占总从业人口比例表征电网人力资源投入情况,电网从业人口比例越高,灾害预防及灾害后重建能力越强,应对持续高温灾害能力越强,受到持续高温风险越小。选用地方用电量表征气温升高减灾投入,一般来说,地方用电量越高,电网收入越高,相对地电网对减灾投入就越大,应对持续高温灾害能力越强,受到持续高温风险越小。

(5)各指标计算方法

高温天数($H_1$):根据沿海地区气象监测站观测数据得到2015年一年内持续高温天数(d/a)。

全年最高气温($H_2$):根据沿海地区气象监测站观测数据得到2015年全年最高气温(℃)。

电网总资产($E_1$):2015年沿海各省(区、市)电网总资产(亿元)。

单位平方千米电网资产($V_1$):2015年沿海各省(区、市)电网总资产/沿海各省(区、市)总面积(万元/km²)。

电网从业人口比例($R_1$):2015年沿海各省(区、市)电网从业人口/从业人口总数(%)。

用电量($R_2$):2015年沿海各省(区、市)全社会年用电量(亿 kW·h)。

## 2. 算例分析

根据《中国气象灾害大典(2015)》(辽宁卷、北京卷、天津卷、河北卷、山东卷、江苏卷、上海卷、浙江卷、福建卷、广东卷、广西卷、海南卷)、2015年各省(区、市)发展改革委员会公布数据、2015年各省(区、市)统计信息网以及2015年各省(区、市)国民经济与社会发展统计公报等获得各划分地区 $H_1$、$H_2$、$E_1$、$V_1$、$R_1$ 以及 $R_2$ 共6项评估指标数据。由于各指标的单位和量级不同,为了合理和方便计算,采用分级赋值法将指标进行量化,建立指标定量化标准(表 10.38)。

表 10.38 中国沿海地区持续高温风险评估指标量化值及量化标准

| 评估指标 | 量化标准 | 量化值 | 评估指标 | 量化标准 | 量化值 |
|---|---|---|---|---|---|
| 高温天数(d/a) | ≥30 | 5 | 用电量(亿 kW·h) | ≥4000 | 5 |
| | 20～30 | 4 | | 3000～4000 | 4 |
| | 10～20 | 3 | | 2000～3000 | 3 |
| | 1～15 | 2 | | 1000～2000 | 2 |
| | <1 | 1 | | <1000 | 1 |
| 全年最高气温(℃) | ≥40 | 5 | 电网总资产(亿元) | ≥1500 | 5 |
| | 38～40 | 4 | | 1200～1500 | 4 |
| | 35～38 | 3 | | 900～1200 | 3 |
| | 30～35 | 2 | | 600～900 | 2 |
| | <30 | 1 | | <600 | 1 |
| 单位平方千米电网资产(万元/km²) | ≥500 | 5 | 电网从业人口占总从业人口比例(%) | ≥0.40 | 5 |
| | 300～500 | 4 | | 0.30～0.40 | 4 |
| | 100～300 | 3 | | 0.20～0.30 | 3 |
| | 50～100 | 2 | | 0.10～0.20 | 2 |
| | <50 | 1 | | <0.10 | 1 |

根据量化指标值和各省(区、市)具体评估指标值,可以分别计算出各省(区、市)危险性指数、暴露性指数、脆弱性指数和防灾减灾能力指数,最后得出风险指数如表 10.39～10.45 及图 10.5 所示。

表 10.39 中国沿海地区持续高温风险评估指标数据表

| 指标 | 辽宁 | 河北 | 天津 | 山东 | 江苏 | 上海 | 浙江 | 福建 | 广东 | 广西 | 海南 |
|---|---|---|---|---|---|---|---|---|---|---|---|
| 高温天数(d/a) | 1～5 | 1～5 | 5～10 | 15～20 | >30 | >30 | >30 | >30 | >30 | >30 | >30 |
| 全年最高气温(℃) | 38 | 38 | 38 | 40 | 42 | 42 | 42 | 40 | 40 | 40 | 38 |
| 电网总资产(亿元) | 974 | 753 | 700 | 1764 | 1988 | 344 | 1000 | 1055 | 1800 | 800 | 150 |
| 单位平方千米电网资产(万元/km²) | 65.8 | 39.9 | 588.2 | 111.7 | 185.5 | 545.5 | 98.2 | 85.1 | 100.2 | 33.8 | 42.4 |
| 电网从业人口占比(%) | 0.39 | 0.16 | 0.28 | 0.11 | 0.08 | 1.33 | 0.08 | 0.22 | 0.16 | 0.18 | 0.27 |
| 用电量(亿 kW·h) | 1985 | 3093 | 801 | 4108 | 5115 | 1406 | 3553 | 1850 | 5311 | 1377 | 252 |

表 10.40 中国沿海地区持续高温风险评估指标等级划分结果

| 指标 | 辽宁 | 河北 | 天津 | 山东 | 江苏 | 上海 | 浙江 | 福建 | 广东 | 广西 | 海南 |
|---|---|---|---|---|---|---|---|---|---|---|---|
| 高温天数 | 2 | 2 | 2 | 3 | 5 | 5 | 5 | 5 | 5 | 5 | 5 |
| 全年最高气温 | 3 | 3 | 3 | 4 | 5 | 5 | 5 | 4 | 4 | 4 | 3 |
| 电网总资产 | 3 | 2 | 2 | 5 | 5 | 1 | 3 | 3 | 5 | 2 | 1 |
| 单位平方千米电网资产 | 2 | 1 | 5 | 3 | 3 | 5 | 2 | 2 | 3 | 1 | 1 |
| 电网从业人口占比 | 4 | 2 | 3 | 2 | 1 | 5 | 1 | 3 | 2 | 2 | 3 |
| 用电量 | 2 | 4 | 1 | 5 | 5 | 2 | 4 | 2 | 5 | 2 | 1 |

**表 10.41　中国沿海地区持续高温危险性指数**

|  | 辽宁 | 河北 | 天津 | 山东 | 江苏 | 上海 | 浙江 | 福建 | 广东 | 广西 | 海南 |
|---|---|---|---|---|---|---|---|---|---|---|---|
| 危险性指数 | 2.25 | 2.25 | 2.25 | 3.25 | 5.00 | 5.00 | 5.00 | 4.75 | 4.75 | 4.75 | 4.50 |

**表 10.42　中国沿海地区持续高温暴露性指数**

|  | 辽宁 | 河北 | 天津 | 山东 | 江苏 | 上海 | 浙江 | 福建 | 广东 | 广西 | 海南 |
|---|---|---|---|---|---|---|---|---|---|---|---|
| 暴露性指数 | 3.00 | 2.00 | 2.00 | 5.00 | 5.00 | 1.00 | 3.00 | 3.00 | 5.00 | 2.00 | 1.00 |

**表 10.43　中国沿海地区持续高温脆弱性指数**

|  | 辽宁 | 河北 | 天津 | 山东 | 江苏 | 上海 | 浙江 | 福建 | 广东 | 广西 | 海南 |
|---|---|---|---|---|---|---|---|---|---|---|---|
| 脆弱性指数 | 2.00 | 1.00 | 5.00 | 3.00 | 3.00 | 5.00 | 2.00 | 2.00 | 3.00 | 1.00 | 1.00 |

**表 10.44　中国沿海地区持续高温防灾减灾能力指数**

|  | 辽宁 | 河北 | 天津 | 山东 | 江苏 | 上海 | 浙江 | 福建 | 广东 | 广西 | 海南 |
|---|---|---|---|---|---|---|---|---|---|---|---|
| 防灾减灾能力指数 | 2.80 | 3.20 | 1.80 | 3.80 | 3.40 | 3.20 | 2.80 | 2.40 | 3.80 | 2.00 | 1.80 |

**表 10.45　中国沿海地区持续高温风险指数**

|  | 辽宁 | 河北 | 天津 | 山东 | 江苏 | 上海 | 浙江 | 福建 | 广东 | 广西 | 海南 |
|---|---|---|---|---|---|---|---|---|---|---|---|
| 风险指数 | 1.00 | 0.79 | 1.19 | 1.44 | 1.76 | 1.56 | 1.47 | 1.44 | 1.70 | 1.17 | 1.03 |

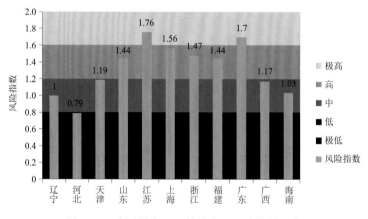

图 10.5　中国沿海地区持续高温风险指数示意

### 3. 改进措施

(1)为了应对持续高温可能带来的系统极限运行,以及电力、电量供应不足的情况,应在迎峰度夏期间提前合理安排电网运行方式,有计划地安排供电、发电企业对输变电设备和水、火电机组进行检修和消缺等工作,保证持续高温期间设备的可靠运行。

(2)由于持续高温天气的发生具有明显的区域特征,因此可以考虑实行多网联合调度的策略。针对夏季炎热、易出现持续高温天气的地区,为了保证其正常的电力供应,可以采取合理的调度策略,与供电充足、负荷较小地区的电网进行联合运行,以便在迎峰度夏负荷攀升的情况下,保证正常的电力供应。

(3)在负荷较重的情况下,还可以考虑使电网满负荷运行,但是可能带来一些不利的影响。

(4)在电力供应不足,负荷需求非常大的情况下,为了保证电力设备乃至电网的安全性,可以采取拉闸限电的措施。

# 第六节　暴雨

## 1. 指标体系

针对沿海电网暴雨的风险评估,其危险性主要考虑自然因素的影响,评估年降雨量变化、日降雨量、年降雨量 3 个方面;从电网角度来看,暴雨及其引发的次生灾害会对社会经济产生较大影响,主要从经济方面评估暴雨的暴露性和脆弱性;政府抑制暴雨带来的危害的财政投入以及相关从业人员的比例高低能够反映暴雨所带来的灾损程度,主要从人力和财力 2 个方面评估防灾减灾能力。确定暴雨风险指标体系,由总到分共三层,并选取了 8 个指标用来描述暴雨风险(表 10.46)。

表 10.46　暴雨风险评估指标体系

| 第一层 | 第二层 | 第三层 |
|---|---|---|
| 危险性($H$) | 年降雨量变化 | $H_1$:上升速率(mm/a) |
| | | $H_2$:2050 年上升幅度(mm) |
| | 日降雨量 | $H_3$:年最高日降雨量(mm) |
| | 年降雨量 | $H_4$:最高年平均降雨量(cm) |
| 暴露性($E$) | 经济暴露性 | $E_1$:电网总资产(亿元) |
| 脆弱性($V$) | 经济脆弱性 | $V_1$:单位平方千米电网资产(万元/km$^2$) |
| 防灾减灾能力($R$) | 人力资源 | $R_1$:电网从业人口占从业人口比例(%) |
| | 减灾投入 | $R_2$:用电量(亿千瓦时) |

与台风风险评估一致,利用设置判断矩阵的方法,从判断矩阵中计算得出的特征向量可以形容危险性($H$)、暴露性($E$)、脆弱性($V$)以及防灾减灾能力($R$)4 个因子的权重系数,分别为 $\alpha = 0.50, \beta = 0.15, \gamma = 0.25, \delta = 0.10$。

同理,对于第三层中危险性的上升速率($H_1$)、2050 年上升幅度($H_2$)、年最高日降雨量($H_3$)和历史最高年平均降雨量($H_4$)4 个指标权重,设置其判断矩阵并通过一致性检验,获得的特征向量数值分别为 $a_1 = 0.25, a_2 = 0.35, a_3 = 0.30, a_4 = 0.10$,可作为各危险性指标的权重系数。

对于第三层中暴露性的风险指标,由于电网中只考虑经济影响,因此取 $b = 1.00$。

对于第三层中脆弱性的风险指标,同样只考虑单位平方千米电网资产($V_1$),权重系数 $c = 1.00$。

对于第三层中防灾减灾能力的 2 个风险指标从业人口比例($R_1$)和地方财政收入($R_2$),考虑实际情况财力状况起到的作用要比人力状况相对大一些,因此二者权重系数分别为 $d_1 = $

$0.40, d_2 = 0.60$。

（1）危险性指标分析

暴雨特征分别选取降雨量上升速率和到 2050 年降雨量上升幅度表征过去和未来评估区降雨量变化状况,降雨量上升的速率越大、幅度越大,危险性越大。选用年最高日降雨量和历史最高年平均降雨量表征测试地区现在的降雨量状况,二者数值越高,暴雨危险性越大。

（2）暴露性指标分析

选用评估地区电网总资产表征经济的暴露性,电网总资产越高,该地区暴露在暴雨危险因子中的人和财产越多,电网可能遭受潜在损失就越大,受到洪涝风险越大。

（3）脆弱性指标分析

选用单位平方千米电网资产表征经济脆弱性,单位电网资产越高,受灾财产价值密度越高,暴雨危险因素可能造成电网的伤害或潜在损失程度就越大,受到洪涝风险越大。

（4）防灾减灾能力指标分析

选用电网从业人口占总从业人口比例表征电网人力资源投入情况,电网从业人口比例越高,灾害预防及灾害后重建能力越强,应对暴雨灾害能力越强,受到洪涝风险越小。选用地方用电量表征暴雨减灾投入,一般来说,地方用电量越高,电网收入越高,相对地电网对减灾投入就越大,应对暴雨灾害能力越强,受到洪涝风险越小。

（5）各指标计算方法

上升速率（$H_1$）:根据沿海地区气象监测站观测数据计算得到 2015 年年平均降雨量上升速率（mm/a）。

上升幅度（$H_2$）:以沿海地区气象监测站观测数据为基础,运用随机动态统计分析方法计算得到 2050 年降雨量增长幅度预测值（mm）。

年最高日降雨量:以沿海地区气象监测站观测数据得到 2015 年最大日均降雨量（mm）。

年平均降雨量（$H_4$）:相对于当地平均年降雨量的 2015 年气象观测值（cm）。

电网总资产（$E_1$）:2015 年沿海各省（区、市）电网总资产（亿元）。

单位平方千米电网资产（$V_1$）:2015 年沿海各省（区、市）电网总资产/沿海各省（区、市）总面积（万元/ km²）。

电网从业人口比例（$R_1$）:2015 年沿海各省（区、市）电网从业人口/从业人口总数（%）。

用电量（$R_2$）:2015 年沿海各省（区、市）全社会年用电量（亿 kW·h）。

**2. 算例分析**

根据海洋台站观测资料、2015 年各省（区、市）水资源公报数据、2015 年各省（区、市）气候公报以及 2015 年各省（区、市）国民经济与社会发展统计公报等获得各划分地区 $H_1 \sim H_4$、$E_1$、$V_1$、$R_1$ 以及 $R_2$ 共 8 项评估指标数据。由于各指标的单位和量级不同,为了合理和方便计算,采用分级赋值法将指标进行量化,建立指标定量化标准（表 10.47）。

根据量化指标值和各省（区、市）具体指标值,可以分别计算出各省（区、市）危险性指数、暴露性指数、脆弱性指数和防灾减灾能力指数,最后得出风险指数如表 10.48～10.54 及图 10.6 所示。

表 10.47 中国沿海地区暴雨风险评估指标量化值及量化标准

| 评估指标 | 量化标准 | 量化值 | 评估指标 | 量化标准 | 量化值 |
|---|---|---|---|---|---|
| 年平均降雨量增长速率(mm/a) | ≥30 | 5 | 2050年上升幅度(mm) | ≥400 | 5 |
| | 20～30 | 4 | | 200～400 | 4 |
| | 10～20 | 3 | | 0～200 | 3 |
| | 0～10 | 2 | | −200～0 | 2 |
| | <0 | 1 | | <−200 | 1 |
| 日均最高降雨量(mm) | ≥300 | 5 | 历史最高年降雨量(cm) | ≥2000 | 5 |
| | 250～300 | 4 | | 1600～2000 | 4 |
| | 200～250 | 3 | | 1200～1600 | 3 |
| | 150～200 | 2 | | 800～1200 | 2 |
| | <150 | 1 | | <800 | 1 |
| 电网总资产(亿元) | ≥1500 | 5 | 单位平方千米电网资产(万元/km²) | ≥500 | 5 |
| | 1200～1500 | 4 | | 300～500 | 4 |
| | 900～1200 | 3 | | 100～300 | 3 |
| | 500～1000 | 2 | | 50～100 | 2 |
| | <500 | 1 | | <50 | 1 |
| 电网从业人口占总从业人口比例(%) | ≥0.40 | 5 | 用电量(亿 kW·h) | ≥4000 | 5 |
| | 0.30～0.40 | 4 | | 3000～4000 | 4 |
| | 0.20～0.30 | 3 | | 2000～3000 | 3 |
| | 0.10～0.20 | 2 | | 1000～2000 | 2 |
| | <0.10 | 1 | | <1000 | 1 |

表 10.48 中国沿海地区暴雨风险评估指标数据表

| 指标 | 辽宁 | 河北 | 天津 | 山东 | 江苏 | 上海 | 浙江 | 福建 | 广东 | 广西 | 海南 |
|---|---|---|---|---|---|---|---|---|---|---|---|
| 上升速率(mm/a) | 5.30 | 5.43 | 11.30 | −6.46 | −7.58 | 24.26 | 10.10 | 7.90 | −7.78 | 20.55 | 37.49 |
| 2050年上升幅度(mm) | 314 | 219 | 439 | −161 | −101 | −108 | 210 | 105 | −346 | 472 | 2060 |
| 年最高日降雨量(mm) | 231 | 1350 | 5 | 120 | 15 | 4 | 500 | 1000 | 6 | 350 | 20 |
| 最高年平均降雨量(cm) | 176 | 194 | 125 | 190 | 196 | 200 | 245 | 450 | 300 | 335 | 245 |
| 电网总资产(亿元) | 974 | 753 | 700 | 1764 | 1988 | 343.7 | 1000 | 1055 | 1800 | 800 | 150 |
| 单位平方千米电网资产(万元/km²) | 65.8 | 39.9 | 588.2 | 111.7 | 185.5 | 545.5 | 98.2 | 85.1 | 100.2 | 33.8 | 42.4 |
| 电网从业人口占比(%) | 0.39 | 0.16 | 0.28 | 0.11 | 0.08 | 1.33 | 0.08 | 0.22 | 0.16 | 0.18 | 0.27 |
| 用电量(亿 kW·h) | 1985 | 3093 | 801 | 4108 | 5115 | 1406 | 3553 | 1850 | 5311 | 1377 | 252 |

表 10.49　中国沿海地区暴雨风险评估指标等级划分结果

| 指标 | 辽宁 | 河北 | 天津 | 山东 | 江苏 | 上海 | 浙江 | 福建 | 广东 | 广西 | 海南 |
|---|---|---|---|---|---|---|---|---|---|---|---|
| 上升速率 | 2 | 2 | 3 | 1 | 1 | 4 | 3 | 2 | 1 | 4 | 5 |
| 上升幅度 | 4 | 4 | 5 | 2 | 2 | 2 | 4 | 3 | 1 | 5 | 5 |
| 年最高日降雨量 | 2 | 2 | 1 | 2 | 2 | 4 | 3 | 5 | 5 | 5 | 3 |
| 最高年平均降雨量 | 2 | 1 | 2 | 2 | 2 | 4 | 5 | 5 | 5 | 4 | 5 |
| 电网总资产 | 3 | 2 | 2 | 5 | 5 | 1 | 3 | 3 | 5 | 2 | 1 |
| 单位平方千米电网资产 | 2 | 1 | 5 | 3 | 3 | 5 | 2 | 2 | 3 | 1 | 1 |
| 电网从业人口占比 | 4 | 2 | 3 | 2 | 1 | 5 | 1 | 3 | 2 | 2 | 3 |
| 用电量 | 2 | 4 | 1 | 5 | 5 | 2 | 4 | 2 | 5 | 2 | 1 |

表 10.50　中国沿海地区暴雨危险性指数

| | 辽宁 | 河北 | 天津 | 山东 | 江苏 | 上海 | 浙江 | 福建 | 广东 | 广西 | 海南 |
|---|---|---|---|---|---|---|---|---|---|---|---|
| 危险性指数 | 2.70 | 2.60 | 3.00 | 1.75 | 1.75 | 3.30 | 3.55 | 3.55 | 2.60 | 4.65 | 4.40 |

表 10.51　中国沿海地区暴雨暴露性指数

| | 辽宁 | 河北 | 天津 | 山东 | 江苏 | 上海 | 浙江 | 福建 | 广东 | 广西 | 海南 |
|---|---|---|---|---|---|---|---|---|---|---|---|
| 暴露性指数 | 3.00 | 2.00 | 2.00 | 5.00 | 5.00 | 1.00 | 3.00 | 3.00 | 5.00 | 2.00 | 1.00 |

表 10.52　中国沿海地区暴雨脆弱性指数

| | 辽宁 | 河北 | 天津 | 山东 | 江苏 | 上海 | 浙江 | 福建 | 广东 | 广西 | 海南 |
|---|---|---|---|---|---|---|---|---|---|---|---|
| 脆弱性指数 | 2.00 | 1.00 | 5.00 | 3.00 | 3.00 | 5.00 | 2.00 | 2.00 | 3.00 | 1.00 | 1.00 |

表 10.53　中国沿海地区暴雨防灾减灾能力指数

| | 辽宁 | 河北 | 天津 | 山东 | 江苏 | 上海 | 浙江 | 福建 | 广东 | 广西 | 海南 |
|---|---|---|---|---|---|---|---|---|---|---|---|
| 防灾减灾能力指数 | 2.80 | 3.20 | 1.80 | 3.80 | 3.40 | 3.20 | 2.80 | 2.40 | 3.80 | 2.00 | 1.80 |

表 10.54　中国沿海地区暴雨风险指数

| | 辽宁 | 河北 | 天津 | 山东 | 江苏 | 上海 | 浙江 | 福建 | 广东 | 广西 | 海南 |
|---|---|---|---|---|---|---|---|---|---|---|---|
| 风险指数 | 1.09 | 0.85 | 1.33 | 1.07 | 1.75 | 1.29 | 1.24 | 1.24 | 1.30 | 1.11 | 0.97 |

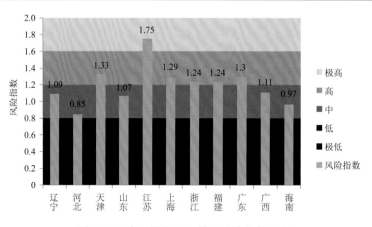

图 10.6　中国沿海地区暴雨风险指数示意

**3. 改进措施**

按照回避、适应和保护的基本原则,电网运行针对暴雨主要改进措施有:

(1)从设计上提高重要输变电设备的防雨能力,加固易发生洪涝地区的输电杆塔。

(2)合理选择变电站和输电走廊的地址,特别是电压等级高的变电站和输电线路。

(3)与气象部门合作,提高洪涝灾害的预警能力,提前做好应对洪涝灾害的准备。

# 第七节　盐雾

**1. 指标体系**

针对沿海电网盐雾的风险评估,其危险性主要考虑自然因素的影响,评估沿海风特性、地形状况和沿海气候湿润度 3 个方面;从电网角度来看,盐雾及其引发的次生灾害会对社会经济产生较大影响,主要从经济方面评估盐雾的暴露性和脆弱性;政府抑制盐雾带来的危害的财政投入以及相关从业人员的比例高低能够反映沿海盐雾所带来的灾损程度,主要从人力和财力 2 个方面评估防灾减灾能力。

确定盐雾风险指标体系,由总到分共三层,并选取了风速(m/s)、垂直风向偏角(°)、地面高程(m)、岸线长度(km)、湿润指数、电网总资产(亿元)、单位平方千米电网资产(万元/$km^2$)、电网从业人口占总从业人口比例(%)、用电量(亿 kW·h)9 个指标描述盐雾风险(表10.55)。

表 10.55　沿海盐雾风险评估指标体系

| 第一层 | 第二层 | 第三层 |
| --- | --- | --- |
| 危险性($H$) | 沿海风特性 | $H_1$:风速(m/s) |
| | | $H_2$:垂直风向偏角(°) |
| | 地形 | $H_3$:地面高程(m) |
| | | $H_4$:岸线长度(km) |
| | 沿海气候湿润度 | $H_5$:湿润指数 |
| 暴露性($E$) | 经济暴露性 | $E_1$:电网总资产(亿元) |
| 脆弱性($V$) | 经济脆弱性 | $V_1$:单位平方千米电网资产(万元/$km^2$) |
| 防灾减灾能力($R$) | 人力资源 | $R_1$:电网从业人口占总从业人口比例(%) |
| | 减灾投入 | $R_2$:用电量(亿 kW·h) |

与台风风险评估一致,利用设置判断矩阵的方法,从判断矩阵中计算得出的特征向量可以形容危险性($H$)、暴露性($E$)、脆弱性($V$)以及防灾减灾能力($R$)4 个因子的权重系数,分别为 $\alpha=0.50,\beta=0.15,\gamma=0.25,\delta=0.10$。

同理,对于第三层中危险性的风速($H_1$)、垂直风向偏角($H_2$)、地面高程($H_3$)、岸线长度($H_4$)和湿润指数($H_5$)5 个指标权重,设置其判断矩阵并通过一致性检验,获得的特征向量数值分别为 $a_1=0.15,a_2=0.25,a_3=0.10,a_4=0.20,a_5=0.30$,可作为各危险性指标的权重系数。

对于第三层中暴露性的风险指标,由于电网中只考虑经济影响,因此取 $b=1.00$。

对于第三层中脆弱性的风险指标,同样只考虑单位平方千米 GDP($V_1$),权重系数 $c=1.00$。

对于第三层中防灾减灾能力的 2 个风险指标从业人口比例($R_1$)和地方财政收入($R_2$),考虑实际情况财力状况起到的作用要比人力状况相对大一些,因此二者权重系数分别为 $d_1=0.40$,$d_2=0.60$。

(1)危险性指标分析

从大气云雾物理角度来看,盐雾是存在于大气中的盐核,吸收水汽呈湿润性颗粒状的微细液滴所构成的弥散系统。沿海盐雾主要来源于海水扰动,海浪互相拍击产生气泡破裂后形成微细液滴随气流进入大气。再遭遇海风时,盐雾微细液滴便随风扩散到沿海陆地空气中,并经沉淀后附着到电网设备上,对电网造成威胁。

风速越大,越有利于海面的盐雾微细液滴扩散到陆地上的电力设备上,故危险性也越大。

风向与海岸线的偏角越小,越利于盐雾随风扩散到陆地上空威胁输电线路、变电站等电力设备,对电网的风险也越大。选用评估地区平均地面高程和海岸线长度表征地形因素的影响,高程越低、岸线越长,评估地区面临盐雾的危险性越大。

沿海地区空气越湿润,越有利于盐雾微细液滴的保持和扩散,盐雾对电网的风险也越大。

(2)暴露性指标分析

选用评估地区电网总资产表征经济的暴露性,电网总资产越高,该地区暴露在沿海盐雾危险因子中的人和财产越多,电网可能遭受潜在损失就越大,盐雾风险越大。

(3)脆弱性指标分析

选用单位平方千米电网资产表征经济脆弱性,单位电网资产越高,受灾财产价值密度越高,盐雾危险因素可能造成电网的伤害或潜在损失程度就越大,盐雾风险越大。

(4)防灾减灾能力指标分析

选用电网从业人口占总从业人口比例表征电网人力资源投入情况,电网从业人口比例越高,灾害预防及灾害后重建能力越强,应对盐雾灾害能力越强,盐雾风险越小。选用地方用电量表征盐雾减灾投入,一般来说,地方用电量越高,电网收入越高,相对地电网对减灾投入就越大,应对盐雾灾害能力越强,盐雾风险越小。

(5)各指标计算方法

风速($H_1$):根据沿海地区气候监测站观测数据计算得到 2015 年年平均风速(m/s)。

垂直风向偏角($H_2$):依据沿海 11 个省(区、市)91 个测风塔 70 m 高度的风向年度统计资料,风向垂直于海岸线则垂直风向偏角为 0,风向平行于海岸线则垂直风向偏角为 90°,依据沿海每个地区各观测站的 2015 年风向统计数据取平均值得到垂直风向偏角(°)。

地面高程($H_3$):沿海各省(区、市)的平均海拔高度(m)。

岸线长度($H_4$):沿海各省(区、市)的海岸线总长度(km)。

气候湿润指数($H_5$):2015 年沿海各省(区、市)平均气候湿润指数。

电网总资产($E_1$):2015 年沿海各省(区、市)电网总资产(亿元)。

单位平方千米电网资产($V_1$):2015 年沿海各省(区、市)电网总资产/沿海各省(区、市)总面积(万元/ km²)。

电网从业人口比例($R_1$):2015 年沿海各省(区、市)电网从业人口/从业人口总数(%)。

用电量($R_2$)：沿海各省(区、市)全社会年用电量(亿 kW•h)。

## 2. 算例分析

根据地理国情监测云平台海洋台站观测资料(宝乐尔其木格，2011；粘新悦，2015)、2015年各省(区、市)发改委公布数据、2015年各省(区、市)统计信息网以及 2015 年各省(区、市)国民经济与社会发展统计公报等获得各划分地区 $H_1 \sim H_5$、$E_1$、$V_1$、$R_1$ 以及 $R_2$ 共 9 项评估指标数据。由于各指标的单位和量级不同，为了合理和方便计算，采用分级赋值法将指标进行量化，建立指标定量化标准(表 10.56)。

表 10.56　中国沿海地区盐雾风险评估指标量化值及量化标准

| 评估指标 | 量化标准 | 量化值 | 评估指标 | 量化标准 | 量化值 |
|---|---|---|---|---|---|
| 风速(m/s) | ≥7.5 | 5 | 垂直风向偏角(°) | <10 | 5 |
| | 7.0~7.5 | 4 | | 10~30 | 4 |
| | 6.5~7.0 | 3 | | 30~50 | 3 |
| | 6.0~6.5 | 2 | | 50~70 | 2 |
| | <6.0 | 1 | | ≥70 | 1 |
| 地面高程(m) | <5 | 5 | 岸线长度(km) | ≥3000 | 5 |
| | 5~100 | 4 | | 1500~3000 | 4 |
| | 100~200 | 3 | | 500~1500 | 3 |
| | 200~300 | 2 | | 150~500 | 2 |
| | ≥300 | 1 | | <150 | 1 |
| 湿润指数 | ≥150 | 5 | 电网总资产(亿元) | ≥1500 | 5 |
| | 100~150 | 4 | | 1200~1500 | 4 |
| | 50~100 | 3 | | 900~1200 | 3 |
| | 0~50 | 2 | | 600~900 | 2 |
| | <0 | 1 | | <600 | 1 |
| 单位平方千米电网资产(万元/km²) | ≥500 | 5 | 电网从业人口占总从业人口比例(%) | ≥0.40 | 5 |
| | 300~500 | 4 | | 0.30~0.40 | 4 |
| | 100~300 | 3 | | 0.20~0.30 | 3 |
| | 50~100 | 2 | | 0.10~0.20 | 2 |
| | <50 | 1 | | <0.10 | 1 |
| 用电量(亿 kW•h) | ≥4000 | 5 | | | |
| | 3000~4000 | 4 | | | |
| | 2000~3000 | 3 | | | |
| | 1000~2000 | 2 | | | |
| | <1000 | 1 | | | |

各省(区、市)4 项评估指标指数如表 10.57~10.63，代入模型公式中可算出各自的盐雾风险指数如图 10.7。

表 10.57 中国沿海地区盐雾风险评估指标数据表

| 指标 | 辽宁 | 河北 | 天津 | 山东 | 江苏 | 上海 | 浙江 | 福建 | 广东 | 广西 | 海南 |
|---|---|---|---|---|---|---|---|---|---|---|---|
| 风速(m/s) | 6.3 | 6.8 | 6.2 | 6.4 | 6.9 | 6.9 | 6.4 | 7.7 | 5.8 | 6.5 | 6.3 |
| 垂直风向偏角(°) | 8 | 20 | 5 | 40 | 25 | 45 | 65 | 75 | 80 | 7 | 36 |
| 地面高程(m) | 230 | 1000 | 5 | 120 | 50 | 4 | 100 | 600 | 100 | 350 | 120 |
| 岸线长度(km) | 2100 | 500 | 130 | 3000 | 900 | 200 | 2200 | 3300 | 4310 | 1500 | 1528 |
| 湿润指数 | −20 | −25 | −10 | 20 | 40 | 75 | 90 | 130 | 160 | 155 | 145 |
| 电网总资产(亿元) | 974 | 753 | 700 | 1764 | 1988 | 344 | 1000 | 1055 | 1800 | 800 | 150 |
| 单位平方千米电网资产(万元/km²) | 65.8 | 39.9 | 588.2 | 111.7 | 185.5 | 545.5 | 98.2 | 85.1 | 100.2 | 33.8 | 42.4 |
| 电网从业人口占比(%) | 0.39 | 0.16 | 0.28 | 0.11 | 0.08 | 1.33 | 0.08 | 0.22 | 0.16 | 0.18 | 0.27 |
| 用电量(亿 kW·h) | 1985 | 3093 | 801 | 4108 | 5115 | 1406 | 3553 | 1850 | 5311 | 1377 | 252 |

表 10.58 中国沿海地区海盐雾风险评估指标等级划分结果

| 指标 | 辽宁 | 河北 | 天津 | 山东 | 江苏 | 上海 | 浙江 | 福建 | 广东 | 广西 | 海南 |
|---|---|---|---|---|---|---|---|---|---|---|---|
| 风速 | 2 | 3 | 2 | 2 | 3 | 3 | 2 | 5 | 1 | 2 | 2 |
| 垂直风偏向角 | 5 | 4 | 5 | 3 | 4 | 3 | 2 | 1 | 1 | 5 | 3 |
| 地面高程 | 2 | 1 | 5 | 3 | 4 | 5 | 3 | 1 | 4 | 1 | 3 |
| 岸线长度 | 4 | 2 | 1 | 4 | 3 | 2 | 4 | 5 | 5 | 1 | 4 |
| 湿润指数 | 1 | 1 | 1 | 2 | 2 | 3 | 3 | 4 | 5 | 5 | 4 |
| 电网总资产 | 3 | 2 | 2 | 5 | 5 | 1 | 3 | 3 | 5 | 2 | 1 |
| 单位平方千米电网资产 | 2 | 1 | 5 | 3 | 3 | 5 | 2 | 2 | 3 | 1 | 1 |
| 电网从业人口占比 | 4 | 2 | 3 | 2 | 1 | 5 | 1 | 3 | 2 | 2 | 3 |
| 用电量 | 2 | 4 | 1 | 5 | 5 | 2 | 4 | 2 | 5 | 2 | 1 |

表 10.59 中国沿海地区盐雾危险性指数

| | 辽宁 | 河北 | 天津 | 山东 | 江苏 | 上海 | 浙江 | 福建 | 广东 | 广西 | 海南 |
|---|---|---|---|---|---|---|---|---|---|---|---|
| 危险性指数 | 2.85 | 2.25 | 2.55 | 2.75 | 3.05 | 3 | 2.8 | 3.3 | 3.3 | 3.35 | 3.35 |

表 10.60 中国沿海地区盐雾暴露性指数

| | 辽宁 | 河北 | 天津 | 山东 | 江苏 | 上海 | 浙江 | 福建 | 广东 | 广西 | 海南 |
|---|---|---|---|---|---|---|---|---|---|---|---|
| 暴露性指数 | 3.00 | 2.00 | 2.00 | 5.00 | 5.00 | 1.00 | 3.00 | 3.00 | 5.00 | 2.00 | 1.00 |

表 10.61 中国沿海地区盐雾脆弱性指数

| | 辽宁 | 河北 | 天津 | 山东 | 江苏 | 上海 | 浙江 | 福建 | 广东 | 广西 | 海南 |
|---|---|---|---|---|---|---|---|---|---|---|---|
| 脆弱性指数 | 2.00 | 1.00 | 5.00 | 3.00 | 3.00 | 5.00 | 2.00 | 2.00 | 3.00 | 1.00 | 1.00 |

表 10.62　中国沿海地区盐雾防灾减灾能力指数

| | 辽宁 | 河北 | 天津 | 山东 | 江苏 | 上海 | 浙江 | 福建 | 广东 | 广西 | 海南 |
|---|---|---|---|---|---|---|---|---|---|---|---|
| 防灾减灾能力指数 | 2.80 | 3.20 | 1.80 | 3.80 | 3.40 | 3.20 | 2.80 | 2.40 | 3.80 | 2.00 | 1.80 |

表 10.63　中国沿海地区盐雾风险指数

| 指标 | 辽宁 | 河北 | 天津 | 山东 | 江苏 | 上海 | 浙江 | 福建 | 广东 | 广西 | 海南 |
|---|---|---|---|---|---|---|---|---|---|---|---|
| 风险指数 | 1.12 | 0.78 | 1.29 | 1.30 | 1.37 | 1.22 | 1.11 | 1.22 | 1.42 | 0.98 | 0.89 |

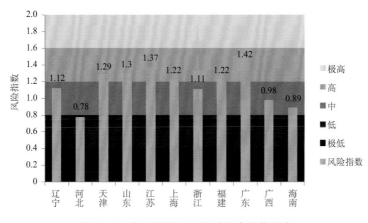

图 10.7　中国沿海地区盐雾风险指数示意

## 3. 改进措施

针对盐雾天气对电网安全的影响,建议有关部门采取以下措施减少电网事故:

(1)对设备运行环境条件加以详细的调查了解,准确掌握环境污染程度,确定污等级,严格按污区分布划分污秽等级,配置外绝缘水平。对特殊地区的地理位置、气象条件要进行认真调研,掌握气候异常变化规律,改善绝缘子的结构,防止绝缘子雾闪事故。

(2)注意绝缘子选型。根据不同地区的不同污秽情况合理选用防污型绝缘子和确定电气设备外绝缘结构,复合绝缘子具有耐污性能强、无零值、憎水性强、重量轻、安装运行维护方便等特点,建议推广使用。但是在使用前必须正确选定其爬电距离和考虑其伞形结构,使其既能提高防污性能又能尽可能降低伞间电弧桥接的可能,发挥复合绝缘子的优越性,在为电网安全运行服务中发挥更大作用。

(3)加强电气设备的调爬工作。确定和调整外绝缘爬距,这是根本性措施,由于污闪事故的发生有统计规律,是概率事件,因此爬距的选择要有一些余度。

(4)坚持定期清扫工作。电气设备之所以会发生雾闪,是因为设备外绝缘表面有污秽物,在大雾天气下更容易发生污闪,因此应该定期进行清扫,清扫工作的时间应该在雾季之前,清扫质量要尽量有保证。建立专工责任制,加强防污工作的联系,研究制定防污工作计划,检查措施落实情况,总结经验,提高防污管理工作质量与水平,避免雾闪事故的再次发生。

(5)确保重要线路的可靠性。由于在运行设备调爬任务还很重,限于停电安排和经费问题,分批实施在所难免。鉴于各地区雾闪事故的教训,对重要线路应首先给予保证,如电厂出线在一定距离内,双回路中要确保一条,主干线和联络线应优先安排等,杜绝再发生双回路同时跳闸或电厂出线雾闪引起切机或联络线中断的情况。

# 第八节　海平面上升

### 1. 指标体系

针对沿海电网海平面上升的风险评估,其危险性主要考虑自然因素的影响,评估海平面变化、地形状况和潮位水位 3 个方面;从电网角度来看,海平面上升及其引发的次生灾害会对社会经济产生较大影响,主要从经济方面评估海平面上升的暴露性和脆弱性;电网抑制海平面上升带来的危害的财政投入以全年全社会用电量来衡量,相关从业人员的比例高低能够反映应对海平面上升所带来的灾损的人力投入情况,主要从人力和财力 2 个方面评估防灾减灾能力。

确定海平面上升风险指标体系,由总到分共三层,并选取了 9 个指标用来描述海平面上升风险(表 10.64)。

表 10.64　海平面上升风险评估指标体系

| 第一层 | 第二层 | 第三层 |
| --- | --- | --- |
| 危险性($H$) | 海平面变化 | $H_1$:上升速率(mm/a) |
| | | $H_2$:2050 年上升幅度(mm) |
| | 地形 | $H_3$:地面高程(m) |
| | | $H_4$:岸线长度(km) |
| | 潮位 | $H_5$:最高高潮位(cm) |
| 暴露性($E$) | 经济暴露性 | $E_1$:电网总资产(亿元) |
| 脆弱性($V$) | 经济脆弱性 | $V_1$:单位平方千米电网资产(万元/km$^2$) |
| 防灾减灾能力($R$) | 人力资源 | $R_1$:电网从业人口占总从业人口比例(%) |
| | 减灾投入 | $R_2$:用电量(亿 kW・h) |

与台风风险评估一致,利用设置判断矩阵的方法,从判断矩阵中计算得出的特征向量可以形容危险性($H$)、暴露性($E$)、脆弱性($V$)以及防灾减灾能力($R$)4 个因子的权重系数,分别为 $\alpha=0.50,\beta=0.15,\gamma=0.25,\delta=0.10$。

同理,对于第三层中危险性的上升速率($H_1$)、上升幅度($H_2$)、地面高程($H_3$)、岸线长度($H_4$)和最高高潮位($H_5$)5 个指标权重,设置其判断矩阵并通过一致性检验,获得的特征向量数值分别为 $a_1=0.15,a_2=0.25,a_3=0.20,a_4=0.30,a_5=0.10$,可作为各危险性指标的权重系数。

对于第三层中暴露性的风险指标,由于电网中只考虑经济影响,因此权重系数 $b=1.00$。

对于第三层中脆弱性的风险指标,同样只考虑单位平方千米电网资产($V_1$),权重系数 $c=1.00$。

对于第三层中防灾减灾能力的 2 个风险指标电网从业人口比例($R_1$)和用电量($R_2$),考虑实际情况财力状况起到的作用要比人力状况相对大一些,因此二者权重系数分别为 $d_1=0.40,d_2=0.60$。

（1）危险性指标分析

海平面变化特征分别选取 2006—2015 年 10 年间海平面上升速率和到 2050 年海平面上升幅度表征过去和未来评估地区相对海平面变化状况，海平面上升的速率越大、幅度越大，危险性越大。

选用评估地区平均地面高程和海岸线长度表征地形因素的影响，高程越低、岸线越长，评估地区面临海平面上升的危险性越大。

海平面上升加剧了风暴潮、海浪等海洋灾害的致灾程度，选用相对于当地平均海平面的历史最高高潮位表征潮位水位状况，最高高潮位越高，危险性越大。

（2）暴露性指标分析

选用评估地区电网总资产表征经济的暴露性，电网总资产越高，该地区暴露在海平面上升危险因子中的人和财产越多，电网可能遭受潜在损失就越大，海平面上升风险越大。

（3）脆弱性指标分析

选用单位平方千米电网资产表征经济脆弱性，单位电网资产越高，受灾财产价值密度越高，海平面上升危险因素可能造成电网的伤害或潜在损失程度就越大，海平面上升风险越大。

（4）防灾减灾能力指标分析

选用电网从业人口占总从业人口比例表征电网人力资源投入情况，电网从业人口比例越高，灾害预防及灾害后重建能力越强，应对海平面上升灾害能力越强，海平面上升风险越小。选用地方用电量表征海平面上升减灾投入，一般来说，地方用电量越高，电网收入越高，相对地电网对减灾投入就越大，应对海平面上升灾害能力越强，海平面上升风险越小。

（5）各指标计算方法

上升速率（$H_1$）：根据中国 2015 年海平面公报的数据计算得到 2006—2015 年相对海平面上升速率（mm/a）。

上升幅度（$H_2$）：根据中国 2015 年海平面公报的数据，运用随机动态统计分析方法计算得到 2050 年海平面相较于常年同期上升幅度预测值（mm）。

地面高程（$H_3$）：沿海各省（区、市）的平均海拔高度（m）。

岸线长度（$H_4$）：沿海各省（区、市）的海岸线总长度（km）。

最高高潮位（$H_5$）：2015 年各海洋台站相对于当地平均海平面的最高高潮位观测值（cm）。

电网总资产（$E_1$）：2015 年沿海各省（区、市）电网总资产（亿元）。

单位平方千米电网资产（$V_1$）：2015 年沿海各省（区、市）电网总资产/沿海各省（区、市）总面积（万元/ km²）。

电网从业人口比例（$R_1$）：2015 年沿海各省（区、市）电网从业人口/从业人口总数（％）。

用电量（$R_2$）：2015 年沿海各省（区、市）全年全社会用电量（亿 kW・h）。

**2. 算例分析**

根据 2015 年中国海平面公报、2015 年各省（区、市）发展和改革委员会公布数据、2015 年各省（区、市）统计信息网以及 2015 年各省（区、市）国民经济与社会发展统计公报等获得各划分地区 $H_1 \sim H_5$、$E_1$、$V_1$、$R_1$ 以及 $R_2$ 共 9 项评估指标数据。由于各指标的单位和量级不同，为了合理和方便计算，采用分级赋值法将指标进行量化，建立指标定量化标准（表 10.65）。

**表 10.65　中国沿海地区海平面上升风险评估指标量化值及量化标准**

| 评估指标 | 量化标准 | 量化值 | 评估指标 | 量化标准 | 量化值 |
|---|---|---|---|---|---|
| 上升速率(mm/a) | ≥4.2 | 5 | 2050 年上升幅度(mm) | ≥130 | 5 |
| | 4.0～4.2 | 4 | | 120～130 | 4 |
| | 3.5～4.0 | 3 | | 110～120 | 3 |
| | 3.0～3.5 | 2 | | 100～110 | 2 |
| | <3.0 | 1 | | <100 | 1 |
| 地面高程(m) | <5 | 5 | 岸线长度(km) | ≥3000 | 5 |
| | 5～100 | 4 | | 1500～3000 | 4 |
| | 100～200 | 3 | | 500～1500 | 3 |
| | 200～300 | 2 | | 150～500 | 2 |
| | ≥300 | 1 | | <150 | 1 |
| 最高高潮位(cm) | ≥650 | 5 | 电网总资产(亿元) | ≥1500 | 5 |
| | 500～650 | 4 | | 1200～1500 | 4 |
| | 350～500 | 3 | | 900～1200 | 3 |
| | 200～350 | 2 | | 600～900 | 2 |
| | <200 | 1 | | <600 | 1 |
| 单位平方千米电网资产(万元/km²) | ≥500 | 5 | 电网从业人口占总从业人口比例(%) | ≥0.40 | 5 |
| | 300～500 | 4 | | 0.30～0.40 | 4 |
| | 100～300 | 3 | | 0.20～0.30 | 3 |
| | 50～100 | 2 | | 0.10～0.20 | 2 |
| | <50 | 1 | | <0.10 | 1 |
| 用电量(亿 kW·h) | ≥4000 | 5 | | | |
| | 3000～4000 | 4 | | | |
| | 2000～3000 | 3 | | | |
| | 1000～2000 | 2 | | | |
| | <1000 | 1 | | | |

　　根据量化指标值和各省(区、市)具体评估指标值,可以分别计算出各省(区、市)危险性指数、暴露性指数、脆弱性指数和防灾减灾能力指数,最后得出风险指数如表 10.66～10.72 及图 10.8 所示。

**表 10.66　中国沿海地区海平面上升风险评估指标数据表**

| 指标 | 辽宁 | 河北 | 天津 | 山东 | 江苏 | 上海 | 浙江 | 福建 | 广东 | 广西 | 海南 |
|---|---|---|---|---|---|---|---|---|---|---|---|
| 上升速率(mm/a) | 3.9 | 3.3 | 4.9 | 4.2 | 4.1 | 3.8 | 3.8 | 3.4 | 4.2 | 3.2 | 4.3 |
| 2050 年上升幅度(mm) | 117.5 | 97.5 | 147.5 | 125 | 122.5 | 112.5 | 112.5 | 102.5 | 125 | 97.5 | 130 |
| 地面高程(m) | 230 | 1000 | 5 | 120 | 50 | 4 | 100 | 600 | 100 | 350 | 120 |
| 岸线长度(km) | 2100 | 500 | 130 | 3000 | 900 | 200 | 2200 | 3300 | 4310 | 1500 | 1528 |
| 最高高潮位(cm) | 541 | 547 | 368 | 500 | 561 | 550 | 450 | 700 | 350 | 600 | 350 |
| 电网总资产(亿元) | 974 | 753 | 700 | 1764 | 1988 | 344 | 1000 | 1055 | 1800 | 800 | 150 |

| 指标 | 辽宁 | 河北 | 天津 | 山东 | 江苏 | 上海 | 浙江 | 福建 | 广东 | 广西 | 海南 |
|---|---|---|---|---|---|---|---|---|---|---|---|
| 单位平方千米电网资产（万元/km²） | 65.8 | 39.9 | 588.2 | 111.7 | 185.5 | 545.5 | 98.2 | 85.1 | 100.2 | 33.8 | 42.4 |
| 电网从业人口占比（%） | 0.39 | 0.16 | 0.28 | 0.11 | 0.08 | 1.33 | 0.08 | 0.22 | 0.16 | 0.18 | 0.27 |
| 用电量（亿 kW·h） | 1985 | 3093 | 801 | 4108 | 5115 | 1406 | 3553 | 1850 | 5311 | 1377 | 252 |

表 10.67　中国沿海地区海平面上升风险评估指标等级划分结果

| 指标 | 辽宁 | 河北 | 天津 | 山东 | 江苏 | 上海 | 浙江 | 福建 | 广东 | 广西 | 海南 |
|---|---|---|---|---|---|---|---|---|---|---|---|
| 上升速率 | 3 | 2 | 5 | 4 | 4 | 3 | 3 | 2 | 4 | 2 | 5 |
| 上升幅度 | 3 | 1 | 5 | 4 | 4 | 3 | 3 | 2 | 4 | 1 | 5 |
| 地面高程 | 2 | 1 | 5 | 3 | 4 | 5 | 3 | 1 | 4 | 1 | 3 |
| 岸线长度 | 4 | 2 | 1 | 4 | 3 | 2 | 4 | 5 | 5 | 1 | 4 |
| 最高高潮位 | 4 | 4 | 3 | 4 | 4 | 4 | 3 | 5 | 3 | 4 | 3 |
| 电网总资产 | 3 | 2 | 2 | 5 | 5 | 3 | 3 | 3 | 5 | 2 | 1 |
| 单位平方千米电网资产 | 2 | 1 | 5 | 3 | 3 | 5 | 2 | 2 | 3 | 1 | 1 |
| 电网从业人口占比 | 4 | 2 | 3 | 2 | 1 | 5 | 1 | 3 | 2 | 2 | 3 |
| 用电量 | 2 | 4 | 1 | 5 | 5 | 2 | 4 | 2 | 5 | 2 | 1 |

表 10.68　中国沿海地区海平面上升危险性指数

| | 辽宁 | 河北 | 天津 | 山东 | 江苏 | 上海 | 浙江 | 福建 | 广东 | 广西 | 海南 |
|---|---|---|---|---|---|---|---|---|---|---|---|
| 危险性指数 | 3.20 | 1.75 | 3.60 | 3.80 | 3.70 | 3.20 | 2.30 | 3.00 | 4.20 | 1.45 | 4.10 |

表 10.69　中国沿海地区海平面上升暴露性指数

| | 辽宁 | 河北 | 天津 | 山东 | 江苏 | 上海 | 浙江 | 福建 | 广东 | 广西 | 海南 |
|---|---|---|---|---|---|---|---|---|---|---|---|
| 暴露性指数 | 3.00 | 2.00 | 2.00 | 5.00 | 5.00 | 1.00 | 3.00 | 3.00 | 5.00 | 2.00 | 1.00 |

表 10.70　中国沿海地区海平面上升脆弱性指数

| | 辽宁 | 河北 | 天津 | 山东 | 江苏 | 上海 | 浙江 | 福建 | 广东 | 广西 | 海南 |
|---|---|---|---|---|---|---|---|---|---|---|---|
| 脆弱性指数 | 2.00 | 1.00 | 5.00 | 3.00 | 3.00 | 5.00 | 2.00 | 2.00 | 3.00 | 1.00 | 1.00 |

表 10.71　中国沿海地区海平面上升防灾减灾能力指数

| | 辽宁 | 河北 | 天津 | 山东 | 江苏 | 上海 | 浙江 | 福建 | 广东 | 广西 | 海南 |
|---|---|---|---|---|---|---|---|---|---|---|---|
| 防灾减灾能力指数 | 2.80 | 3.20 | 1.80 | 3.80 | 3.40 | 3.20 | 2.80 | 2.40 | 3.80 | 2.00 | 1.80 |

表 10.72　中国沿海地区海平面上升风险指数

| | 辽宁 | 河北 | 天津 | 山东 | 江苏 | 上海 | 浙江 | 福建 | 广东 | 广西 | 海南 |
|---|---|---|---|---|---|---|---|---|---|---|---|
| 风险指数 | 1.19 | 0.69 | 1.53 | 1.52 | 1.51 | 1.26 | 1.01 | 1.16 | 1.60 | 0.64 | 0.98 |

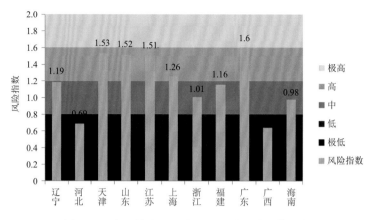

图 10.8　中国沿海地区海平面上升风险指数示意

### 3. 改进措施

按照回避、适应和保护的基本原则,电网运行针对海平面上升主要改进措施如下:

(1)尽量采用机械稳定性较好的水轮机组。如电站库容较大,具备一定的调节能力,则可根据平衡结果,将电站工作位置安排在峰荷运行(一般是日调峰运行),如果电站库容较小,调节能力小,则将电站安排在腰荷或基荷运行。

(2)重新核定沿海地区防洪除涝标准,从设计上提高重要输变电设备的防雨能力,加固易发生洪涝地区的输电杆塔;合理选择变电站和输电走廊的地址,特别是电压等级高的变电站和输电线路,尽量避开风暴潮频发区域;与气象部门合作,提高洪涝灾害的预警能力,提前做好应对洪涝灾害的准备。

(3)风暴潮期间应尽量将台风影响区域内电厂压减至低负荷运行,避免因负荷大幅波动而出现短期电力供应不足或系统调峰困难的现象。

# 第九节　综合评估

综合前面 8 节各省(区、市)对应灾害风险指标,对其进行排序(表 10.73 和表 10.74)。

表 10.73　中国沿海地区不同气候环境风险指数

| 省(区、市) | 台风 | 雷电 | 洪涝 | 冰雪凝冻 | 持续高温 | 暴雨 | 盐雾 | 海平面上升 |
|---|---|---|---|---|---|---|---|---|
| 辽宁 | 1.07 | 0.80 | 1.14 | 1.30 | 1.00 | 1.09 | 1.12 | 1.19 |
| 河北 | 0.70 | 0.75 | 0.90 | 1.09 | 0.79 | 0.85 | 0.78 | 0.69 |
| 天津 | 0.98 | 1.12 | 1.35 | 1.31 | 1.19 | 1.33 | 1.29 | 1.53 |
| 山东 | 1.30 | 1.13 | 1.47 | 1.41 | 1.44 | 1.07 | 1.30 | 1.52 |
| 江苏 | 1.15 | 1.11 | 1.61 | 1.43 | 1.76 | 1.75 | 1.37 | 1.51 |
| 上海 | 1.15 | 1.21 | 1.18 | 1.26 | 1.56 | 1.29 | 1.22 | 1.26 |
| 浙江 | 1.42 | 1.32 | 1.26 | 1.17 | 1.47 | 1.24 | 1.11 | 1.01 |
| 福建 | 1.69 | 1.34 | 1.15 | 1.32 | 1.44 | 1.24 | 1.22 | 1.16 |
| 广东 | 1.74 | 1.56 | 1.67 | 1.17 | 1.70 | 1.30 | 1.42 | 1.60 |
| 广西 | 1.13 | 1.14 | 1.06 | 0.90 | 1.17 | 1.11 | 0.98 | 0.64 |
| 海南 | 1.00 | 1.02 | 0.95 | 0 | 1.03 | 0.97 | 0.89 | 0.98 |

表 10.74　中国沿海各省市风险指数排序表

| 省（区、市） | 台风 | 雷电 | 洪涝 | 冰雪凝冻 | 持续高温 | 暴雨 | 盐雾 | 海平面上升 |
|---|---|---|---|---|---|---|---|---|
| 辽宁 | 8 | 10 | 8 | 5 | 10 | 8 | 7 | 6 |
| 河北 | 11 | 11 | 11 | 9 | 11 | 11 | 11 | 10 |
| 天津 | 10 | 7 | 4 | 4 | 7 | 2 | 1 | 2 |
| 山东 | 4 | 6 | 3 | 2 | 6 | 9 | 3 | 3 |
| 江苏 | 5 | 8 | 2 | 1 | 1 | 1 | 2 | 4 |
| 上海 | 6 | 4 | 6 | 6 | 3 | 4 | 5 | 5 |
| 浙江 | 3 | 3 | 5 | 8 | 4 | 5 | 8 | 8 |
| 福建 | 2 | 2 | 7 | 3 | 5 | 6 | 6 | 7 |
| 广东 | 1 | 1 | 1 | 7 | 2 | 3 | 1 | 1 |
| 广西 | 7 | 5 | 9 | 10 | 8 | 7 | 9 | 11 |
| 海南 | 9 | 9 | 10 | 11 | 9 | 10 | 10 | 9 |

根据表 10.73 和表 10.74 结果再对各省（区、市）全灾害进行综合排序，考虑到冰雪凝冻、台风、雷电、暴雨和洪涝灾害在沿海地区灾情较为严重，因此权重系数取 1，其余灾害指数权重取 1/3，并对排名为 1 的省（区、市）的风险指数乘 10 后再与该省（区、市）其余风险指数加权累加得到该省（区、市）综合风险值，由高到低排序后如表 10.75 所示。

表 10.75　中国沿海各省（区、市）全灾害风险指数排序表

| 省（区、市） | 广东 | 江苏 | 福建 | 山东 | 浙江 | 天津 | 上海 | 广西 | 辽宁 | 河北 | 海南 |
|---|---|---|---|---|---|---|---|---|---|---|---|
| 综合风险值 | 62.80 | 42.50 | 8.01 | 7.80 | 7.61 | 7.43 | 6.44 | 6.27 | 5.50 | 5.04 | 4.91 |

# 第十一章　核电风险评估及改进措施

我国沿海大型核电站分布于辽宁省、山东省、江苏省、浙江省、福建省、广东省、广西壮族自治区及海南省这8个沿海省份,内陆省份均无核电站。沿海地区气候变化对核电站运行安全的影响因素主要集中于海平面上升、气温升高、冰雪凝冻、大气腐蚀性气体浓度等方面。

## 第一节　影响因素

**1. 海平面上升**

我国大型核电站均分布于华中及华南沿海地区,如浙江秦山核电站,江苏田湾核电站,深圳领澳核电站、大亚湾核电站,以及阳江核电站等。大型滨海电厂一般依据当地海域最高潮位及相对海平面确定厂址的基准标高,防护设施、排水设施及核岛的基础标高等。海平面上升一定程度上使这些基础设施的作用减弱,且当情况日益加剧时可能影响核电站正常运行,造成电力系统生产的不稳定。

海平面上升泛指由全球气候变暖、基地冰川融化、上层海水变热膨胀等原因引起的全球性海平面上升现象。国际地圈生物圈计划(IGBP)和政府间气候变化委员会(IPCC)等国际权威机构估计,到2050年全球海平面将上升20～30 cm。海平面上升是一种变化进程缓慢的现象,且通常叠加于台风、风暴潮等现象中体现对滨海电厂设备的影响。由于海域或地域差异性,国际上对相对海平面的关注度日渐升高,认为研究海平面影响必须同时考虑海面和陆地的变化,同时认为相对海平面上升值可能远远大于全球海平面的绝对上升值。例如,在我国珠江三角洲、长江三角洲等大河三角洲地区,由于河口区的自然堆积和人为水利工程影响,三角洲快速堆积并向前延展,当河流延伸时可能发生水位抬升现象。据预测,到2050年我国珠江三角洲地区相对海平面将上升40～60 cm,其他沿海地区因自身陆地构造差异,相对海平面有所差异(梁水林,1995)。

一定程度的海平面上升将对核电厂产生如下影响:

(1)由海平面上升导致的风暴潮灾害加剧,导致厂区地坪高度不足,防护设施功能减弱,造成厂区淹浸。

(2)海平面上升使潮汐位随之上升,影响厂区内排水系统及冷却水系统正常运行。

**2. 冰雪凝冻**

我国寒冷地区核电站地下廊道受冰雪凝冻影响较大。核电厂地下廊道埋设最终热阱用水管道、消防水管道、核岛主要设备冷却水的海水管道及综合技术管道等。我国渤海东湾海域海水冬季水温可低达−21 ℃,海水管道内长期保持低于 0 ℃状态,经管壁和廊道内腔空气热交换使廊道内气温低于 0 ℃,可能导致消防水管道冻结(刘纯一,2010)。辽宁红沿河核电站位于我国渤海东湾,由于滨海大气湿度高,当气温低于 0 ℃,易出现雨转雪、霜、冻雨、雨夹雪、雪等天气现象,因此还需考虑低温天气对廊道内电缆及设备的凝冻影响。

在核电厂地下廊道设计时一般采取一定的防冻措施,将廊道设置在冻土层以下,增设采暖设施等。廊道一般埋设于冻土层以下 3.2～6.5 m 处,且海水管道设有保温措施。

### 3. 持续高温

气温升高对我国沿海地区核电站的影响主要体现在影响站内冷却水系统运行和加速大气离子腐蚀作用 2 方面。

由于近年来全球变暖日益加剧,我国沿海夏季气温连续出现超过 35 ℃的高温天气,历史最高可达 38.5 ℃。在秦山核电站所在地区,2013 年 7 月至 2014 年 6 月,最高气温持续超过 35 ℃的天气超过 40 d,海水温度也同期上升,最高可达 33.4 ℃(唐亮,2014)。持续的高温天气超过滨海核电厂的热源(凝汽器、设备运转发热)和冷却系统(冷风机、循环水系统等)的设计基准温度,可能对其正常运行造成影响。正常工况下,冷风机循环水系统向循环风机系统提供冷却水,同时循环风机冷却安全壳内的空气将热量传递至外部大气中,保持安全壳内平均温度不超过 48 ℃。在持续高温的夏季,若不调整冷风机循环水系统工作状态,安全壳内温度可达 39.7 ℃,逼近报警值,且安全余量很小,如果发生设备故障则很可能导致冷却系统无法正常工作,安全壳内温度超过极限值。因此,在持续高温天气时尽量不安排非必要检修,严密监视运行参数,保证设备安全运行;如果发生冷却系统因故停运的情况,可在放射性水平满足排放要求的情况下投入送排风系统对安全壳内空气进行降温。

除冷风机循环水系统外,与其功能类似的冷冻水系统还向核电厂中包括泵房风机、各厂房间空调、重要设备间空调在内的其他用户提供冷却。由于冷冻水系统设置了专用制冷机组对冷冻水制冷,将热量通过该机组的冷却水冷却塔传导至外部大气中,因此外部环境气温直接影响冷却水的散热量,进而影响机组的制冷量。按核安全规程要求,冷冻水的供水温度应控制在 8～13 ℃,在持续高温天气下,由于冷却水的散热量降低,其温度可达 16 ℃。在实际运行中,为适应持续高温天气,冷冻水系统可采用调整原来的间断制冷运行方式,或调节进水阀增大流量,或增加制冷机组运行台数等方法保证其制冷效果。这些措施皆建立于冷冻水机组保持正常工作状态基础上,若在持续高温下任意一台冷冻机组或冷冻水泵停运,都会造成受冷设备运行温度的升高。

此外,核电厂以海水为冷源分为一回路海水和二回路海水,按核安全规程要求,其平均温度低于 32.8 ℃。一回路海水作为设备冷却水,对转动设备的电机、冷却乏池中系统工质等进行冷却,一般情况下只有一台设冷热交换器运行,在持续高温天气下,由于海水温度的升高,投入两台或多台热交换器运行,必要时还需增大设冷水流量。在 2013 年夏季试验中,当时海水温度约为 32 ℃,在限制设冷水流量的情况下,即便增加设冷水水泵运行数量,设冷热交换机的冷水出口温度仅降低了 0.5 ℃左右,不能有效降低设冷水温度。可见,在持续高温天气情况下,单纯增加设冷水水泵运行数量不能有效地降低设冷水温度。二回路海水作为凝汽器和发电机线圈的冷却水。一方面,当海水温度升高时,排气冷凝效果变差,凝气真空度下降,尽管全数增加海水循环泵也无法达到原来的冷凝效果。从汽轮机的热力循环角度来看,凝汽器中真空度的下降导致系统热循环效率降低,在进气口处需要更多进气量维持该工况下的功率。但由于核电厂对安全需求的控制,汽轮机进气量设有最高限值,因此,只能减小汽轮机组出力保证核电站运行安全。在持续高温天气下,秦山核电站汽轮机组将由额定 330 MW 降低至 315 MW 左右运行,导致该厂经济效益直接减少。另一方面,发电机定子冷却水标准进水温度为 30 ℃,在持续高温天气下,进水温度升高至 37 ℃,导致出水温度过高而频繁报警,因此只能通过降低发电机无功或更换冷却水的方式降温。

低合金钢和碳钢是核电站建设过程中的重要材料,由于其暴露在滨海大气中,其大气腐蚀情况不可忽视。

$Cl^-$ 和 $SO_4^{2-}$ 是滨海大气中的主要腐蚀性离子,对滨海核电厂建筑材料有一定腐蚀作用,影响滨海核电站的安全性和经济性(赵恒强,2011)。

研究表明,海盐阴离子是滨海核电站大气腐蚀的主要因素,滨海大气中致酸离子和在一定条件下形成的酸雨也对滨海核电站造成不可忽视的影响。实验研究指出,低合金钢和碳钢在含 $SO_4^{2-}$、$Cl^-$、$NO_3^-$ 的大气中暴露一定时间后,将发生不同程度的表面松化和质量亏损。

根据对连云港田湾核电站滨海大气污染研究得出,这 3 种腐蚀性阴离子在滨海大气中浓度大小随季节变化。滨海大气腐蚀性离子的季节性浓度变化主要由温度变化导致,同时也受光照、季风风向和人类生产计划影响。离子浓度随季节变化十分明显,7月和11月分别有 2 个高峰,7月的浓度高峰一方面由田湾核电站所在沿海地区受夏季东南季风造成,另一方面由于夏季平均气温的升高和光照的增强,加速转化为离子造成;11月浓度高峰是由于该核电站在 11 月运行柴油锅炉,造成离子浓度高峰。离子的夏季高峰也是受夏季的高温和日照影响,加速其光化学反应。

### 4. 台风

我国核电安全规定中按照"可能最大台风"(probable maximum typhoon)、"可能最大风暴潮"(probable maximum storm surge)、"设计基准洪水位"(design basic flood)对台风的影响进行评估,决定滨海核电厂厂址基准洪水位(黄世昌 等,2010;刘德辅 等,2010)。一般情况下,厂址基准洪水位的确定采用确定论法:

$$厂址基准洪水位=(PMSS 增水+10\% \times 天文潮高潮位)+安全裕度$$

其中,最大可能风暴潮(PMSS)及其相应波浪增水值因具体海域而异,考虑安全裕度时应把海平面上升情况囊括在内。

台风对核电站的影响力主要体现在强风、暴雨和风暴潮 3 个方面。我国东南沿海台风风速都在 17 m/s 以上,每年登陆海南岛的台风平均风速皆超过 40 m/s,有的甚至可达 60 m/s 以上(江平 等,2010)。伴随热带气旋而来的暴雨可能导致核电站内部排水系统非正常运行,架空线及设备发生雨闪等;对在建核电厂还会造成核岛基坑积水、常规岛基坑积水、泵房基坑积水等。此外,台风带来的风暴潮导致海水水位升高,浪高超过防坡堤标高,甚至导致防坡堤被冲毁造成潮水漫溢等。

台风对核电厂一次出入线和厂用电线路的影响较为严重:

(1)台风造成架空线路摆动,易发生风偏闪络,损坏导杆金具;在极端台风天气下还可能导致耐张塔跳线,发生风偏闪络导致跳闸的可能。

(2)台风风速超过一定值使铁塔荷载超过承载力设计值,造成输电线路杆塔损坏甚至坍塌。

（3）台风风速超过一定值使架空导线、地线弧垂最低点张力超过其拉断力，导致架空线拉断。

# 第二节　建设设计标准

从 20 世纪 80 年代起我国开始编制核电标准，但由于标准数量大且各有不同，我国核电领域建设标准一直存在标准不规范、已有标准缺乏权威性的现象，如大亚湾核电站、领澳核电站及秦山核电站二期工程采用法国 RCC 体系建设，秦山核电站一期工程及三期工程采用美国国家标准学会 ANSI、美国机械工程学会 ASME 体系建设。我国滨海核电厂防洪设计及其防护措施主要遵循《核电厂厂址选择安全规定》（HAF 101—1991）和《滨海核电厂厂址设计基准洪水的确定》（HAD 101/09—1990）。导则中规定，滨海核电厂厂址的设计基准洪水为核电站设计能承受的洪水，取下列洪水类型中最严重一项：

（1）可能最大风暴潮引起的洪水；

（2）可能最大海啸引起的洪水；

（3）可能最大假潮引起的洪水；

（4）由上述 3 项严重事件的组合所引起的洪水。

且以上每一项都应保守考虑较高的基准水位，以及由于潮汐、海平面变化等引起的水位抬高。

**1. 美国核电防洪设计标准**

根据美国核管理委员会核反应堆管理局所编制的《核电厂安全分析报告标准审查大纲（轻水反应堆版）》，对滨海核电厂风暴潮的评估需考虑以下因素：

（1）沿海厂址处可能最大飓风（PMH）；

（2）进入内陆的同时遇上径流产生的洪水且引起波浪的可能最大飓风；

（3）由风（非飓风）产生的可能最大波浪；

（4）风暴潮伴随的径流洪水。

此外，该标准审查大纲和美国核安全管理导则《核电站的防洪》（Flood Protection for Nuclear Power Plants）规定，采用百分之一波浪高度和爬高设计洪水水位（雷达，2006）。

**2. 法国核电防洪设计标准**

《法国 900 MWe 压水堆核电站系统设计和建造规则》中规定，设计基准洪水应为最高天文潮加上千年一遇风暴增水或海啸，对位于地中海的厂址还应考虑安全裕度。可见，在法国标准中，设计基准洪水位不考虑波浪影响、下水水位升高、海平面异常等因素。

**3. 我国核电防洪设计标准**

与法国防洪设计标准相比，我国标准结合设计静水位和波浪的影响确定基准洪水位，通过选定可防护设计静水位的厂坪标高和建设防护堤和挡浪墙，抵御洪水对核电厂的影响（赵恒强，2011）。

关于我国滨海核电厂设计波浪标准，《港口工程技术规范》（1987）规定，一般港工建筑物规定波浪重现期为50年一遇;且在《滨海核电厂厂址设计基准洪水的确定(HAF0111)》中规定,刚性、半刚性、柔性构筑物的波浪积累频率分别为H0.4%、H0.4%~H13%、H13%。

对于设计水位标准而言,我国《海港水文规范》中规定,波浪设计高水位采用历史累计频率的1%,波浪设计低水位采用历史累计频率的98%。对敞开式海岸要考虑可能最大风暴潮和可能最大洪水同时发生的高潮位等不利情况。此外,常规岛循环冷却水设计水位按百年一遇最高最低潮位设计;核岛循环冷却水设计高水位按照可能最大风暴潮增水水位叠加超越天文潮高潮位10%的水位设计,设计低水位按照可能最大风暴潮位叠加超越天文潮低潮位10%的水位设计,并考虑一个安全裕度。虽可考虑一定越浪量,但不允许有成层水体越过堤顶。

# 第三节　指标体系

针对沿海气候变化对核电站运行安全的风险评估,其危险性主要考虑自然因素的影响,评估夏季气温变化、降雨状况、潮位水位和台风4个方面。夏季高温可能影响站内冷却水系统运行和加速大气离子腐蚀作用;海平面上升带来的风暴潮,台风引起的降雨量骤增及其带来的潮汐位升高,以及两者带来的洪涝均影响站内基础设施及排水系统的正常工作。

确定影响核电站运行安全的气候变化因素分三层共8个指标(表11.1)。

表11.1　核电站安全运行风险评估指标体系

| 第一层 | 第二层 | 第三层 |
|---|---|---|
| 危险性(H) | 潮位 | $H_1$:历史最高潮潮位(cm) |
| | 高温 | $H_2$:夏季平均温度(℃) |
| | 台风 | $H_3$:最大风速(m/s) |
| | 降雨量 | $H_4$:降雨量增长速率(mm/a) |
| 暴露性(E) | 经济暴露性 | $E_1$:电网总资产(亿元) |
| 脆弱性(V) | 经济脆弱性 | $V_1$:单位平方千米电网资产(万元/km²) |
| 防灾减灾能力(R) | 人力资源 | $R_1$:电网从业人口占总从业人口比例(%) |
| | 减灾投入 | $R_2$:用电量(亿 kW·H) |

与台风风险评估相同,危险性(H)、暴露性(E)、脆弱性(V)以及防灾减灾能力(R)4个因子的权重系数分别为 $\alpha=0.50,\beta=0.15,\gamma=0.25,\delta=0.10$。

同理,对于第三层中危险性的最高潮潮位($H_1$)、夏季平均温度($H_2$)、台风最大风速($H_3$)和降雨量增长速率($H_4$)4个指标权重,设置其判断矩阵并通过一致性检验,获得的特征向量数值分别为 $a_1=0.30,a_2=0.30,a_3=0.20,a_4=0.20$,可作为各危险性指标的权重系数。

对于第三层中暴露性的风险指标,由于电网中只考虑经济影响,因此权重系数 $b=1.00$。

对于第三层中脆弱性的风险指标,同样只考虑单位平方千米电网资产($V_1$),权重系数 $c=1.00$。

(1)危险性指标分析

潮汐位特征用最高潮潮位表征其对核电站的影响,高潮位越高,越可能超过防浪堤设计高程。夏季平均气温越高,影响核岛冷却水系统的可能性越大。台风方面采用最大风速表征风速特征量,最大风速越大,危险性越大。降雨量特征选取降雨量增长速率表征评估地区降雨量变化状况,降雨量上升的速率越大、幅度越大,危险性越大。

(2)暴露性指标分析

选用评估地区电网总资产表征经济的暴露性,电网总资产越高,该地区暴露在危险因了中的人和财产越多,电网可能遭受潜在损失就越大,核电站受到安全风险越大。

(3)脆弱性指标分析

选用单位平方千米电网资产表征经济脆弱性,单位电网资产越高,受灾财产价值密度越高,危险因素可能造成电网的伤害或潜在损失程度就越大,核电站受到安全风险越大。

(4)各指标计算方法

历史最高潮潮位($H_1$):根据沿海地区气象监测站观测数据计算得到 2015 年最高潮潮位(cm)。

夏季平均温度($H_2$):根据沿海地区气象监测站观测数据计算得到 2015 年夏季平均气温(℃)。

台风最大风速($H_3$):根据沿海地区气象监测站观测数据计算得到 2015 年最大台风风速(m/s)。

降雨量增长速率($H_4$):根据当地平均年降雨量和 2015 年气象观测值,运用统计法计算得出增长速率(cm)。

电网总资产($E_1$):2015 年沿海各省(区、市)电网总资产(亿元)。

单位平方千米电网资产($V_1$):2015 年沿海各省(区、市)电网总资产/沿海各省(区、市)总面积(万元/km$^2$)。

电网从业人口比例($R_1$):2015 年沿海各省(区、市)电网从业人口/从业人口总数(%)。

用电量($R_2$):2015 年沿海各省(区、市)全社会年用电量(亿 kW·h)。

# 第四节  算例分析

根据海洋台站观测资料、2015 年各省(区、市)发改委公布数据、2015 年各省(区、市)统计信息网以及 2015 年各省(区、市)国民经济与社会发展统计公报等获得各划分地区 $H_1 \sim H_4$、$E_1$、$V_1$、$R_1$ 以及 $R_2$ 共 8 项评估指标数据。由于各指标的单位和量级不同,为了合理和方便计算,采用分级赋值法将指标进行量化,建立指标定量化标准(表 11.2)。

表 11.2  中国沿海地区核电风险评估指标量化值及量化标准

| 评估指标 | 量化标准 | 量化值 | 评估指标 | 量化标准 | 量化值 |
|---|---|---|---|---|---|
| 历史最高潮潮位(cm) | ≥650 | 5 | 夏季平均温度(℃) | ≥30 | 5 |
| | 500~650 | 4 | | 28~30 | 4 |
| | 350~500 | 3 | | 26~28 | 3 |
| | 200~350 | 2 | | 24~26 | 2 |
| | <200 | 1 | | <24 | 1 |

| 评估指标 | 量化标准 | 量化值 | 评估指标 | 量化标准 | 量化值 |
|---|---|---|---|---|---|
| 最大风速(m/s) | ≥41.5 | 5 | 年平均降雨量增长速率(mm/a) | ≥30 | 5 |
| | 32.7～41.4 | 4 | | 20～30 | 4 |
| | 24.5～32.6 | 3 | | 10～20 | 3 |
| | 17.2～24.4 | 2 | | 0～10 | 2 |
| | <17.2 | 1 | | <0 | 1 |
| 电网总资产(亿元) | ≥1500 | 5 | 单位平方千米电网资产(万元/km²) | ≥500 | 5 |
| | 1200～1500 | 4 | | 300～500 | 4 |
| | 900～1200 | 3 | | 100～300 | 3 |
| | 600～900 | 2 | | 50～100 | 2 |
| | <600 | 1 | | <50 | 1 |
| 电网从业人口占总从业人口比例(%) | ≥0.40 | 5 | 用电量(亿 kW·h) | ≥4000 | 5 |
| | 0.30～0.40 | 4 | | 3000～4000 | 4 |
| | 0.20～0.30 | 3 | | 2000～3000 | 3 |
| | 0.10～0.20 | 2 | | 1000～2000 | 2 |
| | <0.10 | 1 | | <1000 | 1 |

各省(区、市)4项评估指标指数如表 11.3～11.9,代入模型公式中可算出各自的核电风险指数如图 11.1。

**表 11.3　中国沿海地区核电风险评估指标数据表**

| 指标 | 辽宁 | 山东 | 江苏 | 浙江 | 福建 | 广东 | 广西 | 海南 |
|---|---|---|---|---|---|---|---|---|
| 历史最高潮潮位(cm) | 541 | 500 | 561 | 450 | 700 | 350 | 600 | 350 |
| 夏季平均温度(℃) | 23 | 24～27 | 9～19 | 24～28 | 25～30 | 24～31 | 22～29 | 26～32 |
| 最大风速(m/s) | 17.4 | 24.3 | 8.0 | 68.0 | 54.0 | 60.4 | 53.1 | 55.0 |
| 降雨增量长速率(mm/a) | 5.30 | 5.43 | 11.30 | −6.46 | −7.58 | 24.26 | 10.10 | 7.90 |
| 电网总资产(亿元) | 974 | 1764 | 1988 | 1000 | 1055 | 1800 | 800 | 150 |
| 单位平方千米电网资产(万元/km²) | 65.8 | 111.7 | 185.5 | 98.2 | 85.1 | 100.2 | 33.8 | 42.4 |
| 电网从业人口占比(%) | 0.39 | 0.11 | 0.08 | 0.08 | 0.22 | 0.16 | 0.18 | 0.27 |
| 用电量(亿 kW·h) | 1985 | 4108 | 5115 | 3553 | 1850 | 5311 | 1377 | 252 |

**表 11.4　中国沿海地区核电风险评估指标等级划分结果**

| 指标 | 辽宁 | 山东 | 江苏 | 浙江 | 福建 | 广东 | 广西 | 海南 |
|---|---|---|---|---|---|---|---|---|
| 历史最高潮位 | 4 | 4 | 4 | 3 | 5 | 3 | 4 | 3 |
| 夏季平均温度 | 1 | 2 | 2 | 3 | 4 | 5 | 5 | 5 |
| 最大风速 | 2 | 2 | 1 | 5 | 5 | 5 | 5 | 5 |
| 降雨量增长速率 | 2 | 1 | 1 | 3 | 2 | 1 | 4 | 5 |
| 电网总资产 | 3 | 5 | 5 | 3 | 3 | 5 | 2 | 1 |
| 单位平方千米电网资产 | 2 | 3 | 3 | 2 | 2 | 3 | 1 | 1 |
| 电网从业人口占比 | 4 | 2 | 1 | 1 | 3 | 2 | 2 | 3 |
| 用电量 | 2 | 5 | 5 | 4 | 2 | 5 | 2 | 1 |

**表 11.5　中国沿海地区核电危险性指数**

| 指标 | 辽宁 | 山东 | 江苏 | 浙江 | 福建 | 广东 | 广西 | 海南 |
|---|---|---|---|---|---|---|---|---|
| 危险性指数 | 2.30 | 2.40 | 2.20 | 3.40 | 4.10 | 3.60 | 4.50 | 4.40 |

**表 11.6　中国沿海地区核电暴露性指数**

| 指标 | 辽宁 | 山东 | 江苏 | 浙江 | 福建 | 广东 | 广西 | 海南 |
|---|---|---|---|---|---|---|---|---|
| 暴露性指数 | 3.00 | 5.00 | 5.00 | 3.00 | 3.00 | 5.00 | 2.00 | 1.00 |

**表 11.7　中国沿海地区核电脆弱性指数**

| 指标 | 辽宁 | 山东 | 江苏 | 浙江 | 福建 | 广东 | 广西 | 海南 |
|---|---|---|---|---|---|---|---|---|
| 脆弱性指数 | 2.00 | 3.00 | 3.00 | 2.00 | 2.00 | 3.00 | 1.00 | 1.00 |

**表 11.8　中国沿海地区核电防灾减灾能力指数**

| 指标 | 辽宁 | 山东 | 江苏 | 浙江 | 福建 | 广东 | 广西 | 海南 |
|---|---|---|---|---|---|---|---|---|
| 防灾减灾能力指数 | 2.80 | 3.80 | 3.40 | 2.80 | 2.40 | 3.80 | 2.00 | 1.80 |

**表 11.9　中国沿海地区海平面上升风险指数**

| 指标 | 辽宁 | 山东 | 江苏 | 浙江 | 福建 | 广东 | 广西 | 海南 |
|---|---|---|---|---|---|---|---|---|
| 风险指数 | 1.00 | 1.25 | 1.18 | 1.22 | 1.33 | 1.53 | 1.10 | 0.97 |

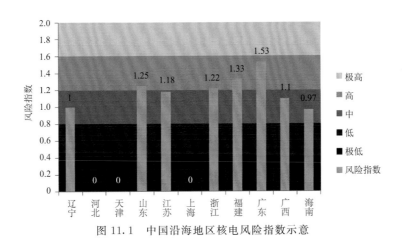

图 11.1　中国沿海地区核电风险指数示意

## 第五节　改进措施

按照回避、适应和保护的基本原则,电网运行针对沿海核电站受气候变化主要改进措施如下:

(1)设计建设核电厂厂址及防护设施时抬高高程且留有一定裕度,并考虑增建计划。

(2)重新核定沿海地区核电站的防洪除涝标准,从设计上提高重要防浪堤和防浪坡的防雨能力,加固易发生洪涝地区的输电杆塔;合理选择变电站和输电走廊的地址,特别是电压等级高的变电站和输电线路,尽量避开风暴潮频发区域;与气象部门合作,提高洪涝灾害的预警能力,提前做好应对洪涝灾害的准备。

（3）风暴潮期间应尽量将台风影响区域内电厂压减至低负荷运行,避免因负荷大幅波动出现短期电力供应不足或系统调峰困难的现象。

# 第十二章　中国沿海城市气候变化风险评估及脆弱性区划

## 第一节　国内外研究进展

IPCC 第五次评估报告聚焦于气候变化的风险,关注气候、影响和社会经济活动的相互作用,并从多层面强调发展路径、适应和减缓行动以及治理措施的正确选择可以减少气候变化带来的风险(李莹 等,2014)。气候变化风险评估是指对气候变化给自然环境和人类社会所造成的影响进行定性分析和量化评价,是实现风险管理的核心环节,目的是指导形成气候变化适应策略。由于自然地理环境和社会经济条件差异,全球各区域面临着不同的气候变化风险,这也促成了多样化的风险评估内容和评估技术。现有文献表明,气候变化风险评估是一个多学科交叉的研究领域,集结了不同门类的科学知识,采用多方位和多角度的研究方法可以取得较好的效果。

**1. 气候变化风险评估**

目前气候变化风险评估研究主要集中在 3 个领域,即基于气候变化风险概念模型的风险指数评估,基于气候情景预估与关键阈值的风险概率评估,以及气候变化脆弱性评估(彭鹏等,2015)。

(1)气候变化风险指数评估

该方法的基本思路是分析气候系统对社会经济系统造成不利后果的原因,识别造成风险的要素,定义风险指数,并结合气候变化背景,通过对这些要素的评价来量化风险。

识别风险要素是对风险的"源"和"汇"进行分析与解读。通常将风险按照危险性、脆弱性和防治能力等要素分类,并构建指标体系(张继权 等,2007)。指标量化方法的合理性直接决定评估的准确性,常用的方法有标准化法、隶属度评价法等。在对各个指标变量进行量化评价后,需要综合多个指标对系统的风险进行评价。常用的综合评价方法有指标融合法、经验公式法、非线性综合评价法等。

基于指数的气候变化风险评价方法具有很好的研究基础,评价指标意义明确,考虑气候变化影响因素比较全面,评估过程易于操作。但由于气候变化及其间接影响途径复杂,成灾机制尚未完全明确,该类方法的应用受到一定限制(秦鹏程 等,2012)。此外,由于指标量化过程中存在主观性较强、数据可靠性不足等问题,综合评价结果往往难以进行可靠性验证(黄崇福,2011)。

(2)气候变化风险概率评估

气候变化风险概率评估的基本思路是通过气候模式(如 global climate model / regional

climate model，GCM/RCM)预估的未来某一时刻或某一时段的气候状况，估算在此气候状况下被评价对象的响应，将发生不利影响的概率表示为风险。评估主要有 2 种方法，一种是将气候预估数据代入评价模型，估算出评估对象的状态，如水文要素、经济产值等，并由此判断气候变化对该评价对象的利弊；另一种是针对被评估对象性状发生改变的气象要素阈值，分析未来气象要素变化可能超越阈值的概率，通过超越概率量化气候变化风险(彭鹏 等，2015)。

建立评价模型是该方法的重点，目前常用的模型多基于其他学科领域现有的模型，再与气候模式预估数据进行有效结合发展而来。如在气候变化影响作物评估研究中应用较广泛的作物和环境研究综合模型(crop and environment research synthesis，CERES)(Chen and Xie，2013)、水文系统的气候变化影响研究中常用的 PDM 模型(probability distributed model)和 CLASSIC 模型(the climate and land-use scenario simulation in catchments)等。

气候变化风险概率评估方法克服了气候变化风险指数评估方法的物理机制不明确的缺点，基于气候预估数据和评价模型的情景模拟亦具有较为坚实的科学基础。但该方法的多情景分析结果存在极大的不确定性，对风险决策和政策制定造成很大困难。同时，气候系统与其他系统之间复杂的相互作用过程，导致单纯的气候模式输出结果在描述系统间相互作用方面存在一定局限。

(3)气候变化脆弱性评估

气候变化脆弱性评估是将气候变化与风险评估研究紧密联系起来的重要桥梁，主要分析社会、经济、自然与环境系统相互耦合作用及其对灾害的驱动力、抑制机制和响应能力。气候变化对人类系统的不利影响主要通过脆弱性和暴露度来体现。脆弱性评估也是 IPCC 所倡导的应对气候变化进行风险管理的重要途径之一(IPCC，2007)。

脆弱性是指系统易受或是无法应对环境变化不利影响的程度。气候变化脆弱性是指地球物理系统、生物系统和社会经济系统对气候变化的敏感程度，其决定要素一般包括敏感性、暴露性和适应能力。

脆弱性需要通过量化和建模来体现，常用的方法有脆弱性曲线法、脆弱性指数法和情景模拟分析法等。脆弱性曲线法是从致灾因子的角度，基于灾情数据、调查和模型共同完成脆弱性测量，通过一定强度致灾因子情况下的灾害损失间接反映脆弱性的大小。将脆弱性用脆弱性曲线表示，以便于风险和灾害的快速评估(周瑶 等，2012)。脆弱性指数法可以具体到受气候变化影响的各受灾体，如海岸脆弱性指数、基础设施脆弱性指数、水资源脆弱性指数等(丘世均 等，2002)。情景模拟分析方法基于"end-point"理论，通过环境影响关联评价模型模拟出气候变化背景下的结果，对气候变化脆弱性进行评价(孙芳 等，2005)。

**2. 沿海城市脆弱性分析**

近年来，联合国人居署、欧盟等国际组织和发达国家均启动了海岸带地区脆弱性评价工具研究，开展了大量海岸带地区脆弱性评价研究工作。随着研究的深入，脆弱性评价逐渐从社会学的定性分析，转向自然科学与社会科学相结合的综合性定量评价，区域脆弱性定量评价方法逐步得到发展，GIS 空间分析功能也被逐渐应用于沿海城市脆弱性评价。具有代表性的评价方法有 IPCC 的 CM 脆弱性评价方法、美国国家研究项目评价法、UNEP 气候变化影响评估与适应对策方法、南太平洋岛屿脆弱性评价方法、海岸带脆弱性指数等。

(1)IPCC 的 CM 脆弱性评价方法

CM 脆弱性评价方法(common methodology,CM)在荷兰和美国具有广泛的应用。该方法的指标体系由 5 个方面构成:淹没区域社会－经济损失、淹没区域社会－经济风险、社会－经济价值的改变、生态系统损失以及文化和历史遗产损失(IPCC,1992)。评价步骤如下:

①实证区描述性研究。

②建立实证区资料目录。

③鉴别社会与经济指标间相关性。

④对研究区自然特征变化进行评价。

⑤明确灾害相应策略。

⑥对实证区脆弱性进行评价。

⑦确定未来的防灾措施。

(2)美国国家研究项目评价法

美国国家研究项目(US country studies program)简化了 CM 脆弱性方法的评价步骤,操作性相对较差。该方法主要考虑海岸侵蚀和海岸淹没情况,无具体指标(Leatherman et al.,1996)。评价步骤如下:

①区域灾害初步评价。

②航空录像－辅助脆弱性评价(AVVA)。

③区域受灾经济分析。

④区域适应性分析。

(3)UNEP 气候变化影响评估与适应对策方法

联合国环境规划署(UNEP)制定的关于气候变化影响评价与适应对策方法是对气候变化脆弱性评价的更详细指导方案,用于沿海城市不同对象的脆弱性评价(Burton et al.,1998)。该方法无具体指标,评价步骤如下:

①定义要解决的问题。

②选择评价方法。

③评价方法有效性检验。

④未知情景预演。

⑤自然系统与社会－经济系统脆弱性评价。

⑥各系统自适应能力评价。

⑦所采取政策的有效性评价。

(4)南太平洋岛屿脆弱性评价方法

南太平洋岛屿脆弱性评价方法(the South Pacific island methodology)是针对岛屿脆弱性评价的方法体系,但由于许多指标的获取难度较大,应用受到较大的限制(Yamada et al.,1995)。该方法的指标体系由自然、人口、设施、制度、文化和经济 6 方面构成,评价步骤如下:

①压力分析(外在压力/内在压力)。

②交互作用的海岸系统分析(人、自然、制度、经济、文化和基础设施)。

③确定系统参数(可恢复性/脆弱性参数)。

④计算自然系统支撑力指数。

(5)海岸带脆弱性指数

海岸带脆弱性指数(coastal vulnerability indexes,CVI)克服了基础数据有限的问题,利用指标数据进行网格制图,并通过 GIS 软件实现了评价结果的空间可视化。CVI 指标体系由地形数据、海岸带坡度、相对海平面上升速率、海岸侵蚀和淤积速率、平均潮差和平均波高构成(Thieler et al.,2001)。评价步骤如下:

①定义评价对象(区域/承灾体)。
②指标数据库构建。
③CVI 指数计算。
④网格制图。
⑤区域风险区划。

国内对于脆弱性的研究始于 20 世纪 80 年代,对于评价方法的研究仍比较薄弱,更多是对城市某一方面脆弱性的研究,如生态环境脆弱性研究、水资源脆弱性评价等,尚未形成沿海城市综合脆弱性评价指标体系和评价模型(许世远 等,2006)。

## 第二节 中国沿海城市气候变化脆弱性评价方法与模型

### 1. 研究区域

研究区域界定为我国 11 个沿海省(区、市)的 63 个沿海城市(包括海南省的 4 个沿海县),具体为天津、上海 2 个直辖市;辽宁省的 6 个城市,丹东市、大连市、营口市、盘锦市、锦州市和葫芦岛市;河北省的 3 个城市,秦皇岛市、唐山市和沧州市;山东省的 7 个城市,滨州市、东营市、潍坊市、烟台市、威海市、青岛市和日照市;江苏省的 3 个城市,连云港市、盐城市和南通市;浙江省的 7 个城市,杭州市、绍兴市、宁波市、舟山市、台州市、嘉兴市和温州市;福建省的 6 个城市,宁德市、福州市、莆田市、泉州市、厦门市和漳州市;广东省的 14 个城市,汕头市、潮州市、汕尾市、东莞市、深圳市、惠州市、揭阳市、广州市、中山市、珠海市、江门市、茂名市、阳江市和湛江市;广西壮族自治区的 3 个城市,北海市、防城港市和钦州市;海南省的 3 个地级市,海口市、三亚市和儋州市(三沙市因设立时间较晚,资料有限,因此本研究暂不考虑三沙市),5 个县级市,五指山市、文昌市、琼海市、万宁市和东方市,以及 4 个沿海县(自治县),澄迈县、临高县、昌江黎族自治县和陵水黎族自治县。

考虑到省、市级数据资料的完整性情况,本研究以沿海省(区、市)为单位进行气候变化脆弱性区划。

### 2. 研究方法

本研究从孕灾环境、致灾因子、生态敏感度及社会暴露度等角度切入,针对自然条件脆弱性、气候灾害风险性、生态系统敏感性及社会经济重要性等 4 个方面,建立沿海城市气候变化脆弱性评价指标体系,构建沿海城市气候变化脆弱性评价模型。在对各指标进行标准化处理之后,用气候变化脆弱性评价模型进行计算,得到气候变化脆弱性评价结果,再根据气候变化脆弱性评价结果进行气候变化脆弱性等级划分,完成气候变化脆弱性区划。沿海城市气候变化脆弱性区划的技术路线如图 12.1 所示。

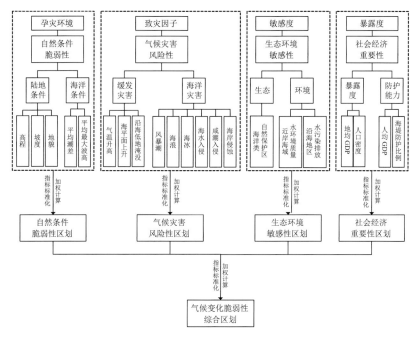

图 12.1　我国沿海城市气候变化脆弱性区划技术路线图

### 3. 指标体系

我国沿海城市气候变化脆弱性评价指标体系如表 12.1 所示,包含 4 个一级指标,8 个二级指标和 21 个三级指标。沿海城市气候变化脆弱性指标体系由自然条件、生态环境、气候灾害及社会经济 4 部分组成。自然条件包括陆地和海洋 2 个方面,陆地自然条件包括高程、坡度和地貌,海洋自然条件包括潮差和波高。生态环境包括生态和环境 2 个方面因素,生态压力用海洋类自然保护区情况衡量,环境压力用水环境质量(近岸海域)及污染排放量衡量。气候灾害包括缓发灾害和海洋灾害 2 个方面,缓发灾害包括气温升高幅度、海平面上升幅度以及沿海低地淹没范围 3 个指标,海洋灾害包括风暴潮、海浪、海冰、海水入侵、海岸侵蚀和咸潮入侵等 6 个指标。社会经济包括暴露度和防护能力 2 个方面,暴露度用地均 GDP 和人口密度衡量,防护能力用人均 GDP 和海堤防护比例衡量。

表 12.1　我国沿海城市气候变化脆弱性评价指标体系

| 一级指标 | 二级指标 | 三级指标 |
| --- | --- | --- |
| 自然条件 | 陆地条件 | 高程 |
| | | 坡度 |
| | | 地貌 |
| | 海洋条件 | 潮差 |
| | | 波高 |
| 生态环境 | 生态 | 海洋自然保护区 |
| | 环境 | 水环境质量 |
| | | 污染排放量 |

续表

| 一级指标 | 二级指标 | 三级指标 |
|---|---|---|
| 气候灾害 | 缓发灾害 | 气温升高幅度 |
| | | 海平面上升幅度 |
| | | 沿海低地淹没范围 |
| | 海洋灾害 | 风暴潮 |
| | | 海浪 |
| | | 海冰 |
| | | 海水入侵 |
| | | 海岸侵蚀 |
| | | 咸潮入侵 |
| 社会经济 | 暴露度 | 地均 GDP |
| | | 人口密度 |
| | 防护能力 | 人均 GDP |
| | | 海堤防护比例 |

### 4. 评价模型

本研究构建的我国沿海城市气候变化脆弱性评价模型,首先对各一级指标的脆弱性进行评价,然后综合各一级指标进行综合的脆弱性评价。

各一级指标的评价模型如下式所示:

$$\mathrm{CVI}_i = \sum_{j=1}^{n_i} W_{ij} \cdot V_{ij} \tag{12.1}$$

式中,$\mathrm{CVI}_i$ 为第 $i$ 个一级指标的脆弱性指数;$W_{ij}$ 为第 $i$ 个一级指标中第 $j$ 个三级指标的权重;$V_{ij}$ 为第 $i$ 个一级指标中第 $j$ 个三级指标的脆弱性指数;$n_i$ 为第 $i$ 个一级指标中三级指标的个数。

脆弱性综合评价模型如下式:

$$\mathrm{CVI} = \sum_{i=1}^{4} \mathrm{CVI}_i \tag{12.2}$$

式中,$\mathrm{CVI}_i$ 为第 $i$ 个一级指标的脆弱性指数;$\mathrm{CVI}$ 为气候变化综合脆弱性指数。

### 5. 数据标准化

各评价指标的量纲不同,无法直接进行比较、计算与评价,因此需要对指标进行标准化处理。对于正向指标和负向指标,采用不同的处理方法。

对于正向指标,采用下式进行计算:

$$C'_{i,j} = \frac{C_{i,j} - C_{i,\min}}{C_{i,\max} - C_{i,\min}} \tag{12.3}$$

式中,$C_{i,j}$ 为第 $i$ 个指标的第 $j$ 个值;$C_{i,\min}$ 为第 $i$ 个指标的最小值;$C_{i,\max}$ 为第 $i$ 个指标的最大值;$C'_{i,j}$ 为第 $i$ 个标准化处理后的指标值。

对于负向指标,采用下式进行计算:

$$C'_{i,j} = \frac{C_{i,\max} - C_{i,j}}{C_{i,\max} - C_{i,\min}} \tag{12.4}$$

式中,$C_{i,j}$ 为第 $i$ 个指标的第 $j$ 个值;$C_{i,\min}$ 为第 $i$ 个指标的最小值;$C_{i,\max}$ 为第 $i$ 个指标最大值;$C'_{i,j}$ 为第 $i$ 个标准化处理后的指标值。

**6. 脆弱性分级**

在进行各个一级指标及综合的脆弱性评价时,将脆弱性等级分为极低、低、中等、高、极高 5 个等级。各等级的取值范围根据各个一级指标及综合脆弱性评价的结果分别确定。

**7. 数据来源**

数据主要来自国家统计局、环境保护部、国家海洋局的统计年鉴或年报,沿海各省(区、市)统计局的统计年鉴,中国海洋信息网、中国港口网、各沿海城市政府网和统计局等网站资料,以及期刊文献中的统计数据。查阅的资料主要包括 2001—2016 年《中国统计年鉴》《中国城市统计年鉴》,2000—2015 年《中国城市建设统计年鉴》,11 个沿海省(区、市)年鉴,《中国环境统计年报(2015)》《2015 年中国近岸海域环境质量公报》和《2014 年中国海洋环境状况公报》,2000—2015 年《中国海洋灾害公报》,2016 年《中国海平面公报》等。此外,部分数据根据统计数据经过进一步计算加工得到。

本研究以 11 个沿海省(区、市)的 63 个沿海市为研究对象,受数据资料所限,部分指标只能获取省级数据,因此以沿海省(区、市)为单位进行气候变化脆弱性区划。本研究的 21 个三级指标,除风暴潮统计的是全省(区、市)数据外,其余 20 个指标统计的是沿海省(区、市)内的沿海市数据,其中高程、坡度、潮差、波高、地均 GDP、人口密度和人均 GDP 这 7 个指标是将各省(区、市)的各沿海市数据加总后再经处理得到该省(区、市)数据。

# 第三节　中国沿海城市气候变化脆弱性区划

**1. 沿海城市自然条件脆弱性区划**

(1)自然条件脆弱性主要因素分析

沿海城市所处的自然地理环境差异以及自身的物理特性决定了其自然条件的脆弱性。一般来说,高程低、坡度小、海岸软、潮差大、波浪高的城市敏感性高,脆弱性也相应高。

(a)高程与坡度

高程和坡度是海平面上升导致沿海低地淹没的首要因素。高程及坡度大致以杭州湾为界,杭州湾以北的沿海城市的高程、坡度比以南的地区要低。江苏、上海和天津都属于海岸高程低、坡度平缓的平原海岸,淹没风险较大,且容易遭受海岸侵蚀、海水入侵等地质灾害,存在一定的灾害风险。此外,渤海湾、杭州湾及珠江三角洲地区坡度也较为平缓,表现出较高的脆弱性。我国沿海城市的高程与坡度如图 12.2 所示。

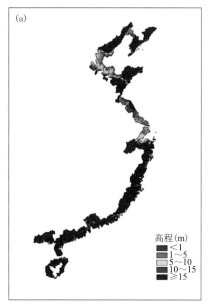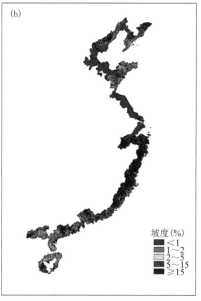

图 12.2　我国沿海城市(不含台湾省)高程(a)和坡度(b)

(b)地貌

海平面上升影响海岸地貌的形成和演化,与此同时,地貌形态也影响着区域对海平面上升的响应情况。不同的地貌形态以及它们的物质组成,导致它们对海平面上升及其他灾害带来的海岸侵蚀的抵抗能力存在差异。基岩海岸硬度大,对海平面上升及风暴潮灾害的冲击具有很强的抵抗力,不易被破坏,其脆弱性较低;泥质海岸、沙砾质海岸硬度小,对海洋灾害的威胁抵抗力较弱,因此其脆弱性较高。对不同类型岸线,根据其脆弱性大小进行赋值(表 12.2)。

表 12.2　不同类型岸线分级赋值表

| 基岩岸线 | 河口岸线 | 人工岸线 | 沙砾质岸线 | 泥质岸线 |
| --- | --- | --- | --- | --- |
| 1 | 3 | 5 | 7 | 9 |

从沿海各省(区、市)海岸类型(图 12.3)来看,海南、山东、广西和广东地区泥质和沙砾质海岸较长,脆弱性较高。福建虽然泥质和沙砾质岸线也很长,但由于拥有大量基岩岸线,因此其脆弱性属于中等级别。辽宁和河北除人工岸线占较大比重外,基岩岸线也较长,其脆弱性也属于中等级别。天津和上海均为人工岸线,江苏除少量沙砾质岸线、河口岸线和基岩岸线外,其余大部分也是人工岸线,这 3 个省(市)属于低脆弱性区域。浙江基岩岸线比例较高,其脆弱性最低。

(c)平均潮差

潮差是 2 个邻接的低潮(高潮)与高潮(低潮)之间水位的垂直落差,是潮汐强弱的重要标志。潮差越大,对沿海城市防波堤的破坏及海岸的侵蚀也越严重。平均潮差与地区的台风、风暴潮、洪水灾害的损失有关。潮差越大的地区,台风、风暴潮以及沿海洪灾的风险越大。从图 12.4 可以看出,潮差大的地区主要集中在江苏、上海、浙江及福建等地区,同时这些城市也是台风及风暴潮灾害的高发区,当潮汐与台风、风暴潮引起的灾害性海浪相遇叠加时,对城市海岸的破坏力惊人。

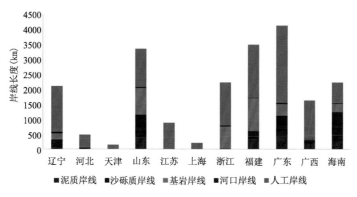

图 12.3　我国沿海地区海岸类型

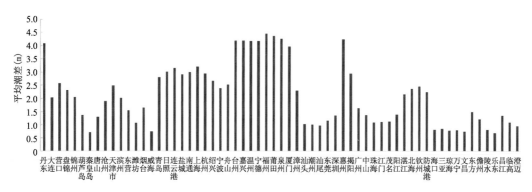

图 12.4　我国沿海城市潮差分布

(d)平均最大波高

波浪对海岸有明显的塑造作用。较高的波浪可产生较大的紊动,有助于泥沙处于悬浮状态,因而更易于使泥沙运动,还会破坏基岩产生大量碎屑物质,改变沿岸的地貌形态。波高是海浪强弱的标志,波高越大,海浪越强,沿海脆弱性越大。从图 12.5 可以看出,浙江的台州、嘉兴、温州的平均最大波高最高,山东的威海、青岛、日照,福建的宁德、福州,以及广东、广西沿海城市的波高也普遍较高,这些地区都是台风、风暴潮高发区,灾害发生时破坏力较大,因此脆弱性较高。

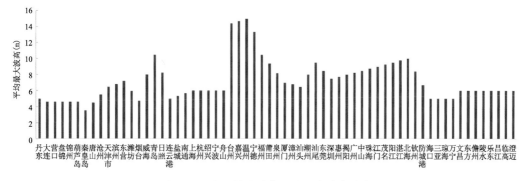

图 12.5　我国沿海城市平均最大波高分布

（2）自然条件脆弱性评价

沿海城市的自然条件脆弱性指标,包括高程、坡度、地貌、平均潮差和平均最大波高 5 个指标,对这 5 个指标分别进行标准化处理,结果如表 12.3 所示。

**表 12.3　我国沿海城市自然条件脆弱性指标标准化结果**

| 省份 | 高程 | 坡度 | 地貌 | 潮差 | 波高 |
|---|---|---|---|---|---|
| 辽宁省 | 0.0777 | 0.3301 | 0.3321 | 0.4833 | 0.1846 |
| 河北省 | 0.1884 | 0.7465 | 0.2691 | 0.1602 | 0 |
| 天津市 | 0.5488 | 0.9409 | 0.1050 | 0.4300 | 0.4615 |
| 山东省 | 0.1341 | 0.6502 | 0.6385 | 0.2441 | 0.6308 |
| 江苏省 | 0.8188 | 1 | 0.1050 | 0.7157 | 0.2308 |
| 上海市 | 1 | 0.9882 | 0.1050 | 0.4384 | 0.3846 |
| 浙江省 | 0.0725 | 0.1644 | 0 | 0.6485 | 0.9200 |
| 福建省 | 0 | 0 | 0.3561 | 1 | 0.8077 |
| 广东省 | 0.1126 | 0.3051 | 0.5746 | 0.1117 | 0.7423 |
| 广西壮族自治区 | 0.0119 | 0.2293 | 0.5092 | 0.7251 | 1 |
| 海南省 | 0.0089 | 0.2564 | 1 | 0 | 0.3538 |

根据各个指标对沿海城市脆弱性的贡献程度不同,确定各指标的权重（表 12.4）,加权计算得到我国 11 个沿海省（区、市）的自然条件脆弱性评价结果（表 12.5）。

**表 12.4　我国沿海城市自然条件脆弱性指标权重**

| 指标 | 高程 | 坡度 | 地貌 | 潮差 | 波高 |
|---|---|---|---|---|---|
| 权重 | 0.35 | 0.25 | 0.15 | 0.10 | 0.15 |

**表 12.5　我国沿海城市自然条件脆弱性评价结果**

| 省份 | 高程 | 坡度 | 地貌 | 潮差 | 波高 | 综合 |
|---|---|---|---|---|---|---|
| 辽宁省 | 0.0272 | 0.0825 | 0.0874 | 0.0634 | 0.0277 | 0.29 |
| 河北省 | 0.0659 | 0.1866 | 0.0906 | 0.0000 | 0.0000 | 0.34 |
| 天津市 | 0.1921 | 0.2352 | 0.0923 | 0.0567 | 0.0692 | 0.65 |
| 山东省 | 0.0469 | 0.1625 | 0.0821 | 0.0368 | 0.0946 | 0.42 |
| 江苏省 | 0.2866 | 0.2500 | 0.0889 | 0.0739 | 0.0346 | 0.73 |
| 上海市 | 0.3500 | 0.2471 | 0.0923 | 0.0801 | 0.0577 | 0.83 |
| 浙江省 | 0.0254 | 0.0411 | 0.0000 | 0.0746 | 0.1380 | 0.28 |
| 福建省 | 0.0000 | 0.0000 | 0.0432 | 0.1000 | 0.1212 | 0.26 |
| 广东省 | 0.0394 | 0.0763 | 0.1167 | 0.0328 | 0.1113 | 0.38 |
| 广西壮族自治区 | 0.0042 | 0.0573 | 0.1298 | 0.0526 | 0.1500 | 0.39 |
| 海南省 | 0.0031 | 0.0641 | 0.1500 | 0.0067 | 0.0531 | 0.28 |

（3）自然条件脆弱性区划

根据沿海城市自然条件脆弱性的评价结果,将沿海城市的自然条件脆弱性分为 5 级,各等级对应的取值范围如表 12.6 所示。根据表 12.6 的取值范围,确定各沿海省(区、市)的自然条件脆弱性等级,并据此绘制我国沿海城市自然条件脆弱性空间分布图(图 12.6)。

表 12.6　我国沿海城市自然条件脆弱性等级

| 脆弱性等级 | 脆弱性评价结果取值范围 |
| --- | --- |
| 极低 | 0.26~0.27 |
| 低 | 0.27~0.30 |
| 中等 | 0.30~0.45 |
| 高 | 0.45~0.65 |
| 极高 | 0.65~0.83 |

图 12.6　我国沿海城市(不含台湾省)自然条件脆弱性空间分布

我国沿海城市自然条件脆弱性区划结果表明,江苏和上海的自然条件脆弱性极高,天津的自然条件脆弱性高,河北、山东、广东和广西自然条件脆弱性为中等,低自然条件脆弱性区域分布在辽宁、浙江和海南,福建自然条件脆弱性极低。

**2. 沿海城市生态环境脆弱性区划**

(1)生态环境脆弱性主要因素分析

沿海城市的生态环境脆弱性主要考虑海洋类自然保护区、水环境质量,污染排放量 3 个指标。

（a）海洋类自然保护区

自然保护区面积广、数量多的区域,其生态敏感性和脆弱性较高,一旦遭到破坏,恢复难度较大。山东的海洋类自然保护区面积最大。海南的海洋自然保护区数量最多,国家级 3 个,地方级 18 个,需要重点保护。辽宁和江苏海洋类自然保护区的面积和数量中等。天津、上海、浙江、河北、福建、广东和广西的海洋类自然保护区相对数量较少、面积较小(图 12.7)。

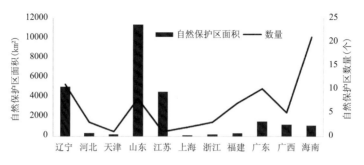

图 12.7　我国沿海省(区、市)海洋类自然保护区统计

（b）水环境质量

水环境质量主要指沿海地区近岸海域的海水水质。四大海域近岸海域水质状况(环境保护部,2016a)如图 12.8 所示,南海和黄海的水质相对较好,渤海次之,东海最差。属于东海海域的有上海、浙江及福建 3 个省(市),沪浙地区的东海近岸海域面临着严重的水体富营养化和水体污染的威胁,尤以长江口附近最为严重,海域水质极差,生态环境问题极为严峻。渤海海域包括辽宁、河北、天津及山东 4 个省(市),渤海湾的辽河三角洲、海河口及山东半岛近岸海域水体富营养化、重金属污染和有机物污染问题也比较严重。

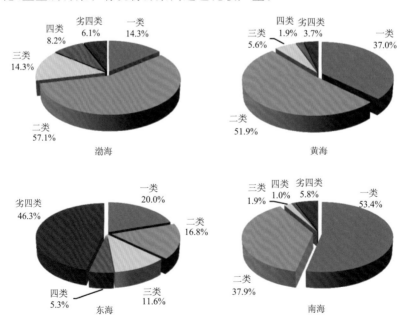

图 12.8　2015 年我国各海域近岸海域水质状况

2015年我国沿海各省(区、市)近岸海域水质状况(环境保护部,2016a)如图12.9所示,海南、广西的水质最好,上海、浙江的水质最差。2015年我国56个沿海城市近岸海域水质状况(环境保护部,2016a)如图12.10所示。莆田、三亚等17个城市近岸海域水质为优,泉州、珠海等20个城市近岸海域水质良好,福州、厦门等9个城市近岸海域水质一般,宁德、营口和天津3个城市近岸海域水质为差,深圳、上海等7个城市近岸海域水质极差。

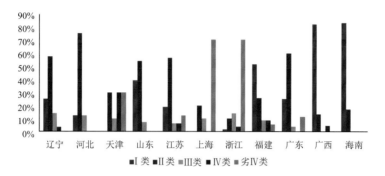

图12.9　2015年我国沿海各省(区、市)近岸海域水质状况

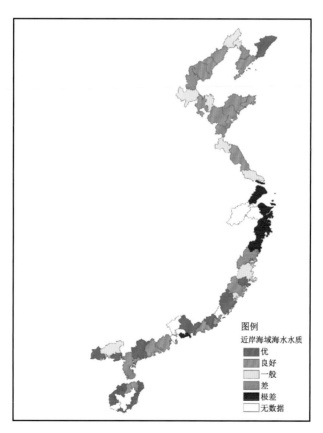

图12.10　2015年我国沿海城市(不含台湾省)近岸海域水质状况

(c)污染排放量

各沿海省(区、市)中废水排放总量最大的是广东,其次为江苏和山东,排放量最小的是天

津和海南(图 12.11)。直排入海废水量最大的是福建和浙江,福建的直排比例高达 73.6%。废水直排入海严重危害近岸海域水质,严重影响沿海地区生态环境。

我国各沿海省(区、市)主要水污染物的地均排放量如图 12.12 所示。上海的污染物排放强度最大,尤其是 COD 和氨氮,排放强度远高于其他沿海省(区、市)。COD 排放强度较大的地区除上海之外还有天津,其次是山东、江苏、广东和辽宁,广西的 COD 排放强度最低。氨氮排放强度最大的地区依然是上海,天津次之,其他沿海省(区、市)排放强度相对较低。总氮和总磷排放强度最大的地区是山东和天津,其次是上海和河北,其他沿海省(区、市)排放强度相对较低。

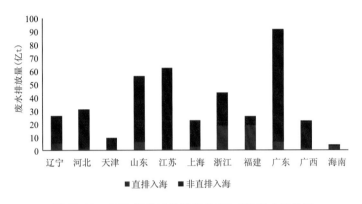

图 12.11　2015 年我国各沿海省(区、市)废水排放量

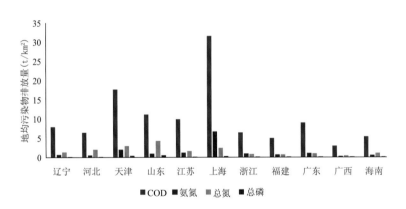

图 12.12　2015 年我国各沿海省(区、市)主要水污染物排放强度

2015 年我国各沿海省(区、市)主要污染物的入海排放量和入海排放强度如图 12.13 和图 12.14 所示(环境保护部,2016b)。从污染物的入海排放量来看,广东、山东、福建最大,浙江、江苏、辽宁较大,河北、广西、天津、上海、海南较小。从污染物的入海排放强度来看,上海、天津最高,江苏、福建、广东、山东、海南较高,浙江、辽宁、河北、广西较低。

(2)生态环境脆弱性评价

沿海城市的生态环境脆弱性指标,包括海洋类自然保护区、水环境质量和污染排放量 3 个指标,对这 3 个指标分别进行标准化处理,结果如表 12.7 所示。

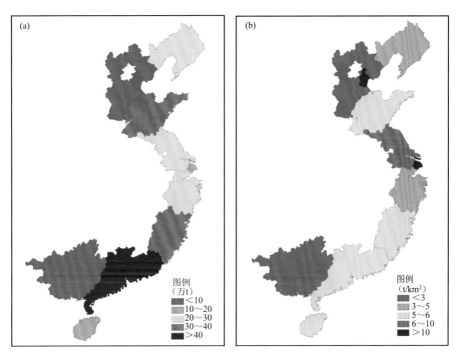

图 12.13 2015 年我国各沿海省(区、市)(不含台湾省)COD 的入海排放量(a)和入海排放强度(b)

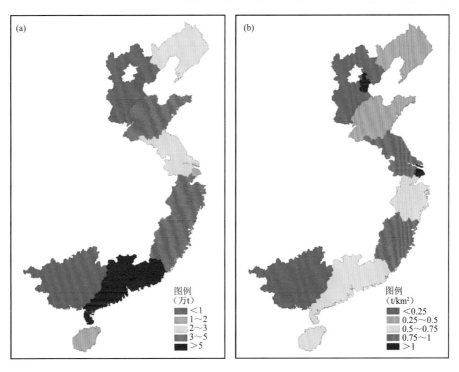

图 12.14 2015 年我国各沿海省(区、市)(不含台湾省)氨氮的入海排放量(a)和入海排放强度(b)

表 12.7　我国沿海城市生态环境脆弱性指标标准化结果

| 省份 | 自然保护区 | 水环境质量 | 污染排放量 |
|---|---|---|---|
| 辽宁省 | 0.4732 | 0.2123 | 0.1428 |
| 河北省 | 0.0300 | 0.2007 | 0.1640 |
| 天津市 | 0.1603 | 0.7852 | 0.4050 |
| 山东省 | 0.8050 | 0.1230 | 0.4259 |
| 江苏省 | 0.4060 | 0.3469 | 0.1795 |
| 上海市 | 0.1378 | 0.9537 | 0.8526 |
| 浙江省 | 0.0319 | 1 | 0.1553 |
| 福建省 | 0.0988 | 0.2348 | 0.1189 |
| 广东省 | 0.2011 | 0.2584 | 0.1486 |
| 广西壮族自治区 | 0.0925 | 0.0396 | 0.0005 |
| 海南省 | 0.5925 | 0 | 0.1117 |

根据各个指标对沿海城市脆弱性的贡献程度不同,确定各指标的权重(表 12.8),加权计算得到我国 11 个沿海省(区、市)的生态环境脆弱性评价结果(表 12.9)。

表 12.8　我国沿海城市生态环境脆弱性指标权重

| 指标 | 自然保护区 | 水环境质量 | 污染排放量 |
|---|---|---|---|
| 权重 | 0.70 | 0.15 | 0.15 |

表 12.9　我国沿海城市生态环境脆弱性评价结果

| 省份 | 自然保护区 | 水环境质量 | 污染排放量 | 综合 |
|---|---|---|---|---|
| 辽宁省 | 0.3312 | 0.0318 | 0.0214 | 0.38 |
| 河北省 | 0.0210 | 0.0301 | 0.0246 | 0.08 |
| 天津市 | 0.1122 | 0.1178 | 0.0607 | 0.29 |
| 山东省 | 0.5635 | 0.0184 | 0.0639 | 0.65 |
| 江苏省 | 0.2842 | 0.0520 | 0.0269 | 0.36 |
| 上海市 | 0.0965 | 0.1430 | 0.1279 | 0.37 |
| 浙江省 | 0.0223 | 0.1500 | 0.0233 | 0.20 |
| 福建省 | 0.0692 | 0.0352 | 0.0178 | 0.12 |
| 广东省 | 0.1408 | 0.0388 | 0.0223 | 0.20 |
| 广西壮族自治区 | 0.0647 | 0.0059 | 0.0001 | 0.07 |
| 海南省 | 0.4148 | 0.0000 | 0.0167 | 0.43 |

(3)生态环境脆弱性区划

根据沿海城市生态环境脆弱性的评价结果,将沿海城市的生态环境脆弱性分为 5 级,各等级对应的取值范围如表 12.10 所示。根据表 12.10 的取值范围,确定各沿海省(区、市)的生态环境脆弱性等级,并据此绘制我国沿海城市生态环境脆弱性空间分布图(图 12.15)。

表 12.10 我国沿海城市生态环境指标脆弱性等级

| 脆弱性等级 | 脆弱性评价结果取值范围 |
|---|---|
| 极低 | 0.07~0.10 |
| 低 | 0.10~0.15 |
| 中等 | 0.15~0.25 |
| 高 | 0.25~0.40 |
| 极高 | 0.40~0.65 |

生态环境脆弱性
■ 极低脆弱性
■ 低脆弱性
□ 中等脆弱性
■ 高脆弱性
■ 极高脆弱性

图 12.15 我国沿海城市(不含台湾省)生态环境脆弱性空间分布

我国沿海城市生态环境脆弱性区划结果表明,山东和海南表现出极高的生态环境脆弱性,辽宁、天津、江苏和上海为生态环境高脆弱性,浙江和广东生态环境脆弱性中等,福建为生态环境低脆弱性,河北和广西生态环境脆弱性极低。

**3. 沿海城市气候灾害脆弱性区划**

(1)气候灾害脆弱性主要因素分析

近年来,随着全球变暖、海平面上升和快速的城市化进程,沿海地区遭受海洋灾害的程度持续增加。风暴潮、巨浪、海冰等灾害频发,加之海岸侵蚀、海水入侵等,海洋灾害已成为影响沿海城市安全和可持续发展的重要制约因素之一。本研究从缓发灾害和海洋灾害 2 个方面考虑沿海城市的气候灾害脆弱性。

缓发灾害主要考虑气温升高幅度、海平面上升幅度、沿海低地淹没范围 3 个指标。

(a)气温升高幅度预测

根据国家气候中心对气温升高幅度的预测,在 RCP4.5 情景下,沿海各省(区、市)气温升高 1.01~1.98 ℃;在 RCP8.5 情景下,沿海各省(区、市)气温升高 1.72~3.77 ℃(图 12.16)。环渤海地区温度升高幅度最大,往南升温幅度呈下降趋势,海南升温幅度最小。

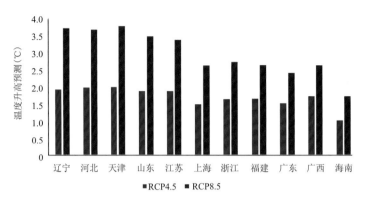

图 12.16　不同 RCP 情景下我国各沿海省(区、市)气温升高幅度预测结果

(b)海平面上升预测

根据《2016 年中国海平面公报》对各省(区、市)沿海海平面变化的预测,未来 30 年各沿海省(区、市)的海平面将上升 60~180 mm。海平面上升幅度最大的是天津,其次是广东和海南,广西和河北上升幅度相对较小,其他省(市)处于中等水平(图 12.17)。

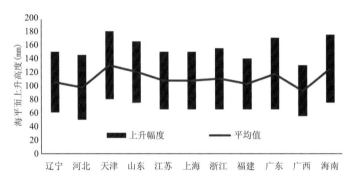

图 12.17　未来 30 年我国各沿海省(区、市)海平面变化预测结果

(c)淹没范围预测

当出现百年一遇的潮位时,我国沿海 2050 年的可能淹没面积是 9.83 万 km²,约占国土总面积的 1.02%、沿海地区面积的 7.50%;2080 年可能淹没面积 10.49 万 km²,约占国土总面积的 1.09%、沿海地区面积的 8.00%。受到淹没影响的主要沿海城市有营口、盘锦、秦皇岛、唐山、天津、滨州、东莞、潍坊、烟台、连云港、盐城、南通、上海、宁波、温州、汕尾、东莞、广州、中山、珠海、湛江等(图 12.18)(秦大河 等,2012)。

海洋灾害主要考虑风暴潮、海浪、海冰、海水入侵、海岸侵蚀等方面。

(a)风暴潮灾害

风暴潮是破坏性极强的自然灾害,破坏力在海洋灾害中居首位。我国海洋灾害统计数据表明,自 1989 年海洋灾害公报发布以来,风暴潮灾害损失占全部海洋灾害损失的 90% 以上

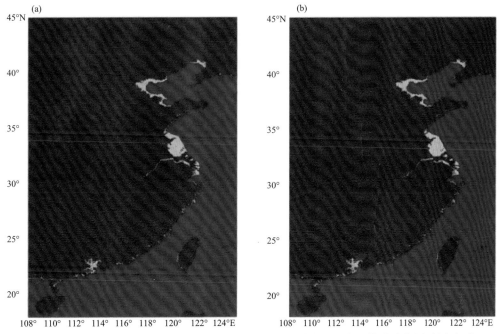

图 12.18　2050 年(a)和 2080 年(b)出现百年一遇潮位时我国沿岸可能影响范围(绿色部分)

(李家彪 等,2015)。图 12.19 给出了 2000—2015 年间我国沿海省(区、市)风暴潮受灾次数和直接经济损失状况。从图中可以看出,风暴潮的致灾区域几乎遍及我国所有沿海地区,尤其集中在浙江、福建、广东、广西、海南等地,其损失也最大。

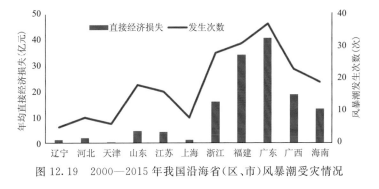

图 12.19　2000—2015 年我国沿海省(区、市)风暴潮受灾情况

(b)海浪、海冰灾害

海浪灾害是我国沿海经济损失和人员伤亡较严重且频繁发生的海洋灾害。海浪会冲击沿海的堤岸、码头,淹没或损坏船只,还会导致大片农田被淹、农作物和水产养殖受损,严重影响海岸带及沿海的社会经济发展。统计 2009—2014 年海浪直接经济损失总和可以看出,受海浪灾害比较严重的省份有辽宁、海南、浙江及福建(表 12.11)。据海浪实况资料显示,我国近海波高 4 m 以上的灾害性海浪发生严重的区域集中分布在辽宁、浙江及海南省沿岸。这也表明,波高越大,海浪灾害越严重。

1953—2011 年沿海冬季最大海冰范围资料显示,海冰灾害集中发生在辽东湾、渤海湾、莱州湾及黄海北部,其中辽东湾出现最大范围大于 65 海里的海冰次数远远多于其他海区,成为海冰灾害最严重的区域(文静,2014)。根据 2009—2014 年海冰直接经济损失情况可以看出,辽宁及山东的海冰灾损最为严重。

表 12.11　2009—2014 年我国各沿海省(区、市)海浪、海冰灾害的直接经济损失情况

| 省份 | 海浪直接经济损失(亿元) | 海冰直接经济损失(亿元) |
|---|---|---|
| 辽宁省 | 6.4769 | 40.42 |
| 河北省 | 0.1621 | 1.65 |
| 天津市 | 0 | 0.01 |
| 山东省 | 1.5461 | 35.09 |
| 江苏省 | 0.5527 | — |
| 上海市 | 0.2200 | — |
| 浙江省 | 4.3881 | — |
| 福建省 | 3.4995 | — |
| 广东省 | 1.3662 | — |
| 广西壮族自治区 | 0.0954 | — |
| 海南省 | 9.8079 | — |

(c)海水入侵

海水入侵严重的地区主要分布在渤海湾以及江苏、浙江部分地区。渤海滨海平原地区海水入侵尤为严重,主要分布于辽宁的盘锦,河北的秦皇岛、唐山和沧州,山东的滨州和潍坊。据《2016 年中国海洋灾害公报》统计,这些地区的海水入侵距离一般距海岸都长达 10~30 km(图 12.20)。

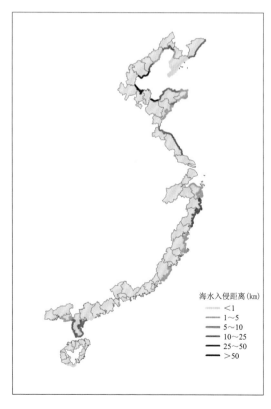

图 12.20　2015 年我国沿海城市(不含台湾省)海水入侵空间分布

（d）海岸侵蚀

海岸侵蚀是海洋动力或人为因素造成海岸线后退和海滩下蚀的破坏性过程，海岸侵蚀会造成水土流失、沿岸工程及养殖区域的损毁。海岸侵蚀在我国沿海 11 个省（区、市）均有发生，根据《中国近海自然环境与资源基本状况》中的数据统计，2009 年我国沿海总侵蚀岸线长度为3255.3 km，占总岸线的 15.91%（李家彪 等，2015）。按侵蚀岸线长度计，广东侵蚀岸线最长，为 782 km，其次为山东的 721.7 km，再次为福建的 622.3 km；侵蚀岸线最短的是天津，仅 14 km（图 12.21）。按侵蚀岸线类型计，侵蚀砂质岸线 2463.4 km，占全国砂质海岸的 49.5%，砂质海岸侵蚀长度最长的是广东省，为 782 km，其次为福建和山东，天津、上海和浙江无侵蚀砂质海岸；侵蚀粉砂淤泥质岸线总长 791.9 km，占全国粉砂淤泥质岸线的 7.3%，粉砂淤泥质岸线侵蚀长度最长的为山东，其次为江苏，广东、海南无侵蚀粉砂淤泥质海岸（图 12.22）。

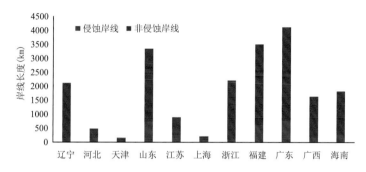

图 12.21　2009 年我国沿海省（区、市）侵蚀海岸线长度统计

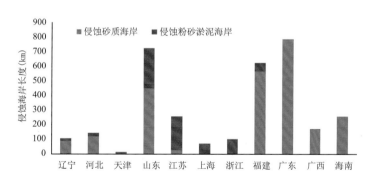

图 12.22　2009 年我国沿海省（区、市）不同类型侵蚀海岸线长度统计

全国 8 个重点岸段海岸侵蚀 2012—2014 年的监测结果（表 12.12）表明，砂质、泥质等软质海岸侵蚀依然严重，海岸侵蚀严重的区域主要集中在江苏、上海及河北的重点监测岸段，有必要进一步加强管控和治理。

表 12.12　2012—2014 年我国沿海地区重点岸段海岸侵蚀监测结果

| 省份 | 重点岸段 | 平均侵蚀速度（m/a） | | |
|---|---|---|---|---|
| | | 2012 年 | 2013 年 | 2014 年 |
| 辽宁 | 葫芦岛市绥中 | 1.9 | 1.8 | 2.5 |
| 辽宁 | 营口市盖州 | 2.9 | 3.8 | 1.4 |
| 河北 | 滦河口至截河口 | 11 | 9.1 | — |

| 省份 | 重点岸段 | 平均侵蚀速度(m/a) | | |
|---|---|---|---|---|
| | | 2012 年 | 2013 年 | 2014 年 |
| 山东 | 龙口至烟台 | 2.8 | — | 2.8 |
| 山东 | 苏州三山岛—青岛刁龙嘴岸段 | — | 2.6 | — |
| 江苏 | 连云港至射阳河口 | 10.4 | 26.4 | 14.1 |
| 上海 | 崇明东滩 | 22.1 | 10.1 | 4.4 |
| 广东 | 湛江雷州市赤坎村 | 3 | 2 | 5 |
| 海南 | 海口市镇海村 | 7 | 8 | 5 |
| 海南 | 海口市南渡江 | — | — | 3.9 |

(2)气候灾害脆弱性评价

沿海城市的气候灾害脆弱性指标,包括气温升高幅度、海平面上升幅度、沿海低地淹没范围、风暴潮、海浪、海冰、海水入侵、海岸侵蚀和咸潮入侵 9 个指标。对这 9 个评价指标分别进行标准化处理,结果如表 12.13 所示。

**表 12.13　我国沿海城市气候变化风险指标标准化结果**

| 省份 | 气温升高幅度 | 海平面上升幅度 | 沿海低地淹没范围 | 风暴潮 | 海浪 | 海冰 | 海水入侵 | 海岸侵蚀 | 咸潮入侵 |
|---|---|---|---|---|---|---|---|---|---|
| 辽宁省 | 0.9528 | 0.3333 | 0 | 0.0334 | 0.6604 | 1 | 0.2694 | 0.0166 | 0 |
| 河北省 | 0.9578 | 0.1333 | 0.1854 | 0.0642 | 0.0165 | 0.0408 | 1 | 0.8432 | 0 |
| 天津市 | 1 | 1 | 0.7260 | 0.0120 | 0 | 0.0002 | 0 | 0.1507 | 0.1 |
| 山东省 | 0.8659 | 0.7333 | 0.1326 | 0.2187 | 0.1576 | 0.8681 | 0.8908 | 0.5646 | 0.1 |
| 江苏省 | 0.8320 | 0.4000 | 1 | 0.1162 | 0.0564 | 0 | 0.1707 | 0.8052 | 0.7 |
| 上海市 | 0.4512 | 0.4000 | 0.6951 | 0.0177 | 0.0224 | 0 | 0 | 1 | 0.9 |
| 浙江省 | 0.5323 | 0.4667 | 0.0532 | 0.4325 | 0.4474 | 0 | 0.2836 | 0 | 0.7 |
| 福建省 | 0.5108 | 0.2667 | 0.0340 | 0.7559 | 0.3568 | 0 | 0.0474 | 0.4404 | 0 |
| 广东省 | 0.3874 | 0.6667 | 0.1700 | 1 | 0.1393 | 0 | 0.0532 | 0.4791 | 1 |
| 广西壮族自治区 | 0.5290 | 0 | 0.0790 | 0.5601 | 0.0097 | 0 | 0.0116 | 0.1974 | 0 |
| 海南省 | 0 | 0.8667 | 0.0329 | 0.3796 | 1 | 0 | 0.0037 | 0.3176 | 0 |

根据各个指标对沿海城市脆弱性的贡献程度不同,确定各指标的权重(表 12.14),加权计算得到我国 11 个沿海省(区、市)的气候灾害脆弱性评价结果(表 12.15)。

**表 12.14　我国沿海城市气候灾害脆弱性指标权重**

| 二级指标 | 权重 | 三级指标 | 权重 |
|---|---|---|---|
| 气候变化 | 0.50 | 气温升高幅度 | 0.30 |
| | | 海平面上升幅度 | 0.30 |
| | | 沿海低地淹没范围 | 0.40 |

续表

| 二级指标 | 权重 | 三级指标 | 权重 |
|---|---|---|---|
| 海洋灾害 | 0.50 | 风暴潮 | 0.75 |
| | | 海浪 | 0.04 |
| | | 海冰 | 0.01 |
| | | 海水入侵 | 0.07 |
| | | 海岸侵蚀 | 0.05 |
| | | 咸潮入侵 | 0.08 |

**表 12.15 我国沿海城市气候灾害脆弱性评价结果**

| 省份 | 气温升高幅度 | 海平面上升幅度 | 沿海低地淹没范围 | 风暴潮 | 海浪 | 海冰 | 海水入侵 | 海岸侵蚀 | 咸潮入侵 | 综合 |
|---|---|---|---|---|---|---|---|---|---|---|
| 辽宁省 | 0.2858 | 0.1000 | 0.0000 | 0.0251 | 0.0264 | 0.0100 | 0.0189 | 0.0008 | 0.0000 | 0.23 |
| 河北省 | 0.2873 | 0.0400 | 0.0741 | 0.0481 | 0.0007 | 0.0004 | 0.0700 | 0.0422 | 0.0000 | 0.28 |
| 天津市 | 0.3000 | 0.3000 | 0.2904 | 0.0090 | 0.0000 | 0.0000 | 0.0000 | 0.0075 | 0.0080 | 0.46 |
| 山东省 | 0.2598 | 0.2200 | 0.0531 | 0.1640 | 0.0063 | 0.0087 | 0.0624 | 0.0282 | 0.0080 | 0.41 |
| 江苏省 | 0.2496 | 0.1200 | 0.4000 | 0.0871 | 0.0023 | 0.0000 | 0.0120 | 0.0403 | 0.0560 | 0.48 |
| 上海市 | 0.1353 | 0.1200 | 0.2780 | 0.0133 | 0.0009 | 0.0000 | 0.0000 | 0.0500 | 0.0720 | 0.33 |
| 浙江省 | 0.1597 | 0.1400 | 0.0213 | 0.3244 | 0.0179 | 0.0000 | 0.0199 | 0.0000 | 0.0560 | 0.37 |
| 福建省 | 0.1532 | 0.0800 | 0.0136 | 0.5670 | 0.0143 | 0.0000 | 0.0033 | 0.0220 | 0.0000 | 0.43 |
| 广东省 | 0.1162 | 0.2000 | 0.0680 | 0.7500 | 0.0056 | 0.0000 | 0.0037 | 0.0240 | 0.0800 | 0.62 |
| 广西壮族自治区 | 0.1587 | 0.0000 | 0.0316 | 0.4201 | 0.0004 | 0.0000 | 0.0008 | 0.0099 | 0.0000 | 0.31 |
| 海南省 | 0.0000 | 0.2600 | 0.0132 | 0.2847 | 0.0400 | 0.0000 | 0.0003 | 0.0159 | 0.0000 | 0.31 |

(3)气候灾害脆弱性区划

根据我国沿海城市气候灾害脆弱性的评价结果,将我国沿海城市的气候灾害脆弱性分为5级,各等级对应的取值范围如表12.16所示。根据表12.16的取值范围,确定各沿海省(区、市)的气候灾害脆弱性等级,并据此绘制我国沿海城市气候灾害脆弱性空间分布图(图12.23)。

**表 12.16 我国沿海城市气候变化脆弱性等级**

| 脆弱性等级 | 脆弱性评价结果取值范围 |
|---|---|
| 极低 | 0.23~0.25 |
| 低 | 0.25~0.32 |
| 中等 | 0.32~0.42 |
| 高 | 0.42~0.50 |
| 极高 | 0.50~0.62 |

我国沿海城市气候灾害脆弱性区划结果表明,广东为气候灾害脆弱性极高地区;气候灾害高脆弱性地区为天津、江苏和福建;山东、上海和浙江为气候灾害中等脆弱性地区;河北、广西和海南处于气候灾害低脆弱性地区;辽宁的气候灾害脆弱性极低。

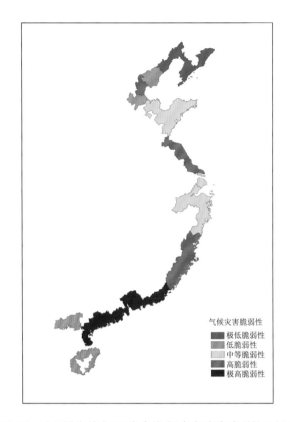

图 12.23　我国沿海城市（不含台湾省）气候灾害脆弱性空间分布

**4. 沿海城市社会经济脆弱性区划**

（1）社会经济脆弱性主要因素分析

影响沿海城市社会经济脆弱性的因素包括社会经济暴露度和防护能力 2 类。暴露度包括地均 GDP 和人口密度 2 个指标，防护能力包括人均 GDP 和海防设施建设情况 2 个指标。

（a）社会经济暴露度

单位土地面积上创造的 GDP 越高、居住的人口越多，遭受同等灾害威胁时造成的经济和人员损失越大。人口密度分布与经济水平的空间分布有较高的一致性（图 12.24）。暴露度最高的地区分布在长三角地区、珠三角地区以及天津、青岛、厦门等地，这些区域人口密度大，经济发达，2015 年地均 GDP 在 8000 万元/ km² 以上；大连、威海、南通、杭州、泉州、海口等的地均 GDP 也较高，人口较密集，暴露度较高；福建和山东沿海多数地区地均 GDP 和人口密度处于中等水平，属中等暴露度；珠三角以外的广东沿海地区，广西和海南大部分沿海地区，以及辽宁、河北沿海大部分区域的地均 GDP 相对较低，人口密度小，暴露度低。

（b）防护能力

经济水平是衡量一个地区应对灾害能力大小的重要因素。比较各个沿海城市人均 GDP（图 12.25），经济发展水平较高的城市有大连、天津、威海、青岛、上海、杭州、宁波、广州、深圳等，仍然主要集中在环渤海、长三角、珠三角 3 个集群。对这些地区来说，应对突发灾害方面的经济实力较为突出。

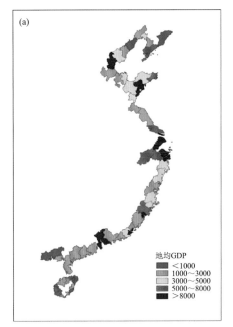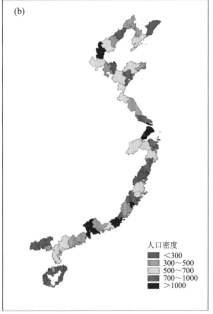

图 12.24　2015 年我国沿海城市(不含台湾省)地均 GDP(a)和人口密度(b)分布情况

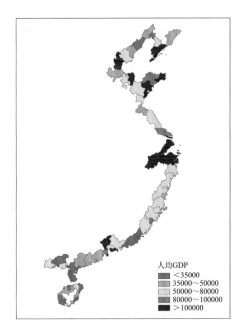

图 12.25　2015 年我国沿海城市(不含台湾省)人均 GDP 分布情况

　　沿海地区海堤建设情况对于抵御海洋灾害起着重要作用。沿海地区已建海堤总长13695.02 km,占岸线长度的 41.6%,其中已建达标海堤长 7334.40 km,占海堤总长的53.6%。从海堤建设长度来看,广东最长,浙江和福建其次,天津最短(图 12.26)。从海堤占岸线的比例来看,天津最高,达 91.0%;其次是上海和江苏,分别为 84.6% 和 78.8%;广西最低,仅有 18.6%。从达标海堤长度来看,广东最长,其次是浙江,天津最短(图 12.27)。从海堤达标比例来看,最高的是江苏,达到 100%;浙江和上海的达标比例分别为 82.9% 和 77.6%,也处于较高水平;天津的达标比例最低,仅有 1.3%。我国沿海城市社会经济暴露和防护能力情况如图 12.28 所示。

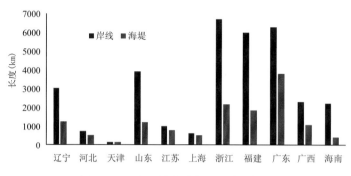

图 12.26　我国沿海城市海堤建设情况

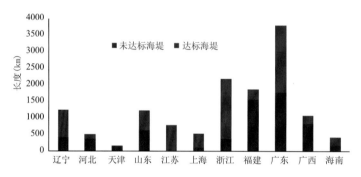

图 12.27　我国沿海城市已建海堤达标情况

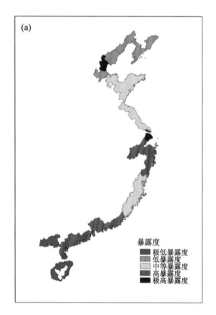

图 12.28　我国沿海城市(不含台湾省)社会经济暴露度(a)和防护能力(b)

（2）社会经济脆弱性评价

沿海城市的社会经济脆弱性指标,包括地均 GDP、人口密度、人均 GDP 和海堤防护比例 4 个指标。对这 4 个评价指标分别进行标准化处理,结果如表 12.17 所示。对于社会经济脆弱性来说,防护能力属于负向指标,防护能力越大,相应的脆弱性越低。

表 12.17　我国沿海城市社会经济脆弱性指标标准化结果

| 省份 | 暴露度 | | 防护能力 | |
|---|---|---|---|---|
| | 地均 GDP | 人口密度 | 人均 GDP | 海堤防护比例 |
| 辽宁省 | 0.0299 | 0.0133 | 0.4501 | 0.3106 |
| 河北省 | 0.0469 | 0.0675 | 0.2357 | 0.7102 |
| 天津市 | 0.3299 | 0.2883 | 1 | 1 |
| 山东省 | 0.0843 | 0.0689 | 0.6549 | 0.1741 |
| 江苏省 | 0.0690 | 0.0861 | 0.3612 | 0.8323 |
| 上海市 | 1 | 1 | 0.9550 | 0.9116 |
| 浙江省 | 0.1181 | 0.1171 | 0.6221 | 0.1902 |
| 福建省 | 0.0683 | 0.0773 | 0.4101 | 0.1716 |
| 广东省 | 0.1660 | 0.1963 | 0.5639 | 0.5765 |
| 广西壮族自治区 | 0 | 0 | 0 | 0.3862 |
| 海南省 | 0.0045 | 0.0109 | 0.0047 | 0 |

根据各个指标对沿海城市脆弱性的贡献程度不同,确定各指标的权重(表 12.18),加权计算得到我国 11 个沿海省(区、市)的社会经济脆弱性结果,如表 12.19 所示。

表 12.18　我国沿海城市社会经济脆弱性指标权重

| 二级指标 | 权重 | 三级指标 | 权重 |
|---|---|---|---|
| 暴露度 | 0.50 | 地均 GDP | 0.50 |
| | | 人口密度 | 0.50 |
| 防护能力 | 0.50 | 人均 GDP | 0.50 |
| | | 海堤防护比例 | 0.50 |

表 12.19　我国沿海城市社会经济脆弱性评价结果

| 省份 | 暴露度 | 防护能力 | 社会经济脆弱性 |
|---|---|---|---|
| 辽宁省 | 0.02 | 0.38 | 0.32 |
| 河北省 | 0.06 | 0.47 | 0.29 |
| 天津市 | 0.31 | 1 | 0.15 |
| 山东省 | 0.08 | 0.41 | 0.33 |
| 江苏省 | 0.08 | 0.60 | 0.24 |
| 上海市 | 1 | 0.93 | 0.53 |
| 浙江省 | 0.12 | 0.41 | 0.36 |
| 福建省 | 0.07 | 0.29 | 0.39 |

| 省份 | 暴露度 | 防护能力 | 社会经济脆弱性 |
|---|---|---|---|
| 广东省 | 0.18 | 0.57 | 0.31 |
| 广西壮族自治区 | 0 | 0.19 | 0.40 |
| 海南省 | 0.01 | 0 | 0.50 |

(3)社会经济脆弱性区划

根据沿海城市社会经济脆弱性的评价结果,将沿海城市的社会经济脆弱性分为5级,各等级对应的取值范围如表12.20所示。根据表12.20的取值范围,确定各沿海省(区、市)的社会经济脆弱性等级,并据此绘制沿海城市社会经济脆弱性空间分布图(图12.29)。

表 12.20  我国沿海城市社会经济脆弱性等级

| 脆弱性等级 | 脆弱性评价结果取值范围 |
|---|---|
| 极低 | 0.15~0.20 |
| 低 | 0.20~0.25 |
| 中等 | 0.25~0.35 |
| 高 | 0.35~0.45 |
| 极高 | 0.45~0.55 |

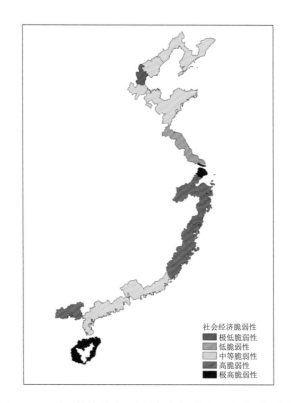

图 12.29  我国沿海城市(不含台湾省)社会经济脆弱性分布

社会经济极高脆弱性地区为上海和海南。上海属于高暴露度、高防护能力地区,海南属于低暴露度、低防护能力地区。

社会经济高脆弱性地区为浙江、福建和广西。浙江的暴露度高、防护能力中等,福建的暴露度中等、防护能力较低,广西的暴露度和防护能力均很低。

社会经济中等脆弱性地区为辽宁、河北、山东和广东。辽宁的暴露度和防护能力均较低,河北的暴露度低、防护能力中等,山东的暴露度和防护能力处于中等水平,广东的暴露度和防护能力均较高。

社会经济低脆弱性地区为江苏,该地区属于高防护能力、中等暴露度。

社会经济极低脆弱性地区为天津,其暴露度和防护能力均极高,由于其防护能力强,在很大程度上减轻了高暴露度所产生的影响。

**5. 沿海城市气候变化脆弱性区划**

综合自然条件、生态环境、气候灾害及社会经济 4 个方面,对 4 个一级指标按表 12.21 所示赋予权重值,加权计算得到沿海城市气候变化脆弱性综合评价值,并进行标准化,标准化结果如表 12.22 所示。

表 12.21　我国沿海城市气候变化脆弱性一级指标权重取值表

| 评价单元 | 自然条件 | 生态环境 | 气候灾害 | 社会经济 |
|---|---|---|---|---|
| 权重 | 0.20 | 0.15 | 0.50 | 0.15 |

表 12.22　我国沿海城市气候变化综合脆弱性评价结果

| 省份 | 自然条件脆弱性 | 生态环境脆弱性 | 气候灾害脆弱性 | 社会经济脆弱性 | 综合脆弱性 | 综合脆弱性标准化结果 |
|---|---|---|---|---|---|---|
| 辽宁省 | 0.29 | 0.38 | 0.23 | 0.32 | 0.28 | 0.07 |
| 河北省 | 0.34 | 0.08 | 0.28 | 0.29 | 0.26 | 0.00 |
| 天津市 | 0.65 | 0.29 | 0.46 | 0.15 | 0.42 | 0.75 |
| 山东省 | 0.42 | 0.65 | 0.41 | 0.33 | 0.43 | 0.79 |
| 江苏省 | 0.73 | 0.37 | 0.48 | 0.24 | 0.50 | 1.00 |
| 上海市 | 0.83 | 0.37 | 0.33 | 0.53 | 0.47 | 0.95 |
| 浙江省 | 0.28 | 0.20 | 0.37 | 0.36 | 0.32 | 0.27 |
| 福建省 | 0.26 | 0.12 | 0.43 | 0.39 | 0.34 | 0.37 |
| 广东省 | 0.38 | 0.20 | 0.62 | 0.31 | 0.46 | 0.93 |
| 广西壮族自治区 | 0.39 | 0.07 | 0.31 | 0.40 | 0.31 | 0.19 |
| 海南省 | 0.28 | 0.43 | 0.31 | 0.50 | 0.35 | 0.39 |

将我国沿海城市气候变化脆弱性分为 5 级,按表 11.23 所示的取值范围进行脆弱性等级划分,确定各沿海省(区、市)的脆弱性等级,并据此绘制我国沿海城市气候变化脆弱性空间分布图(图 12.30)。

表 12.23　我国沿海城市气候变化综合脆弱性等级

| 脆弱性等级 | 脆弱性评价结果取值范围 |
|---|---|
| 极低 | 0～0.15 |
| 低 | 0.15～0.25 |
| 中等 | 0.25～0.50 |
| 高 | 0.50～0.80 |
| 极高 | 0.80～1 |

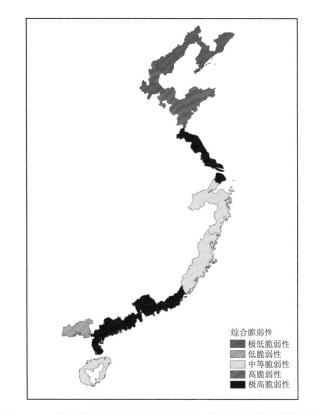

图 12.30　我国沿海城市(不含台湾省)气候变化综合脆弱性分布

我国沿海城市气候变化脆弱性区划结果表明,气候变化极高脆弱性地区分布在江苏、上海和广东;气候变化高脆弱性地区为天津和山东;气候变化中等脆弱性地区为浙江、福建和海南;广西属于气候变化低脆弱性地区;气候变化极低脆弱性地区分布在辽宁和河北。

(1)极高脆弱性地区

气候变化脆弱性极高的区域分布在上海、江苏和广东。

上海在自然环境方面表现出极强的脆弱性,主要是因为其地势平坦,高程较低,且平均潮差较大,容易遭受风暴潮等海洋灾害的侵袭。由于上海人口密度和经济密度大,暴露性高,因此在社会经济方面也表现出极高的脆弱性。上海水环境质量差,生态环境方面也为高脆弱性。虽然上海海洋灾害风险较低,但气温升高和海平面上升的幅度较大,因此在气候灾害风险方面为中等脆弱性。综合来看,上海表现出极高的脆弱性。

　　江苏沿海地区高程低,坡度平缓,自然条件脆弱性极高。江苏海洋自然保护区分布较广,生态环境脆弱性高。虽然江苏沿海地区受海洋灾害的影响并不显著,但是气温升高和海平面上升的幅度较大,未来可能因海平面上升淹没大片土地,因此气候灾害脆弱性高。江苏沿海地区经济发展水平一般,但海堤建设情况良好,高防护能力使其经济社会脆弱性较低。综合来看,江苏也表现出极高的脆弱性。

　　广东凸显出极高的气候变化脆弱性,主要在于其气候灾害脆弱性极高,在自然条件、生态环境和社会经济方面,均为中等脆弱性。广东的缓发灾害并不是很严重,但由于其沿海地区的海洋灾害发生频率高,造成危害大,因此气候灾害脆弱性极高。

　　(2)高脆弱性地区

　　气候变化高脆弱性地区为天津和山东。

　　天津沿海地区高程较低,坡度平缓,自然条件脆弱性高。天津近岸海域水环境质量较差,导致生态环境脆弱性高。此外,虽然天津受海洋灾害影响较小,但缓发灾害较为严重,有较大的淹没风险,因此气候灾害脆弱性高。在社会经济方面,天津表现出极低的脆弱性,这主要是由于其经济发展水平高,且海堤建设完善、防护能力高。

　　山东气候变化高脆弱性主要受生态环境的制约。因海洋自然保护区数量多、面积大、分布广且生态敏感,一旦破坏很难恢复,因此生态环境脆弱性极高。其他方面,山东均为中等脆弱性。自然条件方面,山东脆弱的是坡度和波高;气候灾害方面,缓发灾害比海洋灾害更为严重;经济社会方面,山东沿海地区的暴露度和防护能力均处于中等水平。

　　(3)中等脆弱性地区

　　浙江、福建和海南属于气候变化中等脆弱性地区。

　　浙江沿海地区经济发达、人口密度高,导致其社会经济暴露度高,而海堤防护能力中等,因此其社会经济脆弱性高。自然条件方面,虽然浙江沿海地区的平均潮差和波高较大,但由于总体的高程、坡度较大,导致其自然条件脆弱性低。浙江的海洋自然保护区不多,地均污染排放量相对较小,但近岸海域水环境质量极差,导致在生态环境方面为中等脆弱性。浙江沿海地区的缓发灾害及海洋灾害均属中等水平,因此气候灾害脆弱性中等。

　　福建沿海地区经济发展水平中等,防护能力较差,导致其社会经济脆弱性高。福建沿海地区的缓发灾害并不严重,但易遭受海洋灾害侵袭,造成重大人员和经济损失,气候灾害脆弱性中等。在自然条件和生态环境方面,福建的脆弱性较低。综合起来,福建沿海地区气候变化脆弱性中等。

　　海南省虽然污染排放量不大,且其近岸海域水环境质量不错,但由于海洋自然保护区较多,一旦破坏不易恢复,因此生态环境脆弱性极高。海南受经济发展的制约,虽然暴露度低,但防护能力太差,导致社会经济脆弱性极高。海南省气候灾害脆弱性极低,自然条件脆弱性低。综合起来,海南沿海地区气候变化脆弱性中等。

　　(4)低脆弱性地区

　　广西属于气候变化低脆弱性地区。广西沿海地区高程高,地势陡峭,但潮差和波高较大,自然条件中等脆弱。广西沿海城市生态环境良好,生态环境脆弱性极低。广西易遭受风暴潮等海洋灾害侵袭,但缓发灾害并不严重,因此气候灾害脆弱性低。广西沿海地区人口密度相对较低,经济发展落后,因此暴露度较低;但由于受经济发展水平制约,遭受海洋灾害侵袭后的重建能力和恢复能力也较弱,因此其社会经济脆弱性高。

（5）极低脆弱性地区

辽宁和河北的沿海城市气候变化脆弱性最低。

辽宁仅在生态环境方面表现出高脆弱性，这主要是因为辽宁海洋自然保护区数量较多、面积较大，因此需要加大生态环境保护力度。其他各方面均为中等及以下的脆弱性。

河北在自然条件、生态环境、气候灾害和社会经济 4 个方面均为中等或低脆弱性，因此其综合脆弱性极低。

# 第十三章 中国沿海城市应对气候变化的发展战略

## 第一节 国外沿海城市应对气候变化的发展战略

世界各国的沿海城市,在应对气候变化时采取了社会协同、法律保障、规划建设和低碳减排等策略,动员政府、企业、研究机构、非政府组织和公众等各方力量,根据应对气候变化的需求,合理确定规划建设的发展目标、用地布局和设施标准,推动产业、交通、建筑等领域的温室气体减排,并制定相关法律,建立相关制度加以保障。在这些措施中,以减缓性(mitigation)措施为主,适应性(adaptation)措施为辅,但在近几年的实践中,适应性措施也越来越受到重视。

### 1. 美国纽约

纽约市面积 789 km²,人口 855 万人(纽约都市圈约 2000 万人),GDP 为 8746 亿美元(纽约都市圈约 1.4 万亿美元)。在气候变化背景下,纽约市面临着海平面上升、风暴潮、洪涝灾害和热浪等多方面的挑战。纽约市从组织领导、法律法规、适应策略、基础设施、保险制度、监控预警等多方面积极应对气候变化的挑战。纽约市适应气候变化组织框架如图 13.1 所示(Rosenzweig et al. ,2010)。

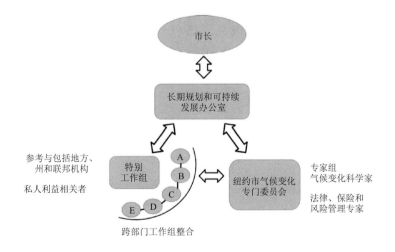

图 13.1 纽约市适应气候变化组织框架

纽约市在应对气候变化的最初阶段,主要致力于减缓性措施,即温室气体的减排。逐渐地,纽约市认识到采取适应性策略同样重要。在适应性策略方面,纽约采取了战略后退(considering strategic retreat)、增加弹性(increasing regional resilience)和构筑防护(building protection)三大战略(Blakely et al.,2012)。

(1)战略后退。当一些海岸带地区不再适合人类居住,或者该地区不值得花大量的投资保护经常性的损失,就要考虑战略性后退。

(2)增加弹性。许多沿海地区有着高密度的人口和发达的经济,迁移或者后退的策略都不太可行,必须要提高地区的弹性,应对潜在的气候变化影响,如强降雨、风暴潮、洪水等。

(3)构筑防护。为了长远发展,借鉴其他发达国家的经验,研究建设可拆除的洪水屏障,围绕保护纽约港这一核心区域。针对不同的海平面上升高度,有效降低屏障内的水位,减少洪水带来的人员和经济损失。

纽约在海岸保护综合规划中也考虑了应对气候变化的因素,其总体布置如图 13.2 所示(Mayor of New York City,2013)。

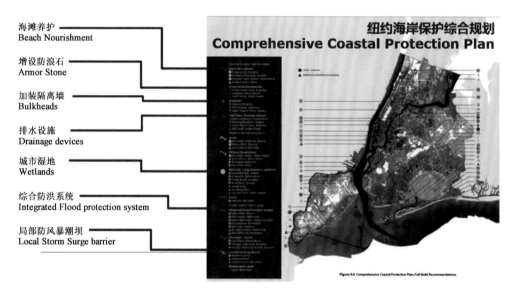

图 13.2　纽约海岸保护综合规划总体布置

### 2. 美国旧金山

预测研究结果表明,到 2050 年,旧金山区域的海平面将上升 11～19 英寸(1 英寸≈2.54 cm,下同),2100 年上升 30～55 英寸。由此带来的洪灾将影响旧金山 1600～3800 名城市居民,带来 14 亿～40 亿美元的经济损失。在整个湾区,受灾居民人数可能会在 22 万～27 万人,经济损失在 490 亿～620 亿美元之间。气温方面,2050 年平均气温上升 2.7 ℉,出现 39 次高温热浪袭击,2100 年上升 3.6～10.8 ℉(San Francisco Department of the Environment,2013)。

这些潜在的气候变化都会影响城市系统的正常运行,2012 年加利福尼亚能源委员会发布了相关研究报告,对重点基础设施受气候变化影响的潜在风险进行了分析和识别(图 13.3 和图 13.4),并提出了不同城市基础设施应对气候变化的适应性措施(表 13.1)(California Energy Commission,2012)。

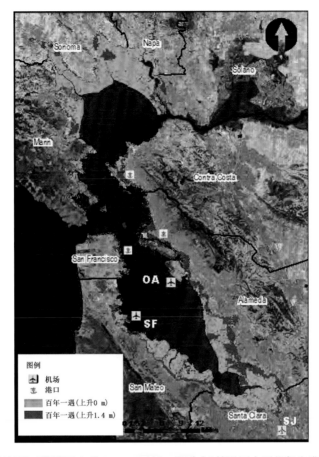

图 13.3　加利福尼亚海平面上升 1.4 m(百年一遇洪水)情况下主要机场和港口的风险分析

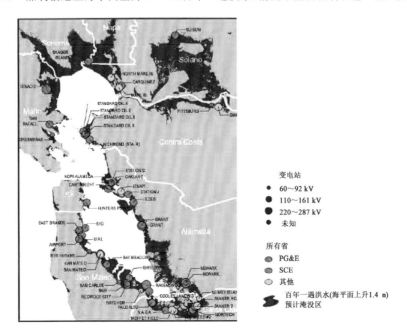

图 13.4　加利福尼亚海平面上升 1.4 m(百年一遇洪水)情况下变电站风险分析

表 13.1　旧金山湾区应对气候变化的适应性措施

| 系统/部门 | 适应措施 |
|---|---|
| 供水 | ·提高效率,减少供水管网漏损,加强水资源保护<br>·在国家和地方层面上建立专家委员会,加强科技信息在城市水管理方面的应用<br>·评估水资源保护区对干旱的灵敏程度<br>·通过研究海水淡化的可行性提高城市应对水资源短缺的能力 |
| 污水 | ·绝大多数为分流制系统,气候变化的主要影响是海平面上升带来的海水倒灌以及暴雨引起的城市内涝<br>·城市提高系统标准,应对 2050 年海平面上升 0.5 m 的情景 |
| 电力 | ·电站选址考虑气候变化(海平面上升等)的影响<br>·供电设施的优化运行维护等 |
| 交通 | ·对于现有设施,重点交通枢纽和设施(机场、公路、铁路)要提高其防洪堤和防浪墙,提高系统运行维护效率<br>·对于新建项目,考虑气候变化的潜在影响 |

　　旧金山在应对气候变化战略上还采取了各种碳减排措施。旧金山碳减排的总体目标如图 13.5 所示。在不同政策下,未来温室气体的减排路径与排放总量存在明显差异。在蓝线所示的气候控制策略下,二氧化碳排放量从 2010 年的 530 万吨下降到 2030 年的 290 万吨,满足各个阶段的减排目标(San Francisco Department of the Environment,2013)。

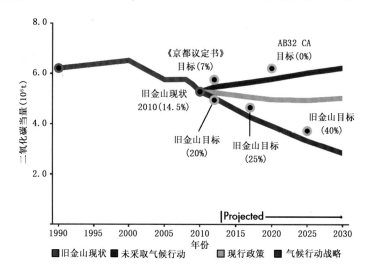

图 13.5　不同政策情景下旧金山温室气体排放路径图

　　旧金山碳减排的分行业目标如图 13.6 所示,共包括 11 个行业(或部门),各行业情况具体如下(San Francisco Department of the Environment,2013):
　　(1)减排数量最大(绝对值):汽车卡车(79 万吨)和商业用电(76 万吨)两个部门。
　　(2)排放量基本不变:住宅天然气和轮渡 2 个部门。
　　(3)到 2030 年,城铁和铁路等 5 个部门实现零排放。

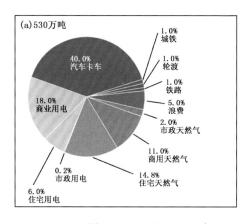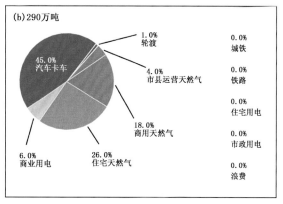

图 13.6　旧金山 2010 年(a)和 2030 年(b)不同行业温室气体排放量对比

### 3. 荷兰鹿特丹

鹿特丹是荷兰第二大城市,欧洲第一大港,位于莱茵河和马斯河交汇处。鹿特丹受气候变化的影响主要包括 4 个方面:海平面上升及河道水位上涨、更强的降雨、更长时期的干旱,以及更高频率的高温热浪。鹿特丹市政府规划在 2025 年具备完全适应气候变化的能力。在应对气候变化的适应性战略中,认为社会协同是不可或缺的一环,强调社会不同部门间的分工与协同。将政府的投资与政策、研究机构的技术探索、企业的运行管理、非政府机构的运营,以及公众的参与紧密地联系起来。图 13.7 为鹿特丹气候变化适应性战略实施示意图(City of Rotterdam,2013)。

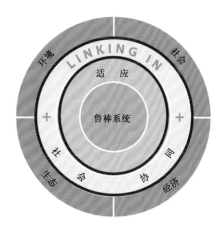

图 13.7　鹿特丹气候变化适应性战略示意图

鹿特丹的气候变化适应战略由 3 个部分组成。第一,鲁棒系统和适应性。鲁棒系统是城市适应气候变化的基础,包括了风暴潮壁垒和护堤、运河和湖泊,排水管网和泵站等。这些设施应时刻保持一个良好的运行状态,如果有必要应及时进行维修和升级。提高适应性代表着提高城市的弹性,降低城市的脆弱性,因此在基础设施和技术解决方案的基础上,还要充分利用自然的潜力适应气候变化的影响。第二,共同合作。为了更好地适应气候变化,城市的管理者(规划、市政等部门)要提高与企业、研究机构、非政府组织、新闻媒体、普通居民等不同利益相关方的交流与合作。第三,气候变化适应效果。包括了环境、社会、生态和经济等多方面收益,这会使鹿特丹市民享受适应性策略带来的好处,使得整个城市更具吸引力和影响力。

　　除此之外,鹿特丹还对潜在的城市内涝、热岛效应等影响进行了定量评估(图 13.8),识别出不同的气候敏感区域及脆弱区域,为有针对性地提出合理的适应性策略奠定基础。同时,通过组合不同的设计元素提高规划地块的整体适应能力,并提升其经济和社会价值(City of Rotterdam,2013)。

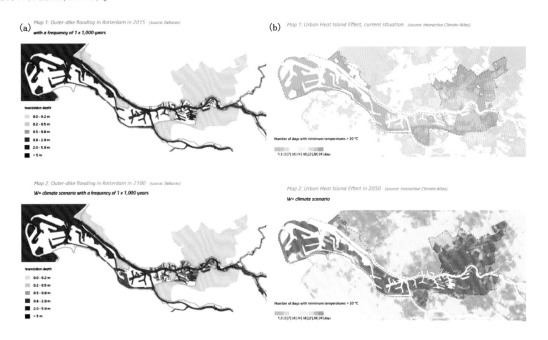

图 13.8　未来城市内涝(a)与城市热岛效应(b)示意图

### 4. 韩国木浦

　　木浦是韩国西南部港口城市,面积 50 km²,人口 24.7 万。城市 60% 的面积是由填海形成的,在高潮位和风暴潮中频繁遭遇洪水侵袭。根据预测,由于海平面上升,40% 的土地会在 2100 年被淹没(多数是围海造田的区域)。

　　在应对气候变化方面,木浦采取了 5 大战略,即硬防护(hard protection)、软防护(soft protection)、增强(accomodation)、后退(retreat)和进击(attack)。各种战略的实施措施示意如图 13.9 所示(Lee,2014)。

　　硬防护是指修建堤坝等硬防护设施来阻挡海水。软防护是指构筑红树林、湿地等缓冲带来减少海水侵袭。增强是指通过垫高高程、脱盐等措施来增强应对能力。后退是指将居民、用地、设施等后撤至低风险区域。进击是指通过填海、丁字坝等将设施延伸至海内。

　　木浦基于洪水淹没风险图,将上述适应海平面上升的战略落实到空间规划中。在海岸带战略规划中,分为西北部、西部和南部 3 大区域,在各区域的土地开发利用中分别采用不同的战略。木浦的海岸带战略规划如图 13.10 所示(Lee,2014)。

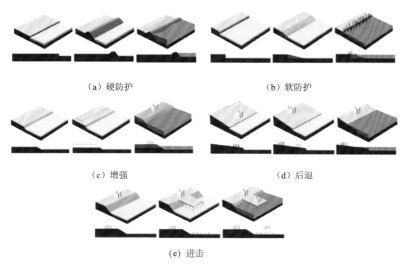

（a）硬防护　　　　　（b）软防护

（c）增强　　　　　（d）后退

（e）进击

图 13.9　韩国木浦应对气候变化 5 大战略示意图

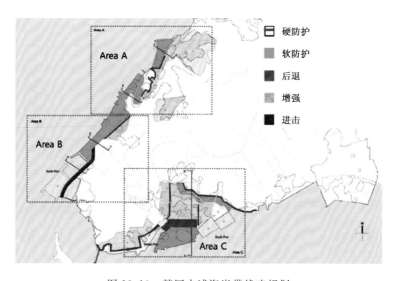

图 13.10　韩国木浦海岸带战略规划

# 第二节　中国社会经济发展阶段判断

对于我国当前社会经济发展阶段的总体判断,参照陈佳贵等(2012)对工业化阶段划分的标准(表 13.2)。

基于人均 GDP 指标衡量,我国刚刚迈入后工业化阶段。根据《中国统计年鉴(2016)》,2015 年我国人均 GDP 达到 49992 元,按当年平均汇率 6.2284 计算为 8026 美元,按 2010 年不变价计算为 7401 美元,按 2010 年美元购买力平价计算为 13298 美元,已经处于钱纳里模型中的后工业化阶段。

表 13.2　工业化阶段划分的标准

| 基本指标 | 前工业化阶段 | 工业化实现阶段 | | | 后工业化阶段 |
|---|---|---|---|---|---|
| | | 工业化初期 | 工业化中期 | 工业化后期 | |
| 人均 GDP * | 827～1654 | 1654～3308 | 3308～6615 | 6615～12398 | >12398 |
| 产业结构 | A>I | A>20%,A<I | A<20%,I>S | A<10%,I>S | A<10%,I<S |
| 第一产业就业 | 60%以上 | 45%～60% | 30%～45% | 10%～30% | 10%以下 |
| 城镇化率 | 30%以下 | 30%～50% | 50%～60% | 60%～75% | 75%以上 |

注: * 为 2010 年美元购买力平价。A 代表第一产业,I 代表第二产业,S 代表第三产业。

从三次产业结构判断,我国目前刚迈入后工业化阶段。按照三次产业产值结构来看,2015年三次产业比例为 8.9:40.9:50.2。第一产业产值占比为 8.9%,略低于 10%;第二产业产值占比为 40.9%,比重低于第三产业的 50.2%。2012 年第三产业比重首次超过第二产业。

从第一产业就业比重判断,我国刚进入工业化后期阶段。改革开放以来,我国第一产业的就业比重持续下降,但受城市化水平低、农村人口多、第三产业发展滞后等因素的影响,第一产业就业比重仍一直处于较高水平,只是近年来第一产业就业比重开始低于第二产业和第三产业。2015 年三次产业就业人员比例为 28.3:29.3:42.4,第一产业就业人员比重为 28.3%,低于第三产业 14.1 个百分点,低于第二产业 1 个百分点,处于工业化后期 10%～30% 的范围内。

从城镇化水平判断,我国刚迈入工业化中期门槛。2015 年,我国城镇化率为 56.1%,处于工业化中期的 50%～60% 范围内,但低于工业化后期 5～10 个百分点。因此,如果基于城镇化水平判断,我国目前刚进入工业化中期的中间阶段。但是,户籍人口城镇化率仅为 39.9%,与常住人口城镇化率之间存在着 16.2 个百分点的差距。按户籍人口城镇化率判断,我国仅处在工业化初期的中间阶段。可见,我国的城镇化水平严重滞后于工业化的整体进程。

基于人均 GDP 指标衡量,我国刚迈入后工业化阶段,但采用购买力平价的人均 GDP 高估了工业化发展水平;从三次产业结构判断,我国已开始进入后工业化阶段;从就业结构看,我国刚进入工业化后期阶段;从城镇化水平看,我国刚迈入工业化中期门槛,但存在着因城镇化滞后于工业化低估了工业化发展阶段的问题。综合以上分析,我国总体已处于工业化后期,开始向后工业化时代迈进,但各地发展极不均衡。

工业化发展阶段的变化,意味着经济发展的驱动因素将发生改变,工业化中期阶段的经济增长主要依靠资本投入,后期阶段将转变到主要依靠技术进步上来。源自经济系统的、依靠技术进步驱动经济发展的内生倒逼机制正在形成过程中。伴随着工业化发展阶段的历史性转变,我国经济进入"新常态",经济换挡减速,面临着"去产能、去库存"的压力,以及从"低成本—出口导向型"转为"技术进步驱动型"的经济转型升级的迫切要求。

我国城镇化落后于工业化,"土地城镇化"快于人口城镇化,建设用地粗放低效。2000—2011 年,全国城镇建成区面积增长 76.4%,远高于城镇人口 50.5% 的增长速度。根据世界城镇化发展的普遍规律,我国目前仍处于城镇化率 30%～70% 的快速发展区间。如果延续过去传统粗放的城镇化模式,就会带来产业升级缓慢、资源环境恶化、社会矛盾增多等诸多风险,可能落入"中等收入陷阱",进而影响现代化进程。

随着内外部环境和发展条件的深刻变化,我国的城镇化必须而且即将进入以提升质量为主的转型发展新阶段。预计未来 10～20 年,城镇化仍有较大发展空间,全国总体上对建设用地的需求将趋缓,但空间差异较大,部分特大城市仍将面临较大的用地需求压力。

## 第三节　中国沿海发展态势分析

### 1. 沿海经济发展状况

如图 13.11 所示,沿海省(区、市)GDP 占全国的比重,从 1995 年的 53.2% 逐步上升,在 2005 年达到峰值 61.7% 后,开始逐年下降,2015 年已降至 57.7%。说明沿海省(区、市)的经济发展速度在 1995—2005 年快于全国的平均增速,但在最近的 2005—2015 年慢于全国的平均增速。从 1995—2015 年 20 年的 GDP 增长倍数(图 13.12)来看,全国增长 10.2 倍,沿海省(区、市)增长 11.1 倍,略高于全国的增幅。天津的增速最快,明显高于其余沿海各省(区、市)。

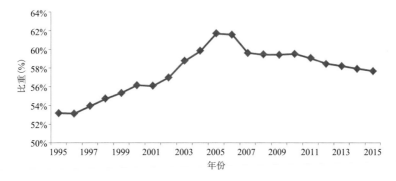

图 13.11　沿海省(区、市)GDP 占全国 GDP 的比重

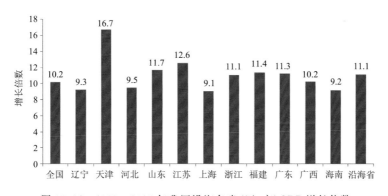

图 13.12　1995—2015 年我国沿海各省(区、市)GDP 增长倍数

沿海各省(区、市)的经济增长呈现出明显的分化态势。如图 13.13 所示,沿海各省(区、市)GDP 占全国的比重,天津、江苏、广西呈上升趋势,浙江、上海、广东、山东先升后降,海南、福建基本持平,辽宁、河北呈下降趋势。

2015 年,各沿海省(区、市)人均 GDP 为 5210～15983 美元,平均为 9835 美元(2010 年美元)(图 13.14)。按购买力平价计算为 9361～28717 美元,平均达到 17670 美元(PPP,2010 年美元)(图 13.14),比后工业化阶段的标准高 42.5%。天津、上海的人均 GDP 最高,比后工业化阶段的标准高 1 倍多;广西最低,处于工业化后期的中间值。从人均 GDP 这一指标来看,除海南、河北、广西仍处于工业化后期外,其余各沿海省(区、市)均已进入后工业化阶段。

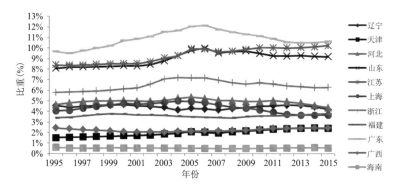

图 13.13　1995—2015 年沿海各省(区、市)GDP 占全国 GDP 比重

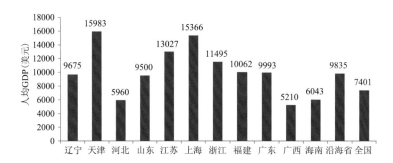

图 13.14　2015 年各沿海省(区、市)人均 GDP(2010 年美元)

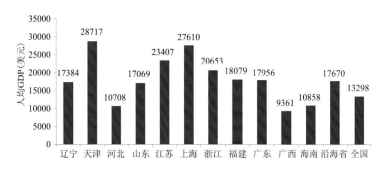

图 13.15　2015 年各沿海省(区、市)人均 GDP(PPP,2010 年美元)

如图 13.16 所示,沿海市 GDP 占沿海省(区、市)GDP 的比重,从 2000 年的 62.0% 缓慢上升到 2003 年的 62.3%,然后明显下降,一直降到 2011 年的 58.9%。随后又逐年缓慢回升,2015 年达到 59.6%,但仍低于 2000—2003 年的高点。

如图 13.17 所示,沿海市 GDP 占全国的比重,从 2000 年的 34.8% 上升到 2005 年的 37.2%。到达峰值后逐年下降,一直降至 2015 年的 34.4%,甚至低于 2000 年的水平。

广东、浙江、福建、海南的沿海市 GDP 占全省比重达到 80%~90%,广东略有上升,海南基本持平,浙江、福建明显下降。

山东、辽宁的沿海市 GDP 占全省比重为 45%~53%,且变化都比较平缓,山东下降 1%,

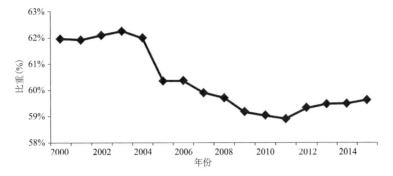

图 13.16　2000—2015 年沿海市 GDP 占沿海省(区、市)GDP 的比重

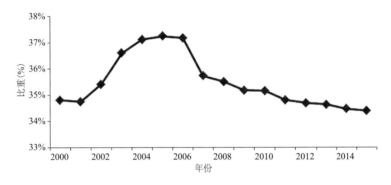

图 13.17　2000—2015 年沿海市 GDP 占全国 GDP 的比重

辽宁上升 2%。河北从 32.3% 上升到 37.3% 后又逐年下降到 35.5%。

江苏、广西的沿海市 GDP 占全省(区)比重不到 20%,江苏上升不到 1%,广西基本持平。说明这 2 个省(区)的沿海市发展动力明显弱于内地。

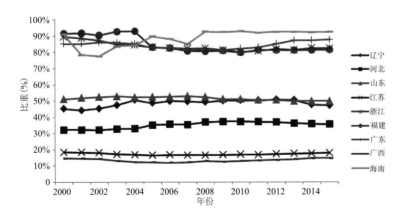

图 13.18　2000—2015 年各沿海省(区)内的沿海市 GDP 占本省(区)GDP 比重

综合以上分析,近年来沿海省(区、市)、沿海市的经济增速都开始低于全国的增速。沿海市的增速,在经历 10 年低于沿海省(区、市)增速之后,近 5 年开始快于本省(区、市)增速,说明在部分沿海省(区、市),沿海市又开始成为新的增长动力。

多数沿海省(区、市)的经济在经历飞速发展阶段并到达较高水平之后,增速开始明显放缓,经济增长从追求数量向追求质量转变。经济结构转型升级的内在要求使得土地产出效率提高,土地开发模式也相应地由粗放向集约转变。经济增速的放缓进一步使对建设用地的需求开始减缓,各沿海省(区、市)在经济上向海发展的内在动力逐步减弱。

**2. 沿海人口发展状况**

如图 13.19 所示,沿海省(区、市)人口占全国人口的比重呈逐年上升态势,从 2000 年的 41.1% 增长到 2015 年的 43.3%。2000—2005 年人口增长平稳,2005—2010 年增速明显加快,自 2010 年(达到 43.0%)开始增速又明显放缓。数据表明,人口始终在源源不断地向沿海省(区、市)集聚。

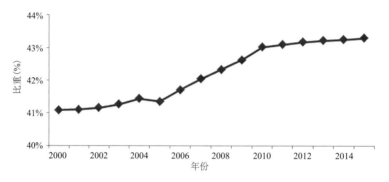

图 13.19　2000—2015 年沿海省(区、市)人口占全国比重

如图 13.20 和图 13.21 所示,2000—2015 年,天津、上海、广东的人口增速远超全国平均水平,并且一直保持持续增长的态势,人口向京津冀、长三角、珠三角这 3 个主要沿海城市群集聚的趋势非常明显。浙江、海南、福建的人口增速也较大幅度地超过全国平均水平,对人口的吸引力较强。河北、山东、江苏的人口增速略高于全国平均水平,对人口的吸引力一般。辽宁、广西的人口增速远低于全国平均水平,广西甚至人口总量几乎没有增长,说明辽宁、广西对人口的吸引力极差。

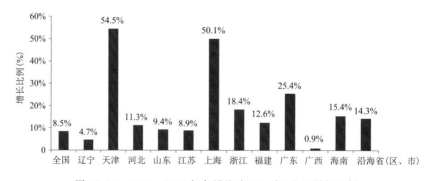

图 13.20　2000—2015 年各沿海省(区、市)人口增长比例

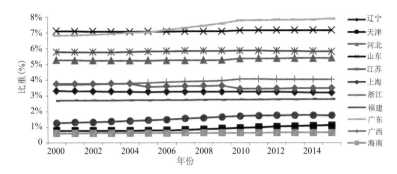

图 13.21　2000—2015 年各沿海省(区、市)人口占全国人口比重

　　如图 13.22 所示,沿海市人口占全国的比重一直呈小幅上升趋势,从 2000 年的 17.2％增长到 2015 年的 18.3％。如图 13.23 所示,沿海市人口占沿海省(区)的比重为小幅波动,从 2000 年的 41.9％开始增长,2004 年达到顶峰的 42.7％后逐年下降,2012 年达到最低点的 42.0％后逐年回升,2015 年达到 42.3％。

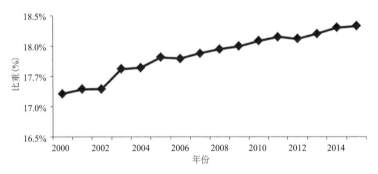

图 13.22　2000—2015 年各沿海市人口占全国人口比重

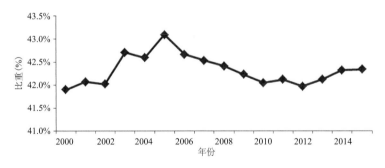

图 13.23　2000—2015 年各沿海省(区)的沿海市人口占本省(区)人口比重

　　预计未来人口将继续向沿海、沿江、沿主要交通线地区聚集,超大城市和特大城市的人口将继续增长。沿海城市和地区的人口压力将持续增长,应提前做好积极的应对准备,在政策、资源、空间等方面预留足够的增量,并保持一定的弹性。

### 3. 沿海建设用地增长状况

(1)总体增长情况

2000—2015年,全国建设用地面积从23346.84 km² 增加到51584.1 km²,增长了121%。沿海省(区、市)的建设用地面积从11307.0 km² 增加到27025.9 km²,增长了139%。沿海市建设用地面积从6063.7 km² 增加到16607.3 km²,增长了174%。总体上,全国、沿海省(区、市)、沿海市的建设用地面积呈持续增长态势,且沿海市建设用地面积增长快于沿海省(区、市),沿海省(区、市)建设用地面积增长快于全国平均水平。

2000—2015年沿海省(区、市)建设用地占全国的比重如图13.24所示。2000—2005年快速上升,从48.4%增加到52.4%。2006—2010年为缓慢增长期,从52.3%增长到53.3%,达到最高点。2011—2015年呈下降趋势,逐年下降至2014年的51.6%后,2015年恢复增长到52.4%。

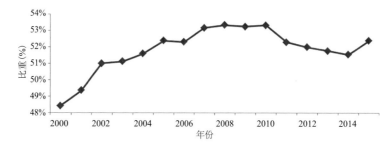

图 13.24　2000—2015年各沿海省(区、市)建设用地占全国建设用地比重

2000—2015年各沿海省(区、市)建设用地增长比例如图13.25所示,沿海省(区、市)总体增长比例比全国平均水平高出18个百分点。江苏、福建最高,远高于全国平均水平;山东、广东、海南、浙江为第二梯队,也明显高于全国平均水平;天津与全国平均水平基本持平;广西、上海、河北低于全国平均水平;辽宁远低于全国平均水平。

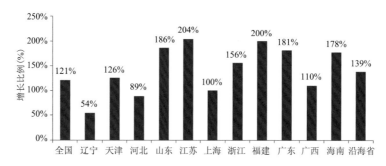

图 13.25　2000—2015年我国各沿海省(区、市)建设用地增长比例

2000—2015年沿海市建设用地占沿海省(区)建设用地的比重如图13.26所示。2000—2006年,从53.6%快速增长到64.5%;2007—2015年,经历了先降后升再降的过程,在60.8%~63.8%区间内小幅波动,2015年降至61.4%。

2000—2015年沿海市建设用地占全国建设用地的比重如图13.27所示。2000—2006年,从26.0%快速增长到33.8%;2007—2015年,经历了先降后升再降的过程,在32.2%~

33.4%区间内小幅波动,2015年降至32.2%。

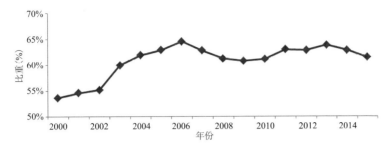

图13.26　2005—2015年沿海市建设用地占沿海省(区)建设用地比重

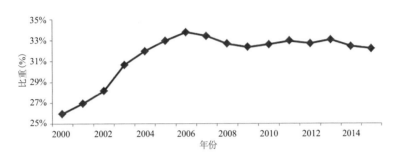

图13.27　2005—2015年沿海市建设用地占全国建设用地比重

近年来,沿海省(区、市)、沿海市的建设用地增长速度开始低于全国平均水平,用地需求逐渐减弱。但用地需求的空间差异较大,部分沿海城市人地关系紧张,如深圳人均建设用地仅为81 m²,对用地的需求相当迫切。

预计沿海省(区、市)、沿海市在未来的发展中,总体上来自经济的用地需求将开始下降,来自人口的用地需求仍将持续增长,但增速将减缓。总的用地需求仍将增长,但增速也将减缓。

(2)围填海情况

自新中国成立后,我国围填海活动的发展速度不断加快,主要分为4个阶段。第一阶段,20世纪50年代,围海晒盐。该时期主要由政府组织围垦了一部分土地,其中较大面积用于盐业生产,还有小部分由群众自发性地进行小规模围垦。第二阶段,20世纪60年代至70年代末期,围垦海涂增加农业用地。60年代初期,社队集体或地方政府开始组织大规模的围涂造地运动。60年代中期到70年代末期,围海造地管理开始实现程序化和规范化,扩大了围海范围。第三阶段,20世纪80年代至90年代初期,围海养殖。第四阶段,20世纪90年代至今,港口、临海型工业园区、沿海经济带建设等用海。这一时期,我国经济进入高速发展时期,海洋渔业、临海工业、旅游、港口经济、房地产等的发展都产生了强大的用地需求,土地紧缺的矛盾日益突出,沿海各地纷纷把发展的空间推向海洋,填海造地成为解决用地矛盾、拓展生产和生活空间的重要方式之一(孙丽 等,2010 a)。

由于大面积的围填海,我国沿海地区海岸线变化显著。如图13.28所示,2010年我国沿海各省(区、市)的海岸线(图中红线)比1980年的海岸线(图中蓝线)大幅推进,2015年的海岸线(底图)相比2010年的海岸线又有了进一步的推进。

据不完全统计,1980—2010年的30年间,我国围填海面积高达3757.93 km²(高志强,

2014)(图 13.29 和图 13.30)。根据国家海洋局每年公布的《全国海域使用管理公报》,2002—2013 年,全国累计确权填海面积 1109 km²,平均每年 100 km²。

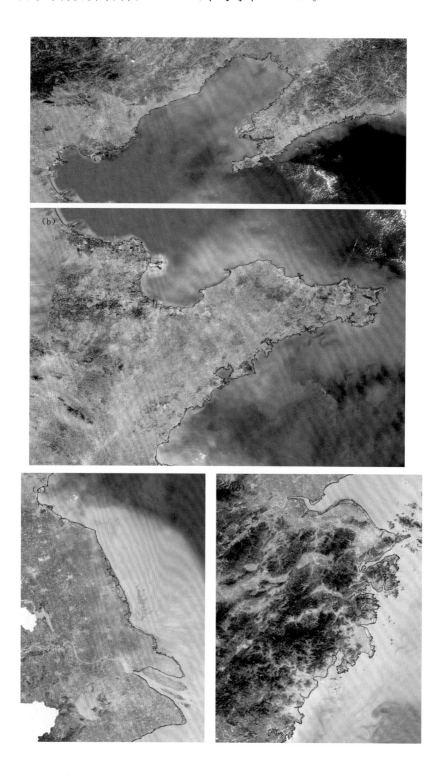

—— 1980年海岸线　　　—— 2010年海岸线

图 13.28　1980—2010 年中国海岸线(a—g)变化情况(底图为 2015 年卫星遥感图)

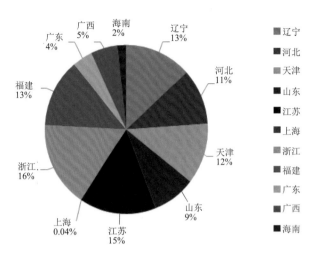

图 13.29　2002—2013 年我国沿海地区围填海分布情况
（根据 2002—2013 年《全国海域使用管理公报》数据绘制）

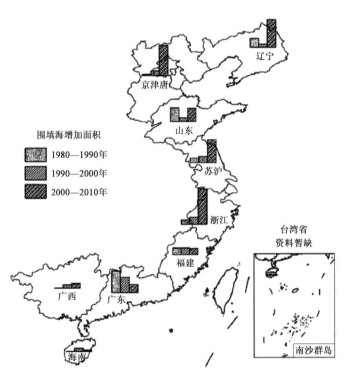

图 13.30　1980—2010 年我国各沿海省(区、市)围填海面积(高志强 等,2014)

　　从围填海的发展速度与经济增速、人口增速的对比来看(图 13.31)，经济增长迅速的时期，围填海面积的增长也十分明显，人口增速与围填海面积的增速呈反比。根据历史数据分析，经济因素是近年来我国围填海飞速发展的主要因素。我国未来经济增速将减缓，因此来自经济的围填海需求增速将减缓;我国未来人口增速将进一步下降，因此预计来自人口的围填海需求将呈现逐步下降的趋势。

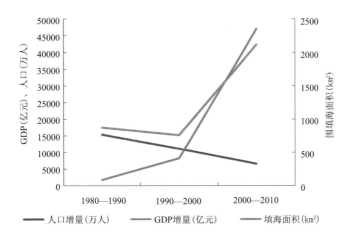

图 13.31　1980—2010 年我国围填海面积与人口增量、GDP 增量的关系

我国围填海活动最为活跃的区域主要是以下几个：

(a)环渤海地区

环渤海经济圈是中国北方地区重要的沿海经济带，是全国海岸围垦总量和强度最大的区域之一，以海湾型围垦为主。

据统计，1982—2014 年，环渤海地区围填海面积总计 2803.51 km²（马万栋 等，2015）。围垦工程的土地用途主要分为养殖围垦期、20 世纪 90 年代的围垦"蛰伏"期和 21 世纪以来的城市扩张型围垦期 3 个阶段（表 13.3）。

表 13.3　1982—2014 年环渤海地区围填海情况（单位：km²）

| 省份 | 地级市 | 1982—2000 年 | 2000—2005 年 | 2005—2010 年 | 2010—2012 年 | 2012—2014 年 | 合计 |
|---|---|---|---|---|---|---|---|
| 河北省 | 沧州 | 18.23 | 25.64 | 110.78 | 4.4 | | 159.15 |
| | 秦皇岛 | 20.44 | 1.96 | 2.5 | 8.29 | | 33.19 |
| | 唐山 | 104.7 | 32.81 | 252.89 | 57.19 | 2.08 | 449.67 |
| | 汇总 | 143.37 | 60.42 | 366.16 | 69.97 | 2.08 | 642 |
| 辽宁省 | 大连 | 47.71 | 84.15 | 68.76 | 100.52 | 28.73 | 329.87 |
| | 葫芦岛 | 17.73 | 23.43 | 41.65 | 13.7 | 5.84 | 102.35 |
| | 锦州 | 29.27 | 37.47 | 32.08 | 57.57 | 34.19 | 190.58 |
| | 盘锦 | 77.5 | 22.37 | 70.63 | 44.16 | 1.6 | 216.26 |
| | 营口 | 3.39 | 41.75 | 53.55 | 57.13 | | 155.82 |
| | 汇总 | 175.59 | 209.18 | 266.67 | 273.08 | 70.36 | 995.06 |
| 山东省 | 滨州 | | 31.71 | 40.95 | | | 72.66 |
| | 东营 | 169.19 | 55.78 | 107.79 | | | 332.76 |
| | 潍坊 | | 34.18 | 156.18 | | | 190.36 |
| | 烟台 | 2.99 | 15.07 | 3.25 | 105.6 | 0.09 | 127 |
| | 汇总 | 172.17 | 136.73 | 308.17 | 105.6 | 0.09 | 722.76 |
| 天津市 | | 40.11 | 59.03 | 206.42 | 137.34 | 0.79 | 443.69 |
| 总计 | | 531.24 | 465.35 | 1147.43 | 586.16 | 73.32 | 2803.5 |

天津滨海新区是环渤海地区围填海发展十分迅速的区域，截至 2013 年，围填海面积为 402.86 km²。尤其自 2006 年之后，天津滨海新区正式纳入国家总体战略布局，港口建设和经

济发展加快,填海速度也随之加快(图 13.32)(孟伟庆 等,2012)。

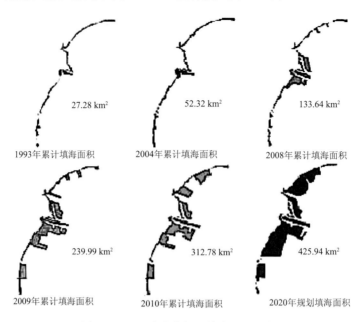

图 13.32　天津滨海新区填海面积变化

(b)长三角地区

长江三角洲经济圈经济发展迅速,人口密集,土地资源紧张,围填海强度大,围填海受经济发展水平影响显著。与环渤海经济圈相似,围垦主要集中在淤泥质海岸与河口地区。长三角地区对沿海滩涂湿地进行大规模的围垦活动始于 20 世纪 90 年代初,2000 年之后发展势头更加迅猛。

上海市在 1973—2013 年间围填海总面积为 289.83 km²,其中围海 31.85 km²,填海 257.98 km²。围填海主要发生在浦东新区,类型主要是农业填海,其次是港口码头填海和城镇建设填海(闫秋双,2014)。

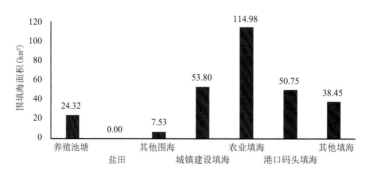

图 13.33　上海围填海类型分布(根据闫秋双(2014)数据绘制)

江苏省沿海滩涂总面积 6874 km²,占全国滩涂总面积的 1/4 左右。根据 2008 年制定的江苏沿海地区综合开发战略,围填海的长远开发方案包括 20 个垦区和 1 个淡水湖,合计匡围陆地面积 4460 km²,淡水域面积约 150 km²,其中先期开发面积 880 km²(图 13.34)(余锡平,

2008)。根据遥感影像监测的大陆海岸线变化分析，江苏省在 1973—2013 年间共围海 795.68 km²，填海 604.83 km²，合计 1400.50 km²。围填海速度呈先减小后增大的态势。围填海类型主要是养殖池塘，约占江苏省全部围填海面积的 50%，其次是尚未利用的其他填海，农业填海和港口码头填海的面积也比较大，盐田和城镇建设填海的面积较小，未利用的其他围海的面积最小(图 13.35)(闫秋双,2014)。

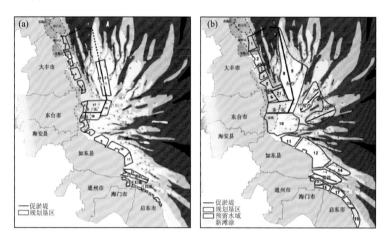

图 13.34　江苏省沿海地区围垦开发方案
(a)先期开发；(b)长远开发

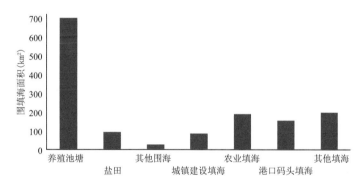

图 13.35　江苏省海岸围填类型分布(根据闫秋双(2014)数据绘制)

　　据统计,1913—2014 年浙江省大陆沿岸围填海面积总计达 2493.6 km²,除去钱塘江河口区海岸侵蚀面积 97.83 km²,净增加陆地面积 2395.77 km²。1960 年之后的 50 年是围填海面积急剧增加的时期,约为此前 50 年围填面积的 8 倍。1913—1970 年为自耕农时代,围垦面积较少,57 年间围垦 593.35 km²,主要为高滩围垦。1970—1995 年为集体农业时代的联围堵港阶段,围垦面积快速增加,25 年间围垦 847.25 km²,但人工岸线长度反而减少。1995—2014年为工业与城镇化建设围垦阶段,围垦面积增加显著,19 年围垦 1053.00 km²(廖甜 等,2016)。

　　(c)珠三角地区

　　20 世纪 70 年代到 2013 年,珠三角 5 座主要城市在 40 年间扩展了 2034.24 km²,其中通过围填海获得的土地约 114 km²,占总扩展面积的 5.6%。澳门和香港围海造陆最多,其次是深圳,广州和珠海较少(徐进勇 等,2015)。

香港填海造地主要用于修建海港、机场,进行城市建设和居民安置等。1973—2013 年,香港占用海域 49.87 km²,占总扩张土地的 31.8%。由于无节制的围填海,产生了一系列负面影响,如维多利亚港水深受到影响,威胁海港运营作业,高密度的城市增长造成城市环境日益恶化等。

澳门土地匮乏,填海造地是解决人地矛盾的主要途径。澳门总面积 29.9 km²,其中填海面积 18.3 km²,几乎占到总面积的 2/3。

深圳自 1978 年特区成立至 2004 年,围填海总面积为 66.09 km²,年均填海面积 2.45 km²(表 13.4)。2005 年以来,深圳围填海主要集中在西部矾石水道以东地区、中部深圳湾沿岸地区以及东部沿海地区。2016—2020 年,深圳计划新填海 55 km²,到 2020 年填海造陆总面积将达到近 100 km²。

表 13.4 1978—2004 年深圳各阶段围填海面积(单位:km²)

| 围填海时间段 | | 1978—1985 年 | 1986—1994 年 | 1995—1998 年 | 1999—2004 年 |
|---|---|---|---|---|---|
| 宝安区 | | 2.19 | 11.96 | 5.02 | 4.72 |
| 深圳特区 | 南山区 | 4.09 | 6.49 | 4.97 | 5.99 |
| | 盐田区 | 0.57 | 3.24 | 0.72 | 2.36 |
| | 福田区 | 1.55 | 4.98 | 2.07 | 2.48 |
| | 罗湖区 | 0.38 | 0.74 | 0.70 | 0.86 |
| 总面积 | | 8.78 | 27.41 | 13.49 | 16.42 |
| 年均面积 | | 1.46 | 3.05 | 3.37 | 2.74 |

数据来源:于海波等(2009)。

围填海在满足社会经济发展用地需求、促进社会经济发展,以及支撑经济重心和人口重心向沿海地区转移等方面发挥了积极的作用。但是,我国围填海的进程过快,规模过大,粗放无序,产生了诸多的负面影响:

①影响沿海地区安全。围填海区域处于海洋和陆地的交界地带,发生海洋灾害时首当其冲,气候变化将导致更加频繁、强度更大的台风、风暴潮和巨浪等灾害,围填海区域安全隐患巨大。围填海区域往往受经济成本所限降低地面高程,且围填海土地相对松软,易发生地面沉降,是海平面上升的严重脆弱区,并大大增加因强风暴潮造成漫堤所产生的灾害风险。

②影响海洋生态环境。不合理的围填海活动使生态环境、海洋资源遭受较大的影响,如截弯取直式的填海造成海湾空间减小甚至消失;鱼、虾、贝的产卵场和栖息场所遭受破坏,渔业资源衰退;围填海使得滩涂湿地资源不断减少,导致了不可逆转的生态环境破坏等。

③影响沿海社会经济。不合理的围填海活动造成的各种环境污染影响近海养殖、渔业,造成资源利用冲突,加剧产业之间矛盾。围填海与其他海洋开发利用之间的冲突也逐渐凸显,由此引发的诸多问题,正在给沿海地区的社会经济发展带来深刻影响。

## 第四节 中国沿海城市应对气候变化的总体目标与原则

我国沿海城市应对气候变化的总体目标是建设适合我国国情的沿海气候弹性城市,使之具有足够的抵御气候变化能力，以及较强的恢复能力，在遭受气候灾害时城市社会经济系统不会崩溃。

我国沿海城市应对气候变化应坚持"规划引领、陆海统筹、主动适应、积极减排、适度冗余、增加弹性"的原则。

规划引领。调整和完善沿海城市的规划和管理模式，有效应对气候变化。通过规划加强对沿海城市的空间管控，引领沿海城市应对气候变化的各项工作。

陆海统筹。以海岸带的合理保护与综合开发为纽带，统筹兼顾陆地与海洋的发展，形成互为支撑、相互促进的良性发展局面。

主动适应。在城市规划建设管理中，主动采取各种措施，适应全球气候变化、海平面上升等带来的不利影响，规避灾害风险，提高适应能力。

积极减排。通过优化城市空间布局、调整经济产业结构、推广先进适用技术等措施，积极减少二氧化碳等温室气体的排放量，减缓全球升温的进程。

适度冗余。在城市供水、排水、能源、交通等基础设施的规划设计中充分考虑气候变化的影响因素，为系统应对气候灾害预留足够的余量。

增加弹性。提高城市各项基础设施抵御极端天气和气候灾害破坏的能力，形成完善的应急预警、抢险救援和恢复重建体系，增强城市系统恢复的能力。

# 第五节　中国沿海城市应对气候变化的重点任务

我国沿海城市应对气候变化的重点任务包括强化城市规划管控、控制空间发展方向、严控围填海造地行为、优化城市空间布局、提高规划设计标准、加强海岸防护设施、夯实城市基础设施和提升监测预警应急等 8 方面的内容。

### 1. 强化城市规划管控

在城市相关规划中充分考虑气候变化因素，强化城市规划管控在沿海城市应对气候变化中的作用。

充分考虑气候承载力，将应对气候变化的目标纳入沿海城市发展目标，并落实到各项对应的指标中。完善城市规划编制体系，促进海洋规划与陆域规划的融合与衔接，强化对海岸带的空间管控，加强对岸线开发利用的规划管控。

完善城市规划内容，将应对气候变化的相关内容纳入沿海城市的发展战略及各类城市规划之中，根据应对气候变化的理念，修订城乡总体规划、控制性详细规划、城市设计、居住区规划等相关规划的编制办法和技术导则。

探索在各类型城乡规划的编制和评审过程中，增加应对气候变化的评价标准和评价方法，在城乡规划的审批环节纳入对气候变化的考虑。沿海城市基础设施的规划、设计与审批，尤其应考虑气候变化的中长期影响。

慎重确定城乡建设用地选址，从规划源头避免对人民生命财产和社会经济活动造成重大损失。根据适应气候变化、减碳增汇及防灾减灾的需要，研究城市建设备选用地的位置、地形地势等条件，科学确定城市新增建设用地选址。沿海城市及乡村建设，充分考虑气候变化背景下海平面上升及风暴潮灾害的叠加影响，慎重确定城市各项功能，尤其是保障性基础设施的选址。滨海地区合理预留缓冲带。

合理确定各级各类城市的规模,从规划源头减少温室气体的排放,增强沿海城市应对气候变化的弹性。根据社会经济发展、自然地理环境及应对气候变化的需求,科学合理地进行城镇体系规划,确定各级各类城市的规模,既充分发挥城市的规模效应与集聚作用,又避免因规模过大带来的效率低下及各种城市病。

**2. 控制空间发展方向**

根据国家社会经济发展的战略部署与国家的海洋发展战略,并结合沿海省(区、市)经济、人口、用地发展趋势的综合分析,确定我国总体上向海发展的大趋势不变。考虑到气候变化的深刻影响及生态环境的制约因素,适当放缓向海发展的速度,严格控制向海发展的规模,限制部分高风险、高脆弱性地区向海发展。向海发展的模式从简单外延扩张的追求数量型向内涵提升的注重质量型转变。

鉴于气候变化带来的海平面上升及风暴潮等灾害,适当降低沿海地区发展的临海程度,避免人口聚集、产业经济的过度临海化,从源头避免超过人类目前预测能力的气候灾害对沿海地区造成毁灭性的灾难。在沿海地区开发的过程中,努力提高沿海及临海地区应对气候变化的安全保障能力,并减少向海发展的过程中对生态环境造成的负面影响。

沿海各省(区、市)应在对本地气候变化风险评估的基础上,确定社会经济发展和应对气候变化的总体策略。对于沿海城市已开发建设的区域,提出应对气候变化影响需要采取的防护、后退和顺应等具体的适应策略,局部高风险地区组织有序后退。对于沿海城市未开发利用的区域,提出适度开发与合理避让的战略发展建议。

对于沿海地区人口集聚和产业发展的压力,沿海各省(区、市)应做好充分准备,采取各种措施满足生产生活的建设用地需求。对于用地紧张的沿海城市,不应盲目地通过填海来解决,应优先采取以下措施:(1)进行行政区划的优化调整,使土地资源在更大范围内进行整合;(2)对土地供应指标分配方案进行优化调整,调节余缺;(3)积极盘活存量用地,充分挖掘现有土地的发展潜力,提高土地的使用效率和产出效率。

**3. 严控围填海造地行为**

坚持海洋环境保护与海洋开发利用相结合,根据生态环境承载能力,科学编制我国的海洋功能区划,划定禁限填区,编制全国—海区—省各级围填海规划,实行围填海总量控制。取消围填海地方年度计划指标,除国家重大战略项目外,全面停止新增围填海项目审批[①]。总体上,我国沿海城市对围填海的需求已不再迫切。鉴于过去的围填海已经对我国沿海地区的生态环境造成了巨大的破坏,应加强对围填海造地行为的严格管控,控制围填海的节奏,宜慢不宜快,宜紧不宜松。

探索建立海岸带建设许可证制度,从"两证一书"转变为"三证一书",加强对海岸带开发利用及围填海的规划管控。科学指导围填海工程,全面落实生态用海理念,围填海工程需以生态环保专项研究和控制性详细规划为基础。加强围填海区域控制性详细规划的编制方法探索与

---

① 中华人民共和国国务院. 国务院关于加强滨海湿地保护严格管控围填海的通知[EB/OL]. (2018-7-14)[2018-9-15]. http://www.gov.cn/zhengce/content/2018－07/25/content_5309058.htm.

管控实践。

加大对潮间带、沿海湿地的保护力度。围填海的范围尽量控制在中、高潮带以上的荒滩、荒地,减少潮间带、沿海湿地的损失。不得将泻湖湿地、红树林、珊瑚礁等生态敏感区域作为围填的区域。在围填海前对海洋动力变化进行充分的科学模拟与论证。

因地制宜地选择填海的布置形式,优先采用人工岛式,尽量考虑离岸、小面积、曲线、多区块等方式,最大限度地降低对海洋动力、生态环境的影响。探索新型生态化围填海技术,包括浮岛填海、弃土填海、疏浚泥填海等,将围填海与湿地保育、河口泄洪和生态修复等结合起来。

在围填海的过程中,应高度重视工程地质安全。基岩质海岸带的工程地质条件相对较稳定。淤泥质海岸带的工程地质条件相对较差,围填海所需要的时间相对比较长,在对此类海滩进行围海造田的时候,尤应注意在围填的地基充分稳固之后再开始各类建设活动,以免造成滨海滑坡、地基塌陷等工程事故。

在围填海的过程中,应高度重视围填区域的场地竖向。根据气候变化、海平面上升及风暴潮强度的预测结果,科学确定围填区域的场地高程,并留有一定的安全区间。不得出于经济成本考虑,擅自降低规划设计的场地高程,增加因强风暴潮造成漫堤所产生的灾害风险。

### 4. 优化城市空间布局

通过优化城市空间布局与空间形态,平衡城市各组团生产生活功能,改善区域和城市的局部气候,改善通风条件,减缓热岛效应,减少对交通、空调、采暖等的能源需求及伴随的温室气体排放。

在沿海城市临海化发展的过程中,严格新城新区的设立条件,严格控制建设用地规模,防止城市边界无序蔓延。在城市/城市群的开发过程中避免连绵式发展,利用天然水体、林草地等布置绿楔、绿廊等生态隔离区,减少城市对气候与生态环境的影响。

按照集约紧凑、疏密有致、环境优先的原则,统筹沿海城市的中心城区改造和新城新区建设。加强现有开发区城市功能改造,推动单一生产功能向城市综合功能转型,统筹生产区、办公区、生活区、商业区等功能区规划建设,推进功能混合和产城融合,在集聚产业的同时集聚人口[①]。城市宜适度紧凑开发、进行土地混合利用,提高城市空间利用效率,提高土地产出效率。努力促进职住平衡,从规划源头减少交通出行的需求,减少交通能源消耗及伴随的温室气体排放。

优化城市平面空间形态。在不同的气候区,采取单中心、圈层式、星形、带形等不同的空间结构形式,合理确定城市建成区与外围自然环境之间接触面积的大小。针对不同的地域气候类型,根据城市不同季节的盛行风情况等,合理布置地块、建筑的朝向,炎热地区城市的地块主要朝向面向城市夏季主导风方向,促进通风降温;寒冷地区城市的地块朝向与冬季盛行风呈一定偏斜角度(45°为宜),有效降低街道冷风速度。合理确定城市道路网的疏密程度,在城市空气质量要求较高、热量集聚较多的地区,如居住区、商业区,可加大路网密度,使城市风道更加通畅;在寒冷城市,可适当降低路网密度(蔡志磊,2012)。

优化城市立体空间形态。在城市规划中合理地进行建筑高度和强度的分区,使城市立体空间形态高低错落有致,优化城市整体形态对风通过的阻碍作用和日照遮蔽效果,优化对城市

---

① 中华人民共和国国务院,2014.国家新型城镇化规划(2014—2020 年).

内部温度的影响。依据主导风向布置城市立体空间起伏,城市立体空间的起伏面向夏季主导风方向,促进城市内部通风,调节城市小气候;城市立体空间的起伏背向冬季主导风方向,利用较高的建筑群体组合阻挡冬季冷风(蔡志磊,2012)。

**5. 提高规划设计标准**

针对国内排水、港口、水文、能源、交通等规划设计标准中普遍未考虑气候变化因素的现状,制定或修订相应规划设计标准,将气候变化因素融入其中。在城市重大基础设施建设时充分考虑气候变化因素,明确各类规划设计参数的气候变化增量标准。

改进规划设计标准制定的方法。在气候变化和人类活动双重影响下,序列的稳定性假设不再成立(Milly et al.,2008)。在设计各类水利水电、土木建筑等工程时,概率密度函数的参数将随时间而变化。需要进一步研究非稳定性,创建时间因变概率分布函数,提高标准制定方法的科学性。

建立规划设计标准动态修订机制。积累更长时间序列的数据资料,为标准制定提供更翔实的基础数据。根据气候变化的进展和观测数据的积累,适时对标准进行修订,既保证标准的相对稳定,也能及时应对气候变化。

提高规划设计标准,包括以下3方面:

(1)提高海岸防护标准。根据对未来海平面上升及风暴潮变化的预测,提高海堤、防波堤、生物防护林等相关防护设施的设计标准。提高港口、航道、排水、水文等专业中沿海地区的相关防护标准。

(2)提高城市生命线系统标准。针对强降水、高温、台风、冰冻、雾霾等极端天气气候事件,提高城市给排水、供电、供气、交通、信息通讯等生命线系统的设计标准,加强稳定性和抗风险能力。根据气候变化对城市降水、温度和土壤地基稳定性的影响,制定或修订城市地下工程在排水、通风、墙体强度和地基稳定等方面的建设标准[①]。

(3)提高建筑规划设计建设标准。开展气候变化对建筑标准、规范的影响研究,提高规范中抵御风、雨、雪、洪水等自然灾害和极端高温、极端低温的设防标准。分析研究气候变化中有害气体的成分、分布、浓度及其对建筑耐久性的影响等,并制定相应的防护标准。

---

**专栏:英国城市建设适应气候变化的规划设计参数增量**

英国城市建设适应气候变化的规划设计参数增量如表13.5所示。英国《可持续排水系统手册》(SUDS,2007版)考虑了气候变化对海平面(进而对排水水位)带来的影响,考虑了气候变化对降雨量、径流的影响,并提出在管渠、调蓄设施设计时,考虑气候变化,预留10%的空间。在2015版中,进一步提出,在考虑气候变化对海平面、降雨量、径流、管渠、调蓄设施设计的影响时,要根据国家权威部门动态更新的数据确定调整系数。

---

① 国家发展和改革委员会,住房和城乡建设部,2016. 城市适应气候变化行动方案.

表 13.5　英国城市建设适应气候变化设计参数增量表

| 参数 | 建筑物和基础设施设计使用年限 | | | |
|---|---|---|---|---|
| | 1990—2025 年 | 2025—2055 年 | 2055—2085 年 | 2085—2115 年 |
| 海平面上升(东南英格兰,mm/a) | 4.0 | 8.5 | 12.0 | 15.0 |
| 海平面上升(西南英格兰,mm/a) | 3.5 | 8.0 | 11.5 | 14.5 |
| 海平面上升(东北、西北英格兰, 苏格兰,北爱尔兰,mm/a) | 2.5 | 7.0 | 10.0 | 13.0 |
| 最大降雨强度 | +5% | +10% | +20% | +30% |
| 最大河流流量 | +10% | | +20% | |
| 近岸风速 | +5% | | +10% | |
| 极端波浪高度 | +5% | | +10% | |

资料来源:引自 CIRIA,2007。

#### 6. 加强海岸防护设施

加强海岸带的防护体系建设,采取分区防护、堤坝防护工程("硬"防护)与生物防护工程("软"防护)相结合的策略,应对海平面上升、风暴潮加剧的严峻挑战。

设立海岸防护分区。根据沿海城市社会经济发展的程度及重要性,设立层级分明的海岸防护分区。不同分区内,采取不同的设防标准。设防标准应满足对人民群众生命财产最基本保护要求,并根据当地经济承受能力适当提高标准。根据沿海城市社会经济及气候变化的动态发展情况,对设防分区及标准适时进行修订。

加强沿海地区堤坝防护工程建设。目前,我国虽然有约 2/3 的海岸修建了防护堤,但达标程度普遍不高,工程体系不完善,难以应对未来海平面上升的挑战。采取分期分批建设海堤、江堤的方式,逐步具备应对海平面上升的能力。根据考虑气候变化后的规划设计标准,加高加固沿海大堤,或在需要的位置新建达标海堤,并对下游河口段标准较低的江堤、河堤进行加高加固,在城市地面沉降区域建立高标准的防洪、防潮墙和堤坝,形成完善的工程体系,抵御海平面上升及其带来的额外的风暴潮增水和波浪爬高,为气候变化和海平面上升预留足够的平面与立体防御空间。同时,大力建设生态型海堤,避免修建海堤给生态环境带来的不利影响,避免或减轻切断海陆之间的水循环与营养交换,以及堤内湿地由咸水环境转变为淡水环境造成的湿地生态退化与生物栖息环境的剧烈改变(秦大河 等,2012)。

加强沿海地区生物防护工程建设。积极建设和加强保护生物防护工程体系,推进"南红北柳"湿地修复工程,在沿海地区设置缓冲带,减少海水与风暴潮侵袭。充分发挥生物防护工程保护海滩、保护堤坝、防浪促淤等作用,发挥其自组织、费用低、寿命长及优化区域环境等优势,形成良好的社会、经济和环境效益(秦大河 等,2012)。红树林生态系统长期适应潮汐及洪水冲击,形成独特的支柱根、气生根,发达的通气组织和致密的林冠等,具有较强的抗风、消浪、消能的性能,能起到稳定海岸线、抵御风暴潮等作用,被称为热带、亚热带海岸带的第一道防护林,防灾减灾作用极大(张忠华 等,2006)。红树林等沿海防护林对于保护海洋生态环境、涵养水源、保持水土、净化水质起着至关重要的作用。应积极鼓励植树造林,禁止砍伐原始林或次生林改种经济林。将沿海岸线一定范围内的林木或是水源涵养林划为公益林,不得随意采伐(秦大河 等,2012)。

　　通过推动沿海生物防护工程的建设,与沿海堤坝防护工程体系互补,构建起坚固的海防线,保障人民的生命财产安全。

---

**专栏:荷兰海岸防护经验**

　　荷兰的海岸防护采取堤坝防护(硬防护)与生态防护(软防护)相结合的方式,并注重空间规划与海岸防护的有机结合与相互促进。典型的堤坝防护为著名的三角洲工程(Delta Work)。

　　1953 年,荷兰发生了一次历史罕见的特大洪水。堤坝被毁,海水倒灌,致使约 20 万hm² 土地被淹,死亡 1800 人,经济损失重大。洪水过后,大片土地已不适宜耕作。灾后,荷兰政府开始实施三角洲工程(Delta Work),至 1997 年基本完成。三角洲工程的主要工程分布如图 13.36 所示。

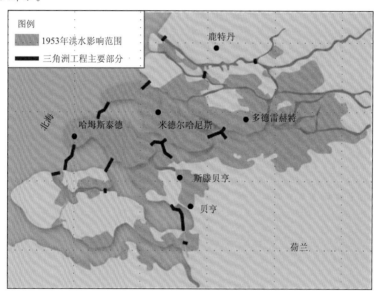

图 13.36　三角洲工程主要工程分布

(资料来源:与水共荣的荷兰,https://www.sohu.com/a/133018140_466952)

　　三角洲工程位于荷兰西南部莱茵河、马斯河、斯凯尔德河等三条河流交汇入海处的海湾之间,主要包括 5 处挡潮闸坝和 5 处水道控制闸。三角洲工程既是大坝、闸门,也是联络荷兰西南部各三角洲岛屿的交通要道。

　　三角洲工程的特点是采取控制口门,实现防潮、蓄淡、调节咸淡水,保证航运、维持生态平衡及改善生活环境。其意义在于实现了挡潮、泄洪的功能,使荷兰西南部地区摆脱了水患的困扰;是连接三角洲各岛之间的桥梁,沟通了鹿特丹至比利时安特卫普的交通;促进了三角洲地区乃至全荷兰的社会经济发展;通过设立博物馆,进行科普教育,并促进了旅游。

　　三角洲工程由 62 个可移动的防潮闸门组成,正常情况下闸门打开。该地区的 10 月底到次年的 3 月为风暴季。为了确保三角洲工程更好地发挥防御作用,荷兰在大陆和洋面上均设有连续的气象、水文实时监测,并辅以卫星观测。基于数值模型,进行实时模拟和预测,当预报有超过 3 m 的风暴潮时,闸门关闭,一般情况下可提前数小时得到较为准确的预测结果。此外,工程内部还装有应急装置,当一些不可预知的风暴潮突然来临时,闸门也可自动关闭。

三角洲工程的重点工程举例如下:

(1)鹿特丹新水道挡潮闸。由 2 个庞大的支臂组成,在支臂顶端各装有一扇高 22 m,内设压载水箱的空腹式弧形闸门。该闸可抵御高至 70000 t 的潮水冲击力,即相当于可抵御万年一遇风暴潮的袭击。

(2)哈灵水道挡潮闸。由泄水闸和船闸组成,泄水闸共 17 孔,每孔跨度 58 m,每孔设弧形闸门。低潮位时闸门打开水泄入海,涨潮时闸门关闭防潮水入侵。

(3)东斯凯尔德挡潮闸。平时闸孔敞开,风暴时将闸门关闭挡潮。闸门采用液压启闭,并配备有自动控制操作及监测系统。

### 7. 夯实城市基础设施

沿海城市在应对气候变化时,应着重夯实各类城市基础设施。在基础设施的规划设计中,坚持适度冗余、多样性、弹性和鲁棒性的原则。

提高城市基础设施的供给能力。在确定基础设施的规模时适度冗余,除考虑到未来社会经济发展的需求,还需考虑未来气候变化所产生的需求。如高温热浪带来用电、用水负荷的增加,极端严寒带来的用电负荷的增加。在确定基础设施的供应来源时体现多样性,避免单一来源在遭遇气候灾害时发生系统崩溃。如沿海城市在遭遇咸潮入侵时,仍有充足的不受咸潮影响的供水水源,保持城市生产生活用水的正常供应。

城市基础设施的选址充分考虑气候变化及自然灾害的影响。将城市建筑及交通、供排水、能源设施等城市生命线系统的风险暴露度降至最低。合理布局公共消防设施、人防设施以及防灾避险场所等设施。合理规划城市道路,调整交通工程建设部署与交通设施布局。科学规划和建设城市公交专用道网络,构建城市快速应急通道网络。

提高城市各类基础设施抵御极端天气和自然灾害的能力。各类基础设施在抵御极端天气和自然灾害时,仍然能够正常地运行运转,或在遭到破坏时能及时启动备用系统,或在较短的时间内得到修复并重新运转,体现基础设施应对气候变化的鲁棒性和弹性。

### 8. 提升监测预警应急

联合海洋、气象、水文、水利、电力等各部门进行气候气象、海洋信息的一体化监测和预报预警,实现数据的共享。建立与完善全国统一的海洋监测网络,加强观测设施,改进观测方法,提高技术水平和观测精度,取得长时间序列、可比对、一致性的观测资料。监测内容包括沿海的海平面变化、地面垂直升降、风暴潮、海洋水文、海岸侵蚀、咸潮入侵、海水入侵、土地盐渍化、湿滩湿地、海岸带地下水位等。完善全国海岸带和相关海域的海洋灾害预警与应急系统,构筑统一的信息平台和应急指挥系统,重点加强风暴潮、海浪、海冰、咸潮、海岸侵蚀等海洋灾害的预报预警能力,强化应急响应服务能力。

　　完善沿海城市应对气候变化及气候灾害的应急管理体系和应急保障体系,加强防灾减灾能力建设,强化行政问责制和责任追究制。重点抵御台风、风暴潮、城市洪涝、干旱、地震、海啸等灾害。完善灾害监测和预警体系,加强城市消防、防洪、排涝、抗震等设施和救援救助能力建设,合理规划布局和建设应急避难场所,强化公共建筑物和设施的应急避难功能。加强灾害分析和信息公开,开展市民风险防范和自救互救教育,建立气候灾害保险制度,充分发挥社会力量在应急管理中的作用。

# 第十四章　中国沿海城市应对气候变化的规划编制调整

## 第一节　我国沿海城市现行规划体系与规划内容

**1. 城市规划体系**[①]

我国的城市规划体系已经相当成熟与完整。现行的法定城市规划编制体系主要由总体规划和详细规划 2 大类组成,总体规划包括市域城镇体系规划和中心城区规划 2 个层次,详细规划包括控制性详细规划、修建性详细规划 2 个层次(图 14.1)。此外,还有城市综合交通规划、供水专项规划、排水专项规划等各类专项规划作为补充。

《城市规划编制办法》中,各类城市规划可能受到气候变化影响的相关编制内容如下(节选):

(1)市域城镇体系规划

"(一)提出市域城乡统筹的发展战略。其中位于人口、经济、建设高度聚集的城镇密集地区的中心城市,应当根据需要,提出与相邻行政区域在空间发展布局、重大基础设施和公共服务设施建设、生态环境保护、城乡统筹发展等方面进行协调的建议。

"(二)确定生态环境、土地和水资源、能源、自然和历史文化遗产等方面的保护与利用的综合目标和要求,提出空间管制原则和措施。

"(四)提出重点城镇的发展定位、用地规模和建设用地控制范围。

"(五)确定市域交通发展策略;原则确定市域交通、通讯、能源、供水、排水、防洪、垃圾处理等重大基础设施,重要社会服务设施,危险品生产储存设施的布局。

(2)中心城区总体规划

"(二)预测城市人口规模。

"(三)划定禁建区、限建区、适建区和已建区,并制定空间管制措施。

"(五)安排建设用地、农业用地、生态用地和其他用地。

"(六)研究中心城区空间增长边界,确定建设用地规模,划定建设用地范围。

"(七)确定建设用地的空间布局,提出土地使用强度管制区划和相应的控制指标(建筑密度、建筑高度、容积率、人口容量等)。

"(八)确定市级和区级中心的位置和规模,提出主要的公共服务设施的布局。

"(九)确定交通发展战略和城市公共交通的总体布局,落实公交优先政策,确定主要对外

---

[①]　2018 年 3 月国家机构改革,城市规划体系开始逐步向国土空间规划体系转变。截至本书定稿时,新的国土空间规划体系仍处于起步阶段,尚未形成体系,因此本书仍描述现有的城市规划体系。

交通设施和主要道路交通设施布局。

"(十)确定绿地系统的发展目标及总体布局,划定各种功能绿地的保护范围(绿线),划定河湖水面的保护范围(蓝线),确定岸线使用原则。"

"(十三)确定电信、供水、排水、供电、燃气、供热、环卫发展目标及重大设施总体布局。

"(十四)确定生态环境保护与建设目标,提出污染控制与治理措施。

"(十五)确定综合防灾与公共安全保障体系,提出防洪、消防、人防、抗震、地质灾害防护等规划原则和建设方针。

"(十六)划定旧区范围,确定旧区有机更新的原则和方法,提出改善旧区生产、生活环境的标准和要求。

"(十七)提出地下空间开发利用的原则和建设方针。"

(3)控制性详细规划

"(一)确定规划范围内不同性质用地的界线,确定各类用地内适建,不适建或者有条件地允许建设的建筑类型。

"(二)确定各地块建筑高度、建筑密度、容积率、绿地率等控制指标;确定公共设施配套要求、交通出入口方位、停车泊位、建筑后退红线距离等要求。

"(三)提出各地块的建筑体量、体型、色彩等城市设计指导原则。

"(四)根据交通需求分析,确定地块出入口位置、停车泊位、公共交通场站用地范围和站点位置、步行交通以及其他交通设施。规定各级道路的红线、断面、交叉口形式及渠化措施、控制点坐标和标高。

"(五)根据规划建设容量,确定市政工程管线位置、管径和工程设施的用地界线,进行管线综合。确定地下空间开发利用具体要求。"

(4)修建性详细规划

"(一)建设条件分析及综合技术经济论证。

"(二)建筑、道路和绿地等的空间布局和景观规划设计,布置总平面图。

"(三)对住宅、医院、学校和托幼等建筑进行日照分析。

"(四)根据交通影响分析,提出交通组织方案和设计。

"(五)市政工程管线规划设计和管线综合。

"(六)竖向规划设计。"

**2. 海岸带相关规划**

我国海岸带相关规划可分为国家、省级、市级3个层次,编制的部门包括发改、海洋、渔业、国土、规划、环保、旅游等众多部门。

海岸带相关规划类型包括海洋经济发展规划、海洋开发建设规划、海域使用规划、沿海城市总体规划、海洋功能区划、海岸带规划、海洋环境保护规划、海岸线整体城市设计、滨海地区概念规划、滨海重点地区城市设计、海岸线保护与利用控制性详细规划、海岛保护与利用规划、旅游发展规划以及游艇码头、邮轮布局等。各种规划对海岸带地区研究的重点各有不同(表14.1)。

沿海城市总体规划。侧重研究海岸线功能利用和海岸资源保护管制政策,在城市总体规划中的表述往往篇幅有限,且未列入目前的《城市规划编制办法》中城市总体规划的强制性内容。

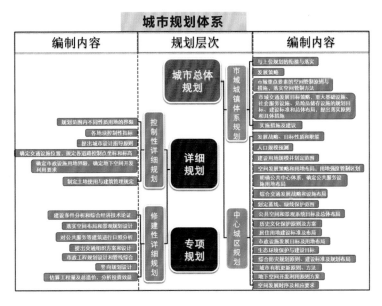

图 14.1　城市规划体系及规划主要编制内容

海洋功能区划。通常由各地海洋渔业局负责编制，侧重于近海水域的功能利用和海洋资源的保护，在陆域河口或湿地滩涂地区往往根据海洋生态环境影响评估划定若干海洋生态保护区。

表 14.1　我国城市海岸带相关规划类型和代表性项目

| | 规划类型 | 代表性项目 |
|---|---|---|
| 1 | 沿海城市总体规划 | 《青岛城市总体规划》 |
| 2 | 海洋功能区划 | 《青岛市海洋功能区划》 |
| 3 | 城市海岸带规划 | 《烟台海岸带规划》 |
| 4 | 海岸线整体城市设计 | 《深圳市滨海（河）岸线整体城市设计》 |
| 5 | 滨海地区概念规划 | 《珠海市东部沿海地区发展概念规划》 |
| 6 | 滨海重点地区城市设计 | 《深圳湾滨海休闲带景观规划设计》 |
| 7 | 海岸带保护与利用控制性详细规划 | 《青岛市环胶州湾近海岸线保护与利用控制性详细规划》 |
| 8 | 海岛保护与利用规划 | 《青岛市近海岛屿保护与利用规划》 |
| 9 | 游艇码头、邮轮布局等专项规划 | 《青岛市游艇码头专项规划》 |
| | | 《深圳市邮轮产业布局规划》 |

城市海岸带规划。海岸带规划是海岸带综合管理（integrated coastal zone management，ICZM）结合中国国情的具体应用，以城市海岸带规划为主体。省级海岸带规划在城市海岸带规划编制前完成，提出主要的空间管制政策。

海岸线整体城市设计。海岸线整体城市设计是以近海公共岸线作为研究重点的策略性城市设计，为城市海岸带地区的城市轮廓线、近海公共开敞空间等空间形态提供设计指引。

滨海地区概念规划。滨海地区概念规划的目的是分析滨海地区的发展策略与实施路径，更侧重于目标理念的提出和滨海特色的策划，通过概念性方案为滨海地区寻找突破现有发展瓶颈的方向。

滨海重点地区城市设计。该类规划是目前国内开展最多的海岸带地区规划项目,对城市海岸带中近期需要重点开发建设的地区,通过局部地段更为详细的城市设计的方式,引导和控制滨海重点地区的建设。

海岸线保护与利用控制性详细规划。该类规划是通过控制性详细规划的形式将海岸带保护管制的内容落实到具体的规划管理文件中,是适应当前我国规划管理体制的探索。

海岛保护与利用规划。该类规划具有一定的特殊性,往往是近海岛屿较多的城市海岸带地区编制此类规划。规划的重点是对海岛资源如何进行有效的保护,及适宜海岛建设的开发策略与配套设施体系的控制。

游艇码头、邮轮布局等其他专项规划。游艇码头、邮轮在已经发展到一定程度的沿海大中城市中呈现出越来越重要的作用,这类设施的专项规划侧重于选址布局和相关经济发展的研究。

已经编制的海岸带相关规划中,国家级的有《全国海洋主体功能区规划》(2015 年)等。省级的有《山东省海岸带规划》(2007 年)、《江苏省沿海开发总体规划》(2007 年)、《浙江沿海及海岛综合开发战略研究》(2012 年)、《浙江省滩涂围垦总体规划(2005—2020 年)》、《辽宁海岸带保护和利用规划》(2013 年)、《河北省海洋经济发展"十三五"规划》(2016 年)、《海南经济特区海岸带土地利用总体规划(2013—2020 年)》、《山东半岛蓝色经济区发展规划》(2011 年)、《黄河三角洲高效生态经济区发展规划》(2009 年)、《海南国际旅游岛建设发展规划纲要(2010—2020)》等。

目前,我国沿海省(区、市)中仅山东省形成了较为完善的海岸带规划体系,除省级的《山东省海岸带规划》外,青岛、烟台、威海、日照等也编制了地市级海岸带规划。山东省海岸带省—市—区(县)纵向管理体系对规范山东省沿海地区的开发建设活动起到了良好的规范指导。其他省(区、市)的海洋规划则分散在各层次的规划中,主要依靠土地利用规划、城市总体规划作为宏观指导,尚无落实到县(区、市)的海岸带专项规划。

**3. 涉海规划存在的问题**

我国现有的涉海规划存在以下问题:

(1)规划主体众多,管理权限不明晰。各部门之间管理权限和范围不同,且相互之间较为独立,缺乏有效的协调管理机制,导致海洋规划与管理条块分割。

(2)陆海统筹不到位。陆域规划与海洋规划脱节,存在功能定位不匹配的情况。陆域规划中并未以流域为单位,影响到对沿海污染排放的控制。

(3)涉海规划种类繁多,未成体系。规划主体众多导致规划种类众多,缺乏完整系统的海岸带规划体系和相配套的技术标准。

(4)涉海规划在空间上覆盖不全。从全国范围来看,并非所有的沿海省(区、市)都编了规划。部分沿海省(区、市)编制了省级规划,但并非省(区、市)内所有的沿海市都编制了规划。

# 第二节　调整沿海城市规划体系

为有效应对气候变化,建议我国沿海城市在规划编制体系方面做相应调整。在法定城市规划体系中增加海岸带综合规划这一新的综合性专项规划,成为连接陆域城市规划与海洋规划的纽带(图 14.2)。

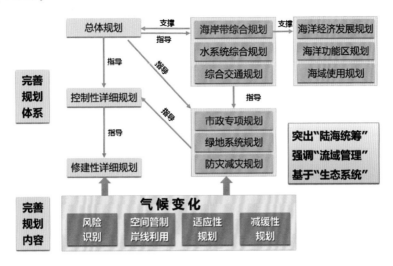

图 14.2　完善沿海城市应对气候规划体系与规划内容建议

**1. 明确城市规划体系应对气候变化的定位**

现有的城市规划编制体系包括战略性发展规划和实施性发展规划,不同的规划类型应对气候变化的尺度和解决的问题不同,应明确各类规划在应对气候变化中的定位,以及为应对气候变化需调整的规划编制内容。规划编制内容的调整在第三节中展开,应对气候变化的定位如下(蔡志磊,2012):

(1)市域城镇体系规划。在宏观层面的市域尺度上解决气候变化所带来的重大问题,为城市发展、空间管控和重大基础设施布局制定战略性、引导性的规划。

(2)中心城区总体规划。在宏观层面的中心城区尺度上,根据对气候变化的趋势研判,确定城市发展的规模、结构、发展方向等重大问题,同时研究空间形态、产业、交通、绿地、基础设施布局等应对气候变化的策略。

(3)控制性详细规划。在中观层面的街区尺度上,确定建筑布局、公共空间、交通、基础设施等规划内容中应对气候变化的对策措施,在控制性详细规划编制中加入低碳发展和适应气候变化的控制性指标。

(4)修建性详细规划。在微观层面的住区和建筑尺度上,落实低碳发展的理念和适应气候变化的策略。

**2. 建立层级分明的海洋和海岸带规划体系**

海岸带综合规划在我国现行城市规划体系中虽无明确规定,但将是今后我国海岸带规划体系中最为重要的部分。建议将海岸带综合规划作为城市总体规划的重要组成部分,与城市总体规划同步编制,相互协调,其主要内容纳入城市总体规划。城市总体规划指导海岸带综合规划,海岸带综合规划为城市总体规划提供支撑。

海岸带综合规划作为市域范围的综合性规划,对海岸线及其腹地的开发利用、海岸带空间管制政策、强制性管制内容等进行协调与细化,用以指导滨海地区各层次规划的编制工作。

通过建立层级分明的海洋和海岸带规划体系(图 14.3),对涉海规划进行有效整合,加强对海岸带的综合管理,有效应对气候变化。

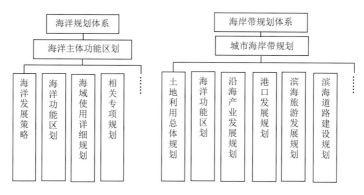

图 14.3　海洋规划体系和海岸带规划体系

(1)海岸带规划纵向层级体系

在国家海岸带管理法规和海洋保护法的基础上,建立具有中国特色的国家—省—地方纵向分级海岸带规划体系。各级海岸带规划分别针对不同层面的规划目标,应对不同层面的规划内容,为不同事权范围的城市规划管理提供依据。

全国层面的海洋管理规划,主要提出海洋发展战略构想,制定海洋可持续利用整体框架。优先考虑保护海岸带自然性,明确海洋权益。

在省级层面,省域海岸带规划的重点应放在海岸带空间管制政策和各市、县滨海空间发展策略的协调上,应在省级层面根据各地区社会经济发展条件的不同,明确沿海城市海岸带地区的控制范围和控制重点,明确海岸带生态敏感区的基本范围和重点开发地区的发展方向,对各市滨海产业发展提出具体指引。

在市级层面,海岸带综合规划的重点是负责执行、落实上位海岸带规划,衔接本地海洋发展需求,对城市海岸带地区发展方向、功能、开放空间等方面进行合理引导。推进海岸带规划与当地陆域规划、国土空间规划的衔接,推动海洋纳入全域规划范畴,明确海岸带地区强制性保护管制内容,并对需要重点开发的城市海岸带地区提出开发建设模式与城市设计指引。

在县(区)级层面,依据市级海岸带规划编制海岸带保护与利用控制性详细规划,并以此为基础进行日常的海岸带地区规划管理,将城市海岸带规划中的保护管制与开发指引内容落实到具体的城市规划管理文件中。

(2)海岸带规划横向协调关系

海岸带规划是一项协调海洋、城建、旅游、矿产、盐业、农业、林业、渔业、电力、运输等部门和机构多方利益和意愿的复杂性工作,必须广泛、有效地协调"条条""块块"间的不同需求和取向。

在横向规划体系上,形成以城市海岸带规划为主导,统筹协调沿海产业发展规划、海洋功能区划、港口发展规划、滨海旅游发展规划、滨海道路建设规划等各部门各专业规划。

(3)海岸带规划体系构建时序

在规划体系构建时序上,对于海岸带地区发展不成熟的城市,其发展方向与目标尚不明朗,海岸带专项规划往往不能完全发挥控制和引导的作用,建议通过编制重点地区的海岸带控制性详细规划或滨海地区城市设计的形式进行先期的建设策划,远期通过将这些规划进行修正与整合,成为海岸带专项规划的一部分。对于海岸带稳定成熟的滨海城市,应编制相对独立的海岸带专项规划,将具有特殊性和敏感性的海岸带地区统一纳入市级规划管理部门进行统筹协调,实现省域海岸带规划宏观统筹与县(区)海岸带规划实际操作的有效衔接。

# 第三节　完善沿海城市规划内容

建议我国沿海城市遵循"突出陆海统筹、强调流域管理、基于生态系统"的原则,完善规划内容,应对气候变化带来的挑战。在沿海城市各级各类城市规划中,应加入以下应对气候变化的内容。

**1. 气候变化风险评估**

沿海城市在编制城市规划之前,应进行气候变化风险评估。风险评估包括 2 个方面内容,一是识别沿海城市面临的气候变化主要风险,二是识别气候变化对沿海城市各系统的主要影响。

沿海城市面临的气候变化主要风险包括但不限于以下内容:

(1)海平面上升。分析预测在未来气候变化背景下,城市沿海地区海平面上升的速度与高度。

(2)风暴潮。分析预测在未来气候变化及海平面上升背景下,沿海城市可能遭遇的风暴潮的强度和频率,以及产生的风暴潮增水。

(3)洪水与城市内涝。分析预测在未来气候变化及海平面上升背景下,沿海城市遭遇洪水与城市内涝的风险与概率。

(4)咸潮入侵与海水入侵。分析预测在未来气候变化及海平面上升背景下,咸潮入侵发生的频率和强度,以及海水入侵的距离和程度。

(5)海岸侵蚀。分析预测在未来气候变化及海平面上升背景下,海岸侵蚀的范围和速率。

(6)干旱与强降雨。分析预测在未来气候变化背景下,干旱及强降雨发生的频率和强度。

(7)极端高温与极端低温。分析预测在未来气候变化背景下,极端高温与极端低温发生的频率和强度。

气候变化对沿海城市各系统的主要影响包括但不限于以下内容:

(1)淹没风险。受海平面上升影响,沿海地区可能淹没的面积。

(2)供水系统。在遭遇干旱、极端高温时供水能力不足。供水基础设施遭遇极端高温、极端低温、冰雪灾害等的破坏。在遭遇咸潮入侵时,无法正常供水。

(3)排水系统。在遭遇强风暴潮、强降水时,排水系统应对能力不足,发生城市内涝。

(4)能源系统。在遭遇极端高温、极端低温时,电力、热力、天然气供应能力不足。供电、供热、供气基础设施遭遇风暴潮、台风、极端高温、极端低温等极端天气的破坏。

(5)交通系统。机场、港口、地铁站等基础设施遭遇洪水淹没的风险。各类交通基础设施遭遇风暴潮、台风、极端高温、极端低温等极端天气的破坏。

(6)核电站安全。海平面上升带来的淹没风险。强风暴潮、台风对核电站设施的冲击。

(7)建筑系统。极端高温、极端低温对室内宜居性的破坏。未来气候变化条件下湿度、盐度的变化对建筑的侵蚀加剧。

**专栏:英国的气候变化风险评估流程**

2008 年的《气候变化法案》使英国成为世界上首个将温室气体减排目标写进法律的国家,同时也增强了其适应气候变化的能力。法案要求,政府应每 5 年准备一份关于英国气候变化风险的评估报告,即《气候变化风险评估》(CCRA)。CCRA 分为 2 个阶段:(1)向国会提交风险评估报告;(2)对适应方案进行经济评价(图 14.4,图 14.5)(拉姆斯博滕 等,2012)。

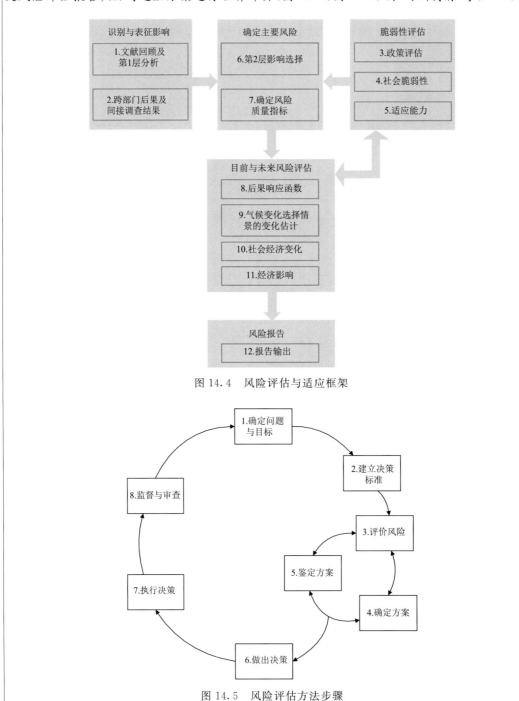

图 14.4　风险评估与适应框架

图 14.5　风险评估方法步骤

**2. 海岸带开发利用**

（1）海岸带开发模式

常见的海岸带开发模式有极核式、连绵带式、散点式 3 种（王东宇，2014）。

1）极核式开发模式

极核式开发模式是国内外首选的开发模式。该模式能兼顾建设开发、生态保护和休闲旅游等多方面的要求，能有效抑制沿海建设用地和产业布局无序发展。

在该模式下，依托城市或港口建设港城新区，建设用地呈组团状分布；在开放空间组织上，各"极核"之间保留大面积的滨海绿化用地；在道路交通结构上，更强调各极核与其腹地之间的交通联系，沿海岸带的交通联系强度不大。

通过在组团状的城市/工业发展区之间以生态环境保护与培育区、农林渔业区、风景旅游区等生态保护功能较强、开发建设强度较低的分区相隔离，对城市和产业发展用地进行有效的空间管制，保障海岸带的良好生态环境和未来发展空间。

2）连绵带式开发模式

连绵带式开发模式能最大限度地利用沿海地区的用地和景观条件，但其环境影响和生态破坏较为严重。许多控制和引导不足的历史悠久的城市，或人地矛盾突出的城市，往往采用的是这种模式。

在该模式下，建设用地沿滨海一线带状展开，连绵发展。在开放空间组织上，海滨与内陆之间难以形成大规模的生态廊道。在道路交通结构上，十分强调滨海一线的带状交通联系。

在我国滨海城市规划中，由于缺乏区域协调和整体控制，往往使海岸带开发走入"连绵带状"的误区，不利于海岸带的可持续发展。

3）散点式开发模式

散点式开发模式常见于以生态保护、休闲旅游和渔业开发等为主的海岸带。

在该模式下，建设用地的规模较小，呈散点状布局。在开放空间组织上，沿海地区以开放空间或农业生产用地为主。在道路交通结构上，高等级道路在腹地穿过，仅以枝状道路串联各点。

沿海城市可根据自身的特点，基于海岸带开发适宜性评价结果，选择适合自身的开发模式。建议优先选择极核式开发模式。在城市发展动力强劲、腹地土地资源缺乏且沿海地区不适宜开发的土地较少的情况下，也可合理采用连绵带式开发模式，但应注意预留完善的生态网络，适当转移非赖水产业，尽量减少连绵带式开发模式带来的生态环境影响。当旅游需求强劲而城市发展动力不足时，可采用散点式开发模式。

（2）海岸带空间管控

海岸带规划与一般地区的控制性详细规划不同，除了一般的规划研究和控制性要素之外，应着重强调海岸带生态空间管制的内容（方煜 等，2010）。

以现状生态资源的评价为基础，结合开发利用规划的目标，对海岸带地区的土地、人口、环境承载力和具备的发展潜力等进行预测，确定该地区适宜的开发建设规模，明确土地、人口、环境的容量。实行保护优先、适度开发的方针，发展可承载的特色产业。

在海岸带开发利用规划中，应划定海岸生态敏感区、海岸禁建用地、海岸建设后退线等，并在规划管理图则中明确其位置，作为规划建设项目管理的硬性规定。具体如下：

1) 海岸生态敏感区的界定。对海岸带地区内生态敏感度较强、生态较为脆弱的地区进行重点保护与培育。

2) 海岸禁建用地的限定。确定禁止进行任何开发建设的地区,如坡度>25%的地区,潮间带和沿海生态敏感区等。

3) 海岸建设后退线的划定。确定从海岸高潮位线往内陆后退禁止建设的距离线,在该线与海岸线之间禁止建设活动。

4) 滨海道路建设管理规定。如海岸线纵深 2 km 内不得新建与海岸线平行的过境干道和高速公路;滨海观光道路与海岸线距离应大于 300 m 等规定。

5) 滨海视觉廊道控制。预留城市滨海地区内作为城市公共景观的空间,保护观海视觉环境,确保滨海地区内的景观环境与海关联。

在我国目前的城市规划体系中,海岸带规划仍为非法定规划。因此,城市海岸带规划管理文件需要将其中的保护管制指引和规划指引内容转化为可实施的控制性规划文件。在海岸带规划管理文件的转化中,保护管制指引中的海岸生态敏感区、海岸建设后退线等内容应直接转化为控制规划线管制内容,不得随意更改。规划指引中的岸线功能、滨海空间发展方向、道路交通控制等内容可结合具体地段开发需求做出局部调整和完善,并转化为控制性规划中的用地功能、道路交叉口、开发强度等控制要素。

---

**专栏:烟台市海岸带空间管制实例**

海岸带空间管制政策一:界定海岸生态敏感区(图 14.6)。

烟台市的海岸生态敏感区包括:

(1)特殊的栖息地、河口、湿地、泻湖和海湾;

(2)具有重大生态、环境、景观及休养价值的林地、风景区、自然保护区等;

(3)重要的文化遗迹或遗产;

(4)圈占后将严重影响或限制人们到达海滨的地区。

图 14.6　烟台市海岸生态敏感区划定

海岸带空间管制政策二:海岸建设适宜性分区。

将烟台市海岸带分为适建用地、可建用地、慎建用地、禁建用地 4 大类,对海岸带的开发建设进行有效的空间管控(图 14.7)。

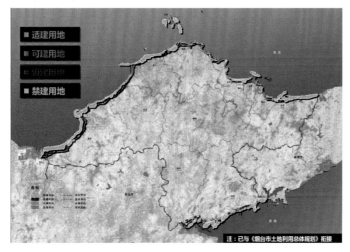

图 14.7　烟台市海岸建设适宜性分区

海岸带空间管制政策三:划定海岸建设后退线(图 14.8)。

烟台市海岸建设后退线划定范围(经影响评估后对公共安全及服务必不可少的建筑物不在此限制之列):

(1)城乡规划区内为 100 m;

(2)海岸生态保护区和禁建用地设置为其边界;

(3)湿地及周边一定区域内禁止任何建设活动;

(4)海岸生态保护区范围内的村庄不允许任何新建行为;

(5)其他地区内设置为 200 m。

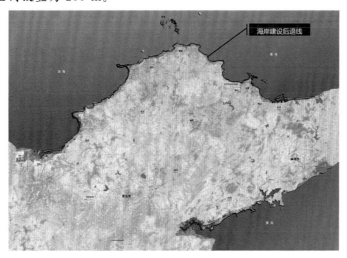

图 14.8　烟台市海岸建设后退线

**专栏:惠州市海岸带规划**

　　规划岸线 281 km,总面积 473 km²(含海域面积),其中陆域面积 260 km²。

　　规划组织方式:海岸带规划＋重点地区规划指引＋海岸带空间资源管制(图 14.9)。

　　政策管制——"两区四线":两区:禁建区、限建区;四线:围填海控制线、基本生态控制线、河道及湿地保护蓝线、海岸建设后退线。

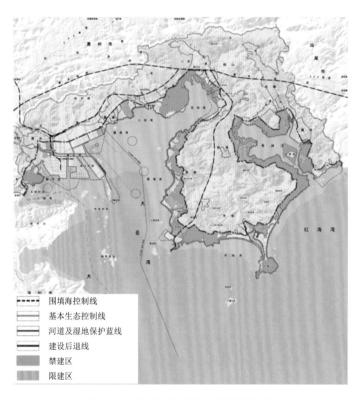

图 14.9　惠州市海岸带空间管制总图

### (3)沿海产业布局

　　合理调整海洋产业结构,紧凑安排海洋产业布局(图 14.10)。从开发利用的角度,应严格限制海岸带使用准入产业门类,限制生产岸线的粗放扩张。对于会给海洋生态造成严重影响后果的产业门类,应慎重考虑其建设选址,并加强相关的防护措施。空间分配上应侧重公众利益的保障,保证海洋公共活动开展,逐步扩大生活岸线比重,提高海岸线、海岸带的公共开放程度,提升滨海城市宜居度。

　　海岸带产业利用空间布局应根据各类产业对海洋资源的依赖程度进行安排,最大程度实现有限海岸线资源的高效综合利用。海洋交通运输业、海洋旅游业、海洋渔业等,需要港口岸线的同时,需要配给相应的周转储存用地、娱乐设施用地,以及腹地的交通疏散用地,对海岸带空间的需求较大。海水利用业、海洋能源业、海洋生物业、海洋装备制造业等,对海岸线的需求较高,但其内部研发、制造等功能可不用占据海岸带资源,可退至腹地。海洋文化产业、海洋金融业等,对海岸线没有太大需求,可在内陆地区进行布局。

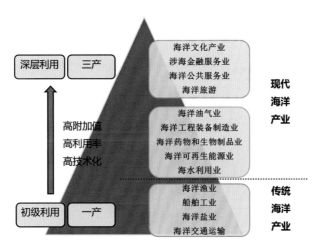

图 14.10　海洋产业类型示意图

### 3. 风暴潮防御体系

**（1）预留防御空间**

在海岸带规划中，应充分考虑气候变化和海平面上升带来的影响，提高沿海风暴潮防护设施的设计标准，预留足够的防御空间（平面与立体）。气候变化背景下的海岸防护设施如图14.11所示，为抵御高强度的风暴潮，在水平方向上额外预留足够的安全距离，在垂直方向上额外预留足够的安全高度。

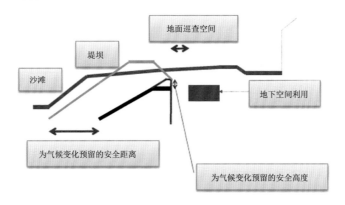

图 14.11　气候变化背景下的海岸防护设施示意图（Remijn，2016）

**（2）软硬防护结合**

在海岸带规划中，为气候变化带来的风险预留足够空间（平面与立体）的同时，在堤坝前设置一定的生态缓冲带，用沙滩喂养、生物防护等"软防护"来降低堤坝高度，与沿海堤坝防护工程体系互补，构建起坚固的海防线。软硬防护结合的示意与效果如图14.12所示，既能降低大坝的成本与风险，减少对生态环境的影响，也能减少纯软防护的沙滩用沙量。

**（3）多功能开发利用**

在进行海岸带空间规划时，结合沙滩喂养、生物防护等"软防护"措施，对土地进行混合利用，地上地下相结合，实现多功能开发，与景观、休闲旅游等有机结合。在堤坝上充分挖掘景

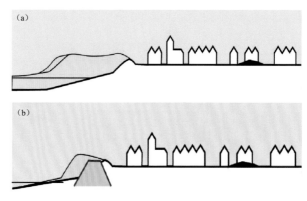

图 14.12　软硬防护结合示意图

(a)纯沙滩型防护方案;(b)沙滩堤坝结合型防护方案

观、休闲功能,可建设立体式的休闲步道与休憩广场。在堤坝内部进行充分的地下空间利用,可建设室内停车场、购物商场等。

---

**专栏:荷兰防御风暴潮体系的经验**

　　荷兰卡特韦克(Katwijk)地区的海岸带规划,在规划设计时充分考虑了海平面上升带来的影响,提高了沿海防护设施的设计标准,在水平方向上额外预留了抵御 200 年一遇洪水的空间,在垂直方向上额外预留了抵御 100 年一遇洪水的空间。

　　卡特韦克地区采用堤坝与沙滩相结合的混合型防御模式,有效地降低了堤坝的高度,避免海滨建筑的视线受到高大堤坝的遮挡(图 14.13)。对堤坝区域进行多功能的开发利用,在堤坝上建设了立体式的休闲步道与广场,在堤坝内部建设了宽敞的室内停车场(图 14.13~14.15)。

改造前(防洪标准低)

高坝型(提高标准后,改造方案一)

混合型(提高标准后,改造方案二)

图 14.13　卡特韦克地区采取不同防护类型的堤坝高度与景观模拟效果

(a)　　　　　　　　　　　　　　　　　(b)

图 14.14　卡特韦克地区海岸带 2008 年(a)和 2015 年(b)效果对比

堤坝　　　　　　　　　　　　　　　　广场

观海景　　　　　　　　　　　　　　停车场外景

停车场内部

图 14.15　卡特韦克海岸带空间规划实际效果图

#### 4. 城市洪涝防治体系

沿海城市由于地势和海潮的影响,特别容易遭受城市内涝的侵袭。在全球气候变化的背景下,城市降雨特性发生改变,尤其是可能导致短历时强降雨的增加,与海平面上升、风暴潮频率与强度的增加相叠加,将导致城市内涝灾害的发生频率更高,强度更大,危害更严重。

(1)进行洪涝风险评估

在沿海城市的规划中,应充分考虑气候变化和海平面上升因素,进行洪水风险评估,绘制洪水风险图。

通过动态模型模拟,对可能发生的超标洪水的演进路线、到达时间、淹没范围、淹没水深及流速大小等过程特征进行预测,并绘制各种要素的空间分布图。

根据洪水演进与淹没的模拟分析,对沿海城市遭受洪涝灾害的危险程度,包括经济损失、生命损失等进行分析预测,并绘制各种损失的空间分布图。

基于洪水风险图和洪水风险评估结果,对沿海城市按受洪涝影响的程度进行分区,针对高风险、中风险和低风险区域,在沿海地区规划建设时进行合理的避让,避免将重要的建设用地选址置于洪涝高风险区域。

(2)合理设计城市竖向

在城市规划中进行合理的场地和道路竖向规划设计。结合现状的高程竖向及建设用地开发利用情况,综合道路交通、排水防涝、建筑布置和城市景观等方面的要求,对城市地形进行改造利用,确定坡度、控制点高程和土石方平衡等。

结合城市竖向规划,改造城市排水系统,对低洼地区进行整治和改造,提高城市抵御洪涝的能力。

(3)推行低影响开发模式,提高洪涝行泄调蓄能力

结合海绵城市规划建设,在城市规划中积极推行低影响开发模式,通过建设透水铺装、下沉式绿地、雨水花园、植草沟等绿色基础设施,在源头上削减降雨产生的地表径流,减小气候变化和海平面上升带来的城市内涝叠加效应。

在城市规划中尽量保留和恢复城市河湖、坑塘、湿地等天然水体,结合城市规划用地布局和生态安全格局进行统筹规划,确保地表的洪涝行泄通道顺畅、调蓄空间充足,避免过分依赖地下管网、隧道的排水防涝能力,慎重启动深隧的建设。

规划建设各类雨洪调蓄设施,增加对城市雨洪的调蓄能力,减轻城市内涝的压力与风险。

(4)提高挡潮闸规划设计标准,增加泵站抽排能力

当海平面上升后,高潮位增高,下游水位顶托使沿海城市排水管网和排水泵站的排水能力被减弱,原有设计标准被降低,城市排水的难度加大。尤其当强降雨、强风暴潮和高潮位顶托3种因素同时叠加时,将急剧增加城市排水的压力,造成排水不畅,甚至海水、河水倒灌,加剧城市内涝。

在规划设计中,应充分考虑气候变化和海平面上升因素,提高挡潮闸的建设标准和设计工程水位,提高沿海、沿江排水泵站的抽排水能力。

例如,上海市区的防汛墙按千年一遇标准,即黄浦公园水文站 5.86 m 潮位标准设计。如果海平面上升 50 cm,则千年一遇的高潮位将达到 6.36 m,不但防洪墙会出现危险,而且将削弱市区排水能力 20%,对上海市威胁极大(施雅风,2000)。

　　珠江三角洲的相当部分地面低于当地平均海平面,低洼地积水自排非常困难,大多依赖泵站抽排。据初步估算,若未来海平面上升 50 cm,则泵站容量将至少需增加 15%~20%,才能保证现有低洼地的排涝标准不降低(范锦春,1994)。

**专栏:荷兰防御洪水的经验**

　　如果没有防洪设施保护,荷兰大约 60% 的面积将长期遭受洪水侵袭,这些区域包括 900 万人和荷兰 70% 的 GNP。针对面临的洪水风险,荷兰三角洲委员会制定了极高的洪水防御标准。参考洪水风险分析的结果,根据直接经济损失的严重程度,制定的防洪标准从十年一遇一直到万年一遇。荷兰各地的防洪标准如表 14.2 和图 14.16 所示。

表 14.2　荷兰的新防洪标准(荷兰三角洲委员会,2008 年)

| 安全等级 | 直接经济损失(百万欧元) | 重现期(a) |
|---|---|---|
| I | 0~8 | 10 |
| II | 8~25 | 30 |
| III | 25~80 | 100 |
| IV | 80~250 | 300 |
| V | >250 | 1000 |
| 河流 | 一级防御 | 1250~2000 |
| 堤坝圈 | 一级防御 | 10000 |

　　新的洪水风险分析方法(atlas)包括如下内容:

　　(1)从被动防洪到主动防洪

　　自 1953 年的风暴潮和洪水灾害之后,荷兰的防洪思想发生巨大转变,首次在全国范围内绘制洪水风险图。

　　(2)洪水风险解释

　　结合洪水发生概率和造成的后果,从经济风险、个人风险和社会风险 3 个方面对洪水风险加以解释。

　　(3)见解和应用

　　"洪水风险"项目形成了对影响防洪的因素的新见解。应用这些新见解,设定新的洪水防护标准,开发一套新的洪水评估工具和设计规则,确定一批优先强化的项目。

　　(4)事实和数据

　　"洪水风险"项目计算了 58 个堤坝系统发生洪水的可能性和洪水风险,形成了大量的事实和数据,概述了每个堤坝系统应对洪水的基本情况,以及荷兰在 2015 年抵御洪水侵袭的能力。

　　荷兰启动了三角洲项目(Delta program)(2009—2014 年),其目标是通过提高洪水防御的安全标准,让荷兰更安全、更美好。该项目比以往更加关注生命损失,制定了新的水法,在"三角洲基金(Delta Fund)"中投入了更多可利用的资金。通过模型模拟,绘制出荷兰在遭遇洪水时的最大水深及生命损失概率分布图。

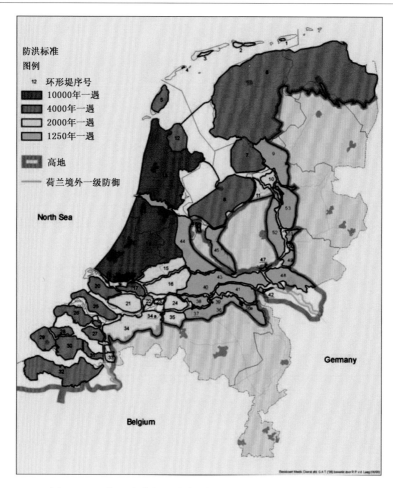

防洪标准
图例
12　环形堤序号
　　10000年一遇
　　4000年一遇
　　2000年一遇
　　1250年一遇

　　高地

　　荷兰境外一级防御

North Sea

Germany

Belgium

图 14.16　荷兰防洪标准分布(荷兰三角洲委员会,2008 年)

为减少洪水风险,荷兰提出了以下几项应对措施:

(1)建设三层防御体系:空间规划＋工程设施＋应急措施。

(2)实施多功能的洪水防御。

(3)尊重洪水的自然规律来减少洪水损失。

(4)更加关注城市设计。

### 5. 供水安全保障体系

(1)应对极端天气

根据气候变化及水资源分布变化的预估结果,科学合理地确定可供水资源量,坚持"以水定城、以水定地、以水定人、以水定产",合理控制城市规模及用水需求。

加强城市备用水源地和应急供水设施建设,提高城市安全供水和应急供水保障能力,提高城市供水应对气候变化、干旱缺水的能力。

提高供水设施的设计标准、产品质量和施工质量,增强供水设施抵御极端高温、极端低温、冰雪灾害等极端天气的能力。

（2）抵御咸潮入侵

沿海城市应开展饮用水源地规划，根据气候变化、咸潮入侵频率与强度的预估结果，模拟分析咸潮入侵影响的范围与持续时间，科学合理地确定取水口往上游迁移的方案，以及避咸蓄淡水库的规模与布局，提高抵御咸潮入侵能力，提高供水保证率，确保城市供水安全。

在杭州市钱塘江河口地区饮用水源地规划中，对上游径流、七堡潮差、江水起始含氯度、江道容积的组合进行了频率分析，并采用二维水量、水质模型，对钱塘江河口地区咸潮入侵的连续超标天数和累积超标天数进行了模拟，结果如图 14.17 所示。根据模拟结果，确定了杭州市钱塘江河口地区的取水口位置（图 14.18），并将杭州市钱塘江河口地区的水源确定为 3 个层次：

第一层次：主水源。主水源作为水厂日常的取水水源，主要利用钱塘江作为水源。

第二层次：应急备用水源。应急水源主要是在主水源突发饮用水安全事故（包括咸潮入侵）不能保证正常供水时作为主水源的替代水源。

第三层次：战略储备水源。在主水源和应急备用水源都无法满足供水需要时，应启用战略储备水源。

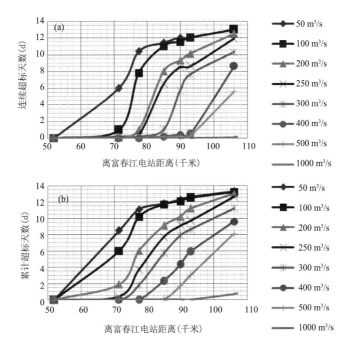

图 14.17　钱塘江河口地区咸潮入侵连续超标天数(a)、累积超标天数(b)模拟结果

（3）供水系统节能减排

在城市规划中，对供水系统全流程进行节能优化改造，降低能源消耗，减少温室气体排放。

根据城市的地形地势与布局，合理地选择输水与配水方式，因地制宜进行分区分压供水管理，对管网系统进行节能优化。

优化泵站的设计和管理，通过对水泵叶轮合理切削、水泵变频调速运行、水泵选型优化等措施，实现泵站节能高效运行。

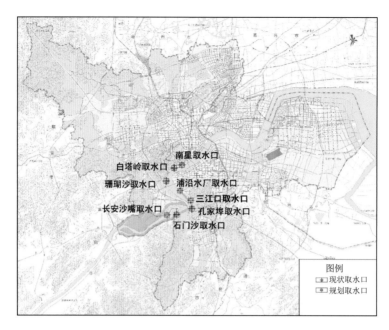

图 14.18　杭州市钱塘江河口地区取水口位置

通过管网更新改造、选择经济可靠的管材、加强管道施工质量、推动管网信息化精细化运行管理、合理控制水压、适时主动检漏等措施降低管网的漏损,减少供水的损失,实现节能减排。

(4)建设节水型社会

加强城市总体规划和专项规划的调控指导,积极发展再生水、雨水、海水等非常规水资源利用,减少传统水资源使用量。严禁缺水地区盲目扩大景观、娱乐水体面积。合理限制高耗水项目发展和高耗水服务业用水,建立高耗水项目地区准入制度和退出机制,对洗浴、洗车等特种服务业实施高额水价。

因地制宜地确定城市污水再生利用的规模、布局和利用方式,建设城市污水再生回用设施与管网系统,建立合理的再生水价格体系和激励机制,逐步提高城市再生水利用率。大力推广中水回用,单体建筑面积超过一定规模的新建公共建筑应安装中水设施。结合城市用地情况,科学布局雨水储蓄与利用设施,加大城市雨水的储蓄与利用量,增加雨水入渗量,涵养地下水源。加强海水淡化技术的开发与利用,努力降低海水淡化的能源消耗与经济成本。

加大力度研发和推广先进适用的节水型设备和器具,提高节水计量水平。新建公共建筑必须采用节水器具,限期淘汰公共建筑中不符合节水标准的用水器具,鼓励居民尽快淘汰现有住宅中不符合节水标准的生活用水器具,提高节水器具普及率。

**6. 海绵城市建设**

充分落实海绵城市理念,通过加强城市规划建设管理,充分发挥建筑、道路、绿地和水系等生态系统对雨水的吸纳、蓄渗、缓释和净化作用,有效控制雨水径流及其污染,实现雨水的自然积存、自然渗透和自然净化,建立起有效应对气候变化的雨洪管理与利用模式。

(1)构建海绵城市生态格局

确立城市的"山水林田湖草"大生态格局。严格城市河湖水域空间管控,保护和恢复城市河湖、坑塘、湿地等天然"大海绵",加强河湖水系的自然连通,充分发挥"山水林田湖草"等自然生态要素对雨水的积存作用,充分发挥植被、土壤等自然下垫面对雨水的渗透作用,充分发挥湿地等对雨水的净化作用,努力构建城市良性水循环系统。

通过天然大海绵的保护与恢复,提高对气候变化背景下更高频率、更大强度的强降水排除与调蓄能力,减少对地下管网的压力,降低对深隧(地下人工河流)的依赖。

(2)确定海绵城市建设目标

在编制城市总体规划、控制性详细规划以及道路、绿地、水系统等相关专项规划时,应将雨水年径流总量控制率作为刚性控制指标,将降雨径流污染削减率、合流制溢流污染溢流量作为约束性指标。划定城市蓝线时,应充分考虑自然生态空间格局。

将雨水年径流总量控制率、建筑与小区雨水收集利用、可渗透面积、蓝线划定与保护等作为城市规划许可和项目建设的前置条件,保持雨水径流特征在城市开发建设前后大体一致。

(3)制定海绵城市规划措施

在城市规划中,统筹发挥自然生态功能和人工干预功能,通过建设各类城市人工"海绵体",增强城市应对气候变化的能力。

规划建设海绵型建筑与小区,因地制宜地建设绿色屋顶、雨水花园、下沉式绿地、透水铺装、植草沟、蓄水池、雨水罐等,实现雨水就地就近收集利用,提高建筑与小区的雨水积存和蓄滞能力,加大对雨洪资源的利用效率。

规划建设海绵型道路与广场建设,改变雨水快排、直排的传统做法,增强道路绿化带对雨水的消纳功能,在人行道、非机动车道、广场、停车场等推广使用透水铺装,推行道路与广场雨水的收集、净化和利用,减轻市政排水系统压力。

推广海绵型公园和绿地,通过建设人工湿地、雨水花园、下沉式绿地等措施,增强公园和绿地系统的城市海绵体功能,消纳自身所产生的降雨径流,并为蓄滞周边区域的降雨径流提供一定的调蓄空间。

控制降雨径流污染和合流制溢流污染。通过建设下沉式绿地、雨水湿地、透水铺装、雨水花园、初期雨水弃流设施、植草沟、调蓄池等海绵设施,减少雨水径流量,减少降雨径流污染,减少合流制溢流污染的频率及负荷。结合排水防涝、污染控制和雨水利用等要求,科学合理地规划布局分流制雨水调蓄池与合流制调蓄池。

### 7. 能源供应系统

(1)构建城市能源安全供应体系

根据城市所处的气候条件、资源禀赋、用能特点等,构建城市能源安全供应体系,强化城市能源结构的合理安全配置以及煤、气、电、热的互联互保。

在进行城市能源需求预测时,除考虑到未来社会经济发展的需求,还应考虑未来气候变化所增加的需求。根据能源需求预测结果,确定能源基础设施的供应规模。

北方采暖地区、夏热冬冷地区和南方地区采取不同的供暖方式,相应地采取不同的规划策略。在北方采暖地区,利用工业余热总量较大的有利条件,积极发展热电联产和工业余热利用,在不增加一次能源消费量的情况下,增加供热面积。推进城市老旧供热管网改造,推进住宅供热分户计量改造。结合夏热冬冷地区和南方地区逐步放开供热市场的实际需求,探索在高档小区引入市场和民间投资的供热机制,研究制定相应的节能减排管理控制要求。

(2)加强城市能源设施应对极端天气的保障能力

进行海平面上升及洪水淹没风险分析,尽量避免使发电厂、变电站、供气站等重大能源基础设施暴露在洪水淹没高风险区内。

针对各类城市的居民、企业、公共部门等不同用户,评估气候变化对采暖、制冷及节能标准的影响,修订相关设施标准。根据对未来气候变化的预测,调整能源工程与供能系统运行的技术标准,提高城市能源设施应对极端天气的能力。

建立健全多种能源供应的能源互联网集中供应系统,完善源、网、用户的实时监测与调控,建立全方位的能源生产管理、客户服务保障、安全应急管理体系,增强能源系统的事故应急保障与救援能力,有效应对极端天气的影响。

(3)构建城市能源梯级开发利用体系,提高可再生能源比例

根据工业、生活的用能特点,探索建立"大集中、小分散"的能源体系,在高温高压高品位的工业用能和低温低压低品位的生活用能之间进行梯级开发利用。充分利用城市工业资源,规划建设热电联产、工业余热利用为主,可再生能源为辅的绿色低碳集中供热体系。

规划建设可再生能源体系。开发利用低品位可再生清洁能源,推动分布式太阳能、风能、生物质能、地热能的多元化、规模化应用,提高新能源和可再生能源利用比例。统筹规划城市污水源热泵、太阳能、低温核供热等可再生能源技术的应用。探索采用风电采暖,通过风电储能技术将风电输送到热负荷中心区域,建设集中供热、制冷设施。

### 8. 交通运输系统

(1)提高交通设施标准,增强应对极端天气能力

进行海平面上升及洪水淹没风险分析,避免使机场、火车站、地铁站等重要的交通基础设施暴露在洪水淹没高风险区内。

提高交通系统的整体可靠性,保证在遭遇极端天气和自然灾害时,重要的交通干线仍能维持运行,城市各功能区块之间的基本联系保持畅通;公共交通系统仍能维持基本的运行,城市内部的地面公交与地下轨道交通互为补充,对外交通的航空、铁路与公路等互为补充,不全部瘫痪;应急疏散和救援的交通系统能够正常发挥功能。

提高沿海城市台风、洪涝、地质和生态灾害高发地区的交通基础设施规划设计标准,重点提高交通干线的规划设计标准。增强交通车辆、公交站台、停车场、火车站和机场等重要交通设施对极端高温、极端严寒、冰雪灾害、强降水和风暴潮等极端天气的防护能力。道路建设采用高抗性材料与结构技法,提升道路耐受气候变化影响的变幅阈值。

(2)优化城市空间结构,加强交通需求管理

通过合理的城市土地利用规划,优化城市空间结构,完善各组团功能,推进职住平衡,减少出行需求,降低出行距离,从源头减少城市交通碳排放。根据计算,平均出行距离每缩短1 km,人均交通碳排放可降低 0.05 t/a。

通过加强交通需求管理,降低城市交通碳排放。加强对小汽车出行需求的管理,削减小汽车交通出行比例。通过推进车联网技术应用和智能交通管理,提高城市交通的智能水平,缓解交通拥堵,提高交通效率,提高车辆运行速度,有效降低城市交通的碳排放总量与人均碳排放水平。

(3)实施公共交通优先,增加公交设施密度

根据计算,小汽车出行分担率向公共交通转移1%,城市交通碳排放总量将下降2%,人均

交通碳排放可降低 0.01 t/a。在城市规划中,应采取公共交通支撑和引导城市发展的公交优先模式。提高城市公共交通设施密度,统筹公共汽车、轻轨、地铁等多种类型公共交通协调发展。加强城市综合交通枢纽建设,促进不同运输方式和城市内外交通之间的顺畅衔接、便捷换乘。扩大公共交通专用道的覆盖范围。

加强公共交通用地的综合开发,加大政府投入,拓宽投资渠道,保障公共交通路权优先,确立公共交通在机动化交通中的主体地位。

(4)改善街区尺度,提高慢行交通分担比例

步行与自行车交通比例提升是减少城市交通碳排放的重要措施。根据计算,小汽车出行分担率向慢行交通转移 1%,城市交通碳排放总量将下降 2.4%,人均交通碳排放可降低 0.01 t/a。

目前,城市支路网层级的缺失和机动车侵占步行、自行车设施,降低了步行、自行车系统的可达性、舒适性和安全性,是目前影响步行与自行车出行的主要障碍。应在城市规划中积极贯彻"窄马路、密路网"的城市布局理念,改善街区尺度,提高路网密度,优化城市路网系统,改善步行、自行车的出行环境和便捷度,提升慢行交通分担比例。

(5)推广新能源交通工具,完善低碳清洁能源供应设施

在城市规划中,确立推广纯电动汽车、混合动力汽车等新能源交通工具的交通发展策略,降低城市交通碳排放。通过减免购置税、优先发放号牌等各种政策,提高新能源交通工具的比例,提高新能源公交车辆的比例。通过规划手段,逐步引导居民淘汰高碳交通工具,采用低碳清洁能源车辆出行。

在交通设施规划中加入充电、加气等低碳清洁能源供应设施的布局规划,建立便捷的清洁能源供应站点网络,引导低碳清洁能源交通的发展。在规划中引入天然气站点覆盖率、充电桩覆盖率等控制性指标。

**9. 城市建筑系统**

沿海城市规划中有关建筑应对气候变化的内容,主要集中在详细规划阶段,总体规划阶段基本不涉及。

(1)建筑适应气候变化

在建筑设计、建造及运行过程中充分考虑气候变化的影响,在新建建筑设计中充分考虑未来气候变化的因素。通过采用高效高性能外墙保温系统和门窗提高建筑气密性,通过屋顶花园、垂直绿化等方式提高建筑的集水、隔热性能,保障高温热浪、低温冰雪等极端气候条件下的室内宜居性,提升居住舒适度。滨海地区还应考虑未来气候变化条件下湿度、盐度的变化对建筑的侵蚀作用。

在沿海城市规划中制订城市更新和老旧小区综合改造的目标与实施方案。各地在执行现行标准的基础上,根据对未来气候变化的预测,结合自身的经济社会发展水平,提高城市既有建筑适应气候变化能力,提高既有建筑节能节水改造标准,加快更换老旧小区落后的用水器具,合理增加小区绿地、植被数量。

(2)建筑节能减排

在沿海城市详细规划阶段,提出发展被动式超低能耗绿色建筑、推广装配式建筑产业化、采用绿色低碳建筑材料、开展既有建筑节能改造等建筑节能减排的目标与措施,并通过一系列

的控制性规划指标加以控制与落实。

推广钢结构及混合结构,在地震多发地区积极发展钢结构和木结构建筑。鼓励大型公共建筑采用钢结构,大跨度工业厂房全面采用钢结构。在新农村建设、特色村镇、园林景观、旅游度假区、老旧危房改造等工程中,因地制宜地采用木(竹)结构建筑。

以建筑设计、建造和装修一体化的新模式取代建筑施工与装修分离的传统模式,逐步取消毛坯房,推广整体厨卫设备。推行多档次、系列化、标准化、配套化设计,提高工业化生产与安装水平。在保障房和棚户区改造项目中率先推行新建住宅全装修模式。

(3)建筑综合防灾减灾

在沿海城市规划中,对大型公共建筑进行气候灾害风险评估,提高城乡建筑的设防标准,确保其建筑方案和建造方式充分考虑各地的气候特点及未来气候变化的影响。

注重小区综合防灾规划,提高住宅区、商业区的防灾减灾能力。建立小区气候灾害风险评价指标体系,建立小区防灾脆弱性空间地理数据库,从风暴潮灾害脆弱性、洪涝灾害脆弱性、地面沉降灾害脆弱性和综合防灾脆弱性等方面进行综合分析和系统研判,做好预防及应急系统的规划建设。

## 10. 城市绿化系统

(1)构建气候友好型生态格局

依托各沿海城市的地理、气候、生态和历史人文等特征,系统分析城市的"山水林田湖草"大生态格局,构建城市应对气候变化的整体生态框架体系。

通过绿楔、绿道、绿廊等形式,加强城市绿地、河湖水系、农田林网、滩涂湿地、山体丘陵等各自然要素的衔接连通,形成"绿色斑块—绿色廊道—生态基质"的自然生态系统格局,充分发挥自然生态系统改善城市微气候的功能。

推进城市生态修复,提升城市既有建成区应对气候变化的能力。在城市规划中应对生态修复做出总体安排,恢复和重建城市自然生态系统的自组织、自调控和自修复能力,全面提升城市生态功能。开展城市山体修复,恢复山体自然形态。推进城市河湖湿地的污染治理和生态修复,恢复城市水体生态功能。

(2)缓解热岛效应

合理地规划布局城市绿地系统和河湖水系,形成城市的自然通风廊道,达到改善城市通风散热效果、降低城市温度、缓解热岛效应的目的。合理规划布局城市公园绿地系统和生产防护林地系统,增强城市绿地、森林、湖泊、湿地等自然系统在涵养水源、调节气温、保持水土及促进生物多样性等方面的生态功能。结合海绵城市建设,因地制宜地建设绿色屋顶,进行城市建筑体的平面和垂直绿化,进一步缓解城市热岛效应。

可运用相关软件建立城市通风模型,针对城市自身的山水格局和气候条件,较为准确地模拟计算绿化廊道的位置和宽度,对绿廊绿楔改善城市通风、缓解热岛效应的效果进行定量化的科学评估。

(3)增加城市碳汇

在城市规划的编制内容中,应充分体现城市绿化系统的碳汇作用。在规划方案的比选时应科学地计算绿地碳汇量。通过引入有效绿地量、乔木覆盖率等指标,将不同类型绿地的面积换算成碳汇数值,加权计算得到规划方案总的碳汇值,作为规划方案比选的重要依据。

**专栏:《武汉城市总体规划(2009—2020年)》生态绿楔案例**

　　《武汉城市总体规划(2009—2020年)》因其规划中的低碳城市理念,获得了国际城市与区域规划师学会(ISOCARP)颁布的"全球杰出贡献奖"。该总体规划在城市层面结合绿地规划,给城市划出通风廊道和生态走廊,降低城市的热岛效应。

　　该总体规划在对武汉市山水资源要素进行分析和维护城市生态安全的基础上,结合武汉城市建设空间拓展的规律,在市域层面构建了"两轴两环,六楔多廊"的生态空间体系。"两轴"指以长江、汉江及龟山、蛇山、洪山、九峰等山系构成的"十字"山水生态轴;"两环"指三环线防护林和外环防护林带为介质的生态农业区;"六楔"以主城区周边6个外围方向,控制大东湖水系、汤逊湖水系、青菱湖水系、后宫湖水系、府河水系、武湖水系等6个以水域湿地、山体林地为骨架的放射型生态绿楔(图14.19)。

　　运用计算流体力学(CFD)软件,对城市风道和生态框架进行研究,计算武汉市主要风向的发生概率,从冬、夏主导风向分析研究武汉周边主要湿地对武汉城区的影响,模拟预测生态绿楔对热岛效应的缓解作用。计算结果表明,如果生态绿楔的规划方案完全得以实施,可使武汉夏季最高温度平均下降1~2 ℃。

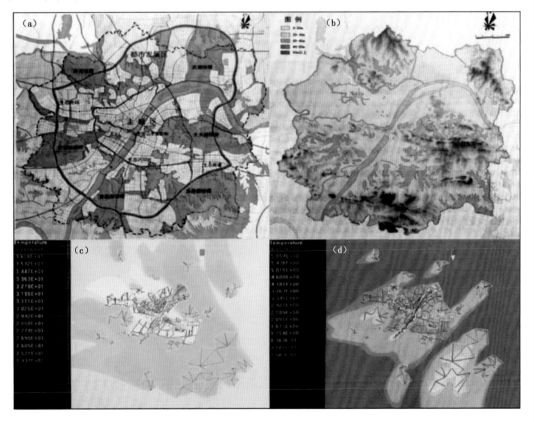

图14.19　武汉市城市总体规划分析图

(a)生态系统结构图;(b)山体水系分析图;(c)夏季通风模拟图;(d)冬季通风模拟图

# 第十五章　中国沿海城市应对气候变化规划管理的完善

根据我国沿海城市应对气候变化的发展战略，以及沿海城市应对气候变化的城市规划内容建议，提出在气候变化背景下完善我国沿海城市规划管理的内容与体制机制建议，强化规划对海岸带开发活动的空间管控，使得沿海城市朝着正确的空间发展方向科学、有序地发展。

## 第一节　国内外海岸带综合管理状况

### 1. 国外海岸带管理概况

海岸带综合管理（ICZM）是"通过规划和项目开发，以及面向未来的资源分析，应用可持续概念检验每个发展阶段，避免对沿海区域资源造成破坏"（约翰 R·克拉克，2000）。

美国加利福尼亚州《旧金山湾规划》是世界上最早编制完成的海岸带保护与利用规划。1972 年 10 月，美国通过了世界上第一部海岸带管理法。海岸带综合管理随着 1972 年美国国会颁布《海岸带管理法》在美国开始实施，法国、英国、日本等发达国家的海岸带地区相继开展了多种形式的海岸带综合管理工作，在经历了"开发—破坏—复兴—港城一体化"等过程之后，许多发达国家的海岸带地区积累了海岸带规划和管理方面的宝贵经验，并形成了较完整的管理体系与规划方法。

海岸带综合管理将海岸带视为一个特定区域和独立系统，制定专门的法规和规划，形成自成体系的管理机构，对海岸带实施综合开发、合理保护和最佳决策，已成为世界各沿海国家广泛接受的管理理念和方法，成为国际上沿海国家和地区对海岸带管理的发展趋势。

从国际现行的海岸带管理体制来看，主要分为三种模式：一是集中管理型，二是半集中管理型，三是松散管理型（贺蓉，2009）。

采用集中管理型的国家主要有美国、法国、荷兰、新西兰、韩国、波兰等。该模式的普遍特点是，国家层面的综合性海岸带管理法规比较健全和完善，设立了统一的海岸带管理机构，形成了系统的海岸带管理体系和制度，海洋（海岸带）执法队伍统一，海岸带管理规划比较出色。

采用半集中管理型的国家主要有澳大利亚、加拿大、日本、印度等。该模式的普遍特点是，海岸带管理分属于国家和地方各部门；大多数国家没有成立全国统一的海岸带管理职能部门，主要由协调机构进行海岸带管理；有极少数国家成立了全国统一的海岸带管理职能部门，但管理力度较弱，主要由地方进行海岸带管理。此外，虽然半集中管理型国家海岸带管理机构比较多，权力相对分散，但都建立了统一的海上执法队伍。

采用松散管理型的国家主要有英国、越南、印度尼西亚、菲律宾等。该模式的特点是，国家层面未出台综合性的海岸带管理法；海岸带管理权分散在国家和地方的有关管理部门或协调机构,政出多门;没有统一的海洋执法队伍,执法不力;没有编制全国统一的海岸带规划;海岸带综合管理力度小。

**2. 中国海岸带管理概况**

(1)海岸带管理发展历程

从 20 世纪 50 年代至今,我国的海洋管理经历了从行业管理到海洋综合管理与分部门分级管理相结合的变迁,海洋管理的综合协调不断加强。目前已形成了国家海洋行政主管部门的综合协调,与渔业、海事和海洋矿产资源等行业管理相结合的管理体制(国家海洋局海洋发展战略研究所课题组,2014)。我国的海岸带管理模式正由松散管理型向半集中管理型转变。主要的发展历程如下:

20 世纪 50 年代至 80 年代末,海洋管理以行业管理为主,按海洋自然资源的属性进行分部门管理,基本是陆地自然资源管理部门的职能向海洋的延伸。涉海行业部门的主要职能是进行生产管理。这一时期,各涉海行业部门之间及行业内部的矛盾并不突出(国家海洋局海洋发展战略研究所课题组,2014,2015)。

随着社会经济的发展,海洋开发利用逐渐超越了局部的行业生产,关系到了国家利益和经济发展大局。从 20 世纪 90 年代起,我国海洋管理体制日益完善,在综合管理方面突出表现在地方管理机构的建立及国家海洋局综合协调职能进一步加强 2 个方面。目前,中国所有沿海省(区、市)、计划单列市和沿海县(市)都设立了海洋管理职能部门,承担地方和海洋综合管理任务。国家海洋局与地方海洋管理机构间是业务指导关系(国家海洋局海洋发展战略研究所课题组,2014)。

2013 年,我国海洋综合管理体制取得了历史性突破,中央政府建立了海洋事务高层次协调机制,设立了高层次议事协调机构——国家海洋委员会,负责研究制定国家海洋发展战略,统筹协调海洋重大事项。同时,加强了涉海管理部门之间的统筹协调和沟通配合,初步统一了海上执法队伍。国家海洋委员会的具体工作由国家海洋局承担。

(2)海洋管理体制

从纵向上,我国海洋管理分为国家—海区—地方 3 级,国家海洋局和地方政府对海洋的管理体现了分级管理的特点。

从横向上,除国家海洋局外,国家发展和改革委员会、外交部、国土资源部、环境保护部、住房和城乡建设部等多个政府部门都具有涉海职能。

我国海洋管理体制的纵向与横向部门关系[①]如图 15.1 所示。

(3)海洋管理主要制度

我国海洋管理的主要制度有以下几个方面(国家海洋局海洋发展战略研究所课题组,2014):

1)海域使用管理制度

我国海域使用管理制度以 2001 年颁布实施的《中华人民共和国海域使用管理法》及其配套政策法规为核心。国家海洋局是海域开发利用的主管部门。单位和个人使用海域,要符合

---

① 2018 年 3 月国家机构改革,各部委的名称与职能均有相应调整,地方的机构改革也逐步陆续推进。截至本书定稿时,新的海洋管理体制尚未调整到位,本书仍描述原有的海洋管理体制。

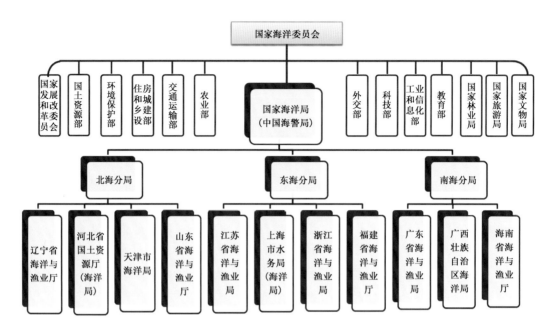

图 15.1　我国海洋管理体制示意图
(改绘自国家海洋局海洋发展战略研究所课题组,2014)

海洋功能区划,并依法取得海域使用权,进行海域使用权登记,缴纳海域使用金。

2)海洋功能区划制度

海洋功能区划是国家海洋局于 1988 年提出的一项海洋管理制度(管华诗 等,2003),并且制定了《全国海洋功能区划》(2011—2020)。海洋功能区划是指依据海洋自然属性和社会属性,以及自然资源和环境特定条件,界定海洋利用的主导功能和使用范畴[①]。海洋功能区划制度在统筹协调行业用海、规范海洋开发秩序、合理开发利用海洋资源、有效保护海洋生态环境等方面起着重要作用。

3)海洋环境管理制度

我国形成了以《中华人民共和国海洋环境保护法》及多部配套法规为核心的海洋环境保护基本制度。主要的海洋环境管理制度包括重点海域排污总量控制制度、海洋生态保护红线制度、陆源污染防治制度、海洋自然保护区制度、海洋污染事故应急制度、海洋倾废管理制度、海洋工程建设海洋污染防治制度、海岸工程建设海洋污染防治制度、船舶油污损害民事赔偿制度等。

我国海洋环境管理体制为"统一监督管理、分工分级负责"。环境保护部对全国海洋环境保护工作进行指导、协调和监督,负责全国陆源污染防治和海岸工程建设项目对海洋污染损害的环保工作,国家海洋局负责海洋生态环境保护方面的日常基本工作。环境保护部与国家海洋局于 2010 年签署框架协议,建立了合作机制,形成"海洋环保统一战线"。

---

[①]　《中华人民共和国海洋环境保护法》(1999 年修订),第九十五(四)条。

4）海岛开发与保护制度

我国海岛管理遵循科学规划、保护优先、合理开发、永续利用的原则[①]，实行海岛保护规划制度，加强海岛分类分区管理。

我国于 2012 年 4 月发布《全国海岛保护规划》（2011—2020 年），引导全社会保护和合理利用海岛资源。

5）海洋资源管理制度

海洋资源管理制度包括海洋渔业管理制度、海洋矿产资源管理制度等。

我国通过实行捕捞许可、伏季休渔、海洋捕捞渔船和功率总量双控等制度控制海洋渔业捕捞强度，养护海洋生物资源，促进海洋渔业资源的可持续利用。

海洋矿产资源管理中最重要的是对油气资源和海砂资源的管理。《矿产资源法》《对外合作开采海洋石油资源条例》《关于加强海砂开采管理的通知》是相关的重要法律规章。

# 第二节　完善沿海城市规划管理体制

我国沿海城市在应对气候变化的规划管理方面，应完善现行法定城市规划体系的管理体制机制，建立健全海岸带相关规划管理体系，并以海岸带综合规划管理为纽带，加强陆海统筹，提高沿海城市应对气候变化的规划管理能力。

完善我国沿海城市应对气候变化的规划管理包括对现有城市规划管理的调整及海岸带综合规划管理 2 部分内容。我国现有的城市规划管理已经相当成熟，只需将应对气候变化的相关内容纳入其中即可。我国海岸带综合规划及其管理仍处在起步阶段，因此本书重点对海岸带综合规划管理提出建议。

**1. 完善城市规划管理制度**

在现行法定城市规划体系的框架内，将应对气候变化贯穿于城市规划编制的前期、纲要、成果、评审、审批等全过程的各个环节。在各类型城乡规划的编制技术导则中，加入有关应对气候变化的控制性指标。

在各类型城乡规划的编制和评审过程中，增加应对气候变化的评价标准和评价方法。在城市规划的审批环节纳入对气候变化的考虑。沿海城市基础设施的规划、设计与审批，尤其应考虑气候变化所产生的中长期影响。

**2. 构建海岸带管理法律体系**

从法律制度来看，我国海岸带管理立法进程缓慢。在国家层面，从 1979 年国家酝酿制定《海岸带管理条例》至今，尚未出台这一将海岸带作为一个系统与整体的综合性管理法律。在地方层面，只有江苏省、福建省和青岛市等少数省市制定了地方性法规。因此，建议从以下几个层面推进构建海岸带管理法律体系：

国家层面，继续推进《海洋基本法》和《海岸带管理条例》的制定，促进海洋综合协调管理，为国家的海洋活动、海岸带管理及其他海洋立法提供基本准则。在法律层面为解决跨部门的

---

①　《中华人民共和国海岛保护法》（2010 年 3 月实施），第三条。

协调问题提供依据与支撑，为沿海城市建设、海岸带开发管理提供保障。

省级层面，在国家海洋综合管理法规的基础上，各沿海省（区、市）制订省级海岸带管理的法律法规，制定沿海城市的海岸带空间管制政策，协调本省（区、市）内各沿海城市海岸带空间发展方向。

市级层面，依据国家和省级海岸带管理法规，制定地方海洋和海岸带综合管理条例，建立海岸带地区建设活动的许可制度。

县（区）级层面，是海洋日常综合管理的具体落实部门，制定具体的海洋综合管理文件，明确包括海岸建设后退线等在内的具体管制措施。

### 3. 设立海洋综合管理制度与专门机构

海洋与海岸带管理涉及众多部门的利益和发展要求，单一的行政主管部门无法独立实施海岸带规划与管理，因此必须设立海洋综合管理制度与专门机构，形成有效的协调机制。在纵向上，建立具有中国特色的国家—省—地方分级海洋综合管理体制，对应不同事权范围的规范管理，做到不同级别部门之间的垂直整合，使上下级管理互不矛盾、协调一致。在横向上，对同一级别不同部门间进行水平整合，充分发挥旅游、渔业、规划、发改、国土等部门的管理职能，加强合作与协调，实现经济、社会、生态三者效益的最优化，使同级部门之间互不争夺、共同优化，应对管理权限不明的问题。

由于海岸带地区的特殊性，针对陆地、海洋、海岸线等不同的主体，在国家海洋委员会的基本框架下，设立各级专门的海洋综合管理机构，推进海陆全域的一体化规划管理。从我国目前的情况来说，设置独立的海岸带管理部（局）在短时间内难以实现，建议可由各地市政府牵头，在各海岸带地区城市的规划建设、海洋渔业或环境保护部门设置相对独立的海岸带管理机构。

考虑到滨海地区面临的海岸带问题各不相同，有的需要解决海岸带资源开发利用的问题，有的面临海洋环境保护的压力，有的不适于建设城市，处于养殖和原始岸线状态。因此，建议以开发问题为主导的城市将海岸带管理机构设置在规划建设部门，岸线环境污染问题较大的城市将海岸带管理机构设置在环境保护部门，城市建成区不位于海滨、但管辖有部分养殖和未利用岸线的城市将海岸带管理机构设置在海洋渔业部门。通过分类设置，达到与当地行政管理的有机结合。逐步完成设置专门的海岸带保护（协调）委员会，制定专门的更为详细的地方性海岸带管理制度。建立海洋工作联席会议制度，加强国家、省、市海洋主管部门的工作协调与推进。

> **专栏：深圳成为中国首个海洋综合管理示范区（中国新闻网，2016）**
> 深圳市率先规划成立"海洋工作领导小组"，由深圳市市委书记任小组组长，深圳市市长任小组副组长，成员单位包括市规划国土委（海洋局）、发展改革委、经贸信息委、人居环境委、交通运输委、财政委、城管局、水务局、海事局以及涉海的区级政府等。领导小组负责审定海洋工作的总体思路、方针政策与行动计划，统筹协调海洋发展重大事项。委员会下设办公室，设在深圳市海洋局。

### 4. 形成海岸带规划管理框架

建立国家—省—地方海岸带规划纵向管理架构，促进海洋规划与海岸带规划体系的融合，推动各项海洋规划与城市规划、土地利用规划的衔接，加强陆海统筹工作推进。

结合我国目前的城市规划管理体制，建议规划管理文件由《海岸带规划管理规定》和规划分图图则的形式达到对城市海岸带地区的有效管理（方煜 等，2010）。

通过《海岸带规划管理规定》协调沿海各区、县的发展，形成强制性地方法规，对海岸生态保护区、海岸带建设后退线、各类岸线开发利用、景观视觉廊道等都提出严格详细的规定。

在海岸带规划的具体管理实施层面，包括保护指引、规划指引和特色指引。保护指引为规划强制性管理文件，规划指引和特色指引为海岸带地区的开发建设提供指导（图 15.2）。

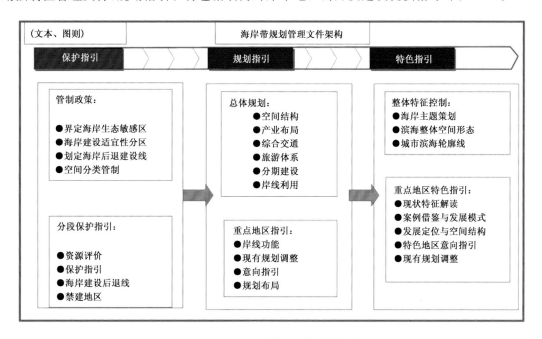

图 15.2　我国海岸带规划管理框架建议

### 5. 建立海岸带建设许可证制度

海岸带建设许可证制度是国际海岸带管理最常用也最为有效的方式。当前，世界上执行海岸带建设许可证制度的国家，在海岸带开发管理方面均取得了显著效果。因此，建议参考国际上的海岸带建设许可证制度，明确海岸带管理制度建设的方向和目标，早日建立符合我国实际且高效、灵活和强有力的海岸带管理制度。

在一般城市地区的"两证一书"——《建设用地规划许可证》《建设工程规划许可证》和《选址意见书》制度的基础上，建议增加《海岸建设许可证》，海岸建设许可证可由城市规划主管部门与选址建议书同时颁发，明确海岸建设后退线位置、开发强度、建筑高度、视觉廊道等特殊要求，切实规范海岸带开发活动，保障海岸带规划实施。使用者在海岸保护区设置保护设施以外的其他设施、作业物或占用海岸带保护区时，必须向海岸带管理机构提出申请并经其许可。需认定申请事项不影响、不妨碍海岸带的保护才能给予许可。通过制定相应的处罚条例及强制性法规促进各种管理，对于违反海岸带管理法的行为，规定相应的处分及损害赔偿措施，并立即停止相关违法行为。

对于制度推进较为困难的沿海地区，近期可先将海岸带地区划入各区市的规划区范围统一管理,远期条件成熟后再行设立海岸带建设许可证制度。

### 6. 探索围填海规划管理模式

加强围填海的规划与管理,对海域使用权和土地使用权统一登记发证和注销,确保两者使用性质相互对应。围填海区域由同级政府作为实施主体成片开发建设,根据区域用海规划依法履行围填海审批手续后组织实施的,应采用海域使用权与土地使用权先后出让的方式;围填海区域用于单个项目建设的,应采用海域使用权与土地使用权同时出让的方式。

加强控制性详细规划对围填海的规划管理。在详细规划层面,由于法定图则编制规范仅限于陆域,尚未考虑围填海空间,在规划衔接上应重点考虑围填海区域的详细规划。若围填海区域与现行法定图则地区相邻,建议调整法定图则编制边界,将围填海区域纳入相邻法定图则地区,通过对该法定图则进行局部调整,制定围填海的详细规划;若围填海区域不与现行法定图则相邻,规划主管部门应当根据城市规划标准规范等拟定规划设计条件,经公示并报市政府批准后作为规划管理依据。因涉海区的特殊工程影响,两类编制方法有所不同,应开展专项研究,制定围填海区域详细规划编制指引,有针对性地指导此类详细规划的编制,尤其需要预留围填海工程中可能涉及的规划调整范围及规划内容。

### 7. 形成海岸带规划公众参与机制

增强海岸带管理的公众参与,提高公众参与保护海洋资源和海洋环境的意识,通过公众参与帮助提高海洋规划管理的有效性。海岸带利用项目涉及众多利益相关者,都应组织公众参与,进行综合决策,协调各方不同的利益,增强规划的合理性和可实施性。

根据牵头部门、参与部门、参与方式的不同,目前较为通用的公众参与模式有两类。一类是基于部门的资源管理模式,由海洋管理部门牵头,组织政府、非政府组织、开发商、渔民等多方利益相关者参与,通过谈判等方式,平衡各利益相关方的诉求,实现资源的合理分配和增值。另一类是针对某些海岸带管理的法庭裁决事务,举行公众听证,保护公众或利益组织的正式抗议权利(Andrea et al.,2005)。通过组织公众参与,使海岸带规划的利益相关者、全体受影响的居民、相关非政府组织等就海岸带规划中关于沿海资源的利用问题达成共识。在正式的公众参与过程之后,建立持久的对话或具体问题解决机制,有效解决公众关心的问题。

建立公众监督举报机制,广泛吸纳教育界、传媒界、科技界、海上作业人员和生产劳动者参与海洋资源和环境保护,建立监督举报制度,动员沿海群众保护珍稀海洋动植物资源等。

# 第十六章　气候变化对中国沿海城市工程的
# 综合影响和适应对策

在充分认识气候变化对中国沿海城市的影响基础上,应将气候变化有关因素纳入城市发展与综合防灾减灾规划之中,从发展理念、规划管理、工程标准、监测预警、有效管控等方面主动适应,增强可持续发展能力。

(1)确定沿海城市发展布局,涉海重大工程建设设计应充分考虑气候变化因素

我国总体向海发展的大趋势不变。向海发展速度应适当放缓,发展规模应严格控制,发展模式从数量型向质量型转变。避免人口聚集、产业经济过度临海化,提高沿海地区应对气候变化的安全保障能力,减少向海发展中对生态环境的负面影响。

从我国社会经济发展阶段与发展水平出发,平衡好经济发展与生态环境的关系,在发展中有进有退,并控制好进的程度与节奏。在海平面上升高风险的重点生态功能区,应通过统筹规划土地资源、有计划搬迁、预留后退空间等措施应对海平面上升。在不宜采取防护和后退策略的区域,应通过提高基础设施设计标准和改变土地利用方式等措施应对海平面上升。

(2)建立健全城市规划,加入气候变化风险评估、海岸线开发利用、风暴潮防御、供水安全保障等内容

沿海城市人口和产业密集区布局、应急避难场所和救灾物资储备库等规划设计中,应充分考虑海平面上升及灾害风险。建议沿海城市在法定城市规划体系中增加海岸带综合规划,并建立健全海岸带相关规划管理体系。在市政与基础设施规划中,水、电、气、热、信息、交通等生命线系统的规划设计,应考虑极端暴雨、海平面上升、风暴潮等气候变化因素的长期影响。

优化城市排水系统布局,构建内涝防治标准体系,使规划能够顺应原有的自然水体,适应原有的自然蓄水和排水条件,不增加既有排水防涝设施负担。加强对滨海植被、滩涂湿地和近岸沙坝岛礁等自然屏障的保护,开展城市生态保护规划。

(3)加强地面沉降监测和管理防治,减少地下水资源需求

全面掌握沿海地区地质特点,科学规划沿海城市产业结构布局及社会经济发展。合理利用地下水资源,完善沿海地区地下水资源政策管理体系。有条件的地方可对地下水进行合理的人工回灌,修复或防止地面沉降。减少在软土层、古河道、工矿采空区和断裂带上建设重大工程项目,不允许布置密集的城市建筑。做好矿石采空区善后,用土石填埋或者加设支撑物。

在天津滨海新区、长三角地区和珠江三角洲经济发达区,应严格控制建筑物高度与密度及地下水开采,减缓低地易淹面积的扩大趋势。围填海岸边地面松软,缺乏滩涂缓冲,直接受台风、风暴潮和巨浪等灾害冲击,属严重脆弱区,应定期监测区域地面高程变化,制定相应防治措施。

(4)合理布局海岸防护工程,预留海平面上升影响后退空间

防潮堤、防波堤和防潮闸等防护工程的规划设计应充分考虑规划期甚至更长一段时期内

海平面上升幅度,提高防护标准,保障防护对象的安全。对重要的且具有开发意义的侵蚀岸段,可采取建造突堤、丁字坝、潜堤、护岸等海岸防护工程,以及采用人工补沙的办法减轻海岸侵蚀。

在保存相对较好的自然岸段和重要生态保护区海岸的滨海地区,应合理布局,预留滨海生态系统后退空间。加强生物防护工程建设,充分发挥生物防护工程的自组织、费用低、使用寿命长等优势,积极建设和保护生物防护工程。在自然沙丘发育的侵蚀岸段,应种植固沙植被,设置固沙栅栏等,必要时进行人工补沙,维护海岸沙丘岸滩软防护系统的动态防护功能。

可在生态防护措施的基础上,考虑堤坝与生态防护相结合的策略,采取设置缓冲带,用沙滩喂养、生物防护等降低堤坝高度,降低大坝的成本与风险。

(5)校订沿海城市防潮排涝标准,整治河流,确定排水系统布局

珠江口和长江口等受咸潮入侵严重区域,应结合海平面上升幅度和季节变化制定和调整供水对策,通过水库群联合调度合理调配流域内淡水资源。

在长江和珠江等入海河流的枯水季,尤其是天文大潮期,密切监视海平面和径流量变化,采取相应措施,减小咸潮入侵的影响。在辽宁沿海经济带、曹妃甸工业区和黄河三角洲高效生态区,应关注海水入侵和土壤盐渍化灾害,合理调配水资源,兴修水利设施,规划海水养殖区范围。浙江、福建、广东和海南沿海地区应在季节性高海平面和天文大潮期间密切关注台风登陆地点和路径,减小风暴潮的致灾程度。

沿海城市进行洪水风险评估,绘制洪水风险图,在沿海地区开发建设时进行合理的避让。改造城市排水系统,对低洼地区进行整治和改造,提高城市抵御内涝的能力。修建各类蓄洪排涝调蓄设施,增加对城市雨洪的调蓄能力。

充分考虑气候变化和海平面上升的影响,重新校订沿海城市防潮排涝标准。提升河道的排涝能力,提高防护堤、下水管道、道路等基础设施的设计标准。城市排水更加重视短历时降雨强度,制定更符合城市地貌特征和气象条件的暴雨计算方法,最大程度反映城市化地区暴雨径流输移的全过程。结合海绵城市建设,加强城市雨洪利用的高新技术研发,大力推进沿海地区城市雨洪利用的工程建设。

建立城市雨水影响评价与内涝风险评价制度,加强城市水文气象站网和基于物联网的城市内涝智能预警系统建设,提高城市暴雨预测精度,延长预见期。提高规划与决策的科学水平。加大对核心模型软件和关键技术的研发力度,提高城市规划、防洪排涝规划中使用模型软件的科学性。

(6)建立和完善监督、检查与维护等管理体系,有效管控

建立健全监督、检查与维护等管理体系,对区域规划、土地招拍挂、项目报建、方案审批、施工图审查、竣工验收等环节进行相关标准的全过程监管。定期检查生态与工程防护设施状况,及时维护和改造遭受破坏或达不到防御要求的防护设施,提升防御标准,确保应对策略实施到位。禁止围垦湖泊、挤占河道、蚕食水域、滥采河砂等非法行为,保证城市河湖畅通。

在深入研究气候变化对沿海地区城市空间拓展、市政建设、产业园区规划以及核电站等重大工程影响的基础上,将其应对措施等纳入环评和海域审批。结合海平面上升高度和潮汐波浪等因素,提高沿海工业区、航运港口区、矿产与能源区等区域的防护标准。在科学论证基础上修订重大工程设计和建设标准,因地制宜对运行系统进行差异化改造,提高重大工程系统在极端灾害条件下的供电保障能力。

(7)提升海平面上升和海洋灾害的立体化监测、评估和预报预警能力

完善全国海平面上升监测网络,加强和改善观测设施,改进观测方法,提高技术水平和观测精度,取得长时间序列的观测资料。构筑全国海岸带和相关海域海洋灾害监测预警平台,重点加强风暴潮、海浪、海冰、咸潮、海岸带侵蚀等海洋灾害的立体化监测和预报预警能力。

重视重大工程运行安全和防灾能力的评估,建立多部门联合的重大工程自然灾害监测、预警与处置系统。建立气候变化综合监测平台,利用大数据技术实现全要素、多尺度的实时监测,开展区域气候变化、极端气候事件预估不确定性研究,发展动力与统计尺度相结合的极端气候事件及影响预测技术,形成综合评估和预报能力。

(8)防控并举,提升电网工程抵御极端天气灾害的能力

针对气候变化对电网工程的影响,应全面考虑台风、雷电、极端暴雨等对电网的影响,加强设计规划,优化电网路径,在科学论证的基础上修订电网工程设计和建设标准,因地制宜对运行系统进行差异化改造,提高输变电设备抗风防雨防冰能力。

提高电源规划的科学性,提高电力系统在极端灾害条件下的供电保障能力,加强微电网和分布式能源应用,避免对大电网的过度依赖以及在紧急情况下对大电网事故恢复运行的支持。加强核电站事故下核污染扩散与风险评估,进一步开展气候变化对沿海核电站运行安全的影响评估与预警研究。

健全电网极端气候预警机制,高度重视极端事件发生,开展大范围、长时间停电事件的预警和对策研究。开展"气象＋电力"大数据应用,将气象信息与电网运行深度融合,建立多部门联合的电力体系气象灾害预警与处置系统,提升电网工程对冰灾、风灾和雷害等灾害的预警及防范能力。

# 参考文献

白国营,杜龙刚,臧敏,等,2012.北京中心城区"7·21"降雨径流分析[J].北京水务(5):3-7.

白义琴,2010.上海浦东新区快速城市化进程中河网变迁特征及水系保护研究[D].上海:华东师范大学.

宝乐尔其木格,2011.中国沿海风特性研究[D].青岛:中国海洋大学.

蔡志磊,2012.应对气候变化的城市总体规划编制响应[D].武汉:华中科技大学.

岑国平,1990.城市雨水径流计算模型[J].水利学报(10):68-75.

巢亚锋,蒋兴良,张志劲,等,2013.覆冰水在自然环境下冻结过程中电解质晶释效应实验与分析[J].电网技术(2):539-544.

陈必荣,洪滨,王大文,等,2012.电力电缆载流量与温度场关系的研究[J].煤矿机电,5(2):4-7.

陈斌,1999.福建省城区排涝标准及计算方法[J].中国给水排水,15(2):31-33.

陈飞,王灵舒,2005.综合性海岸带规划与管理探讨[J].规划师,21(11):69-71.

陈刚,2010.广州市城区暴雨洪涝成因分析及防治对策[J].广东水利水电(7):38-41.

陈光照,侯精明,张阳维,等,2019.西咸新区降雨空间非一致性对内涝过程影响模拟研究[J].南水北调与水利科技,17(4):37-45.

陈国平,黄建维,2001.中国河口和海岸带的综合利用[J].水利水电技术,32(1):38-42.

陈佳贵,黄群慧,吕铁,等,2012.中国工业化进程报告(1995—2010)[M].北京:社会科学文献出版社:32-35.

陈筱云,2013.北京"7·21"和深圳"6·13"暴雨内涝成因对比与分析[J].水利发展研究,1:39-43.

陈洋波,罗进生,周浩澜,等,2013.东莞城区内涝预报预警系统[J].中国市政工程,S1(168):82-90.

陈玉林,周军,马奋华,2005.登陆我国台风研究概述[J].气象科学(3):319-329.

陈祖军,施晓文,毛兴华,2015.长江口海平面上升对崇明三岛除涝安全的影响研究[J].气候变化研究进展,11(4):239-244.

《城镇雨水调蓄工程技术规范》编制组,2015.《城镇雨水调蓄工程技术规范》编制概要[J].工程建设标准化,11:14.

程正泉,陈联寿,徐祥德,等,2005.近10年中国台风暴雨研究进展[J].气象,12:3-9.

从荣刚,2013.自然灾害对中国电力系统的影响(文献综述)[J].西华大学学报(自然科学版)(1):105-112.

崔艳红,2016.国外治理城市水灾的经验及其启示[J].城市与减灾(1):29-31.

董印,李本智,张凌,2017.宁波中心城核心区近百年来水面变化研究[C]//2017城市发展与规划论文集.海口:2017(第十二届)城市发展与规划大会:1-5.

杜芳,王铠,2006.负荷管理系统的防雷技术措施[J].吉林电力,34(2):38-39.

范锦春,1994.海平面上升对珠江三角洲水环境的影响[C]//中国科学院地学部.海平面上升对中国三角洲地区的影响及对策.北京:科学出版社:194-201.

方煜,杨律信,2010.探索中国特色的海岸带规划体系——城市海岸带规划体系与方法研究[R].深圳:中国城市规划设计研究院深圳分院.

房国良,解以扬,李培彦,等,2009.上海城市暴雨积涝预警系统研究[J].大气科学研究与应用(2):32-41.

冯杰,黄国如,张灵敏,等,2015.海口市城市暴雨内涝成因及防治措施[J].人民珠江,36(5):71-74.

冯珊珊,樊风雷,2018.2006—2016年粤港澳大湾区城市不透水面时空变化与驱动力分析[J].热带地理,38(4):536-545.

冯耀龙,马姗姗,肖静,2015.水利排涝与市政排水重现期的转换关系[J].南水北调与水利科技,13(4):614-617.

高学珑,2014.城市排涝标准与排水标准衔接的探讨[J].给水排水,40(6):18-21.

高志强,2014.基于遥感的近 30a 中国海岸线和围填海面积变化及成因分析[J].农业工程学报,30(12):140-147.

耿莎莎,2013.基于城市规划视角下的城市内涝防治研究[D].兰州:兰州大学.

龚士良,李采,杨世伦,2008.上海地面沉降与城市防汛安全[J].水文地质工程地质,35(4):96-101.

管华诗,王曙光,2003. 海洋管理概论[M]. 青岛:中国海洋大学出版社.

广东省海岛资源综合调查大队,1996.全国海岛资源综合调查报告[M].北京:海洋出版社.

国家海洋局海洋发展战略研究所课题组,2014.中国海洋发展报告(2014)[M].北京:海洋出版社.

国家海洋局海洋发展战略研究所课题组,2015.中国海洋发展报告(2015)[M].北京:海洋出版社.

韩龙飞,许有鹏,杨柳,等,2015.近 50 年长三角地区水系时空变化及其驱动机制[J].地理学报,70(5):819-827.

何俊池,2015.地区电网输电线路防雷研究[D].徐州:中国矿业大学.

贺芳芳,赵兵科,2009.近 30 年上海地区暴雨的气候变化特征[J].地球科学进展,24(11):1260-1267

贺蓉,2009.我国海岸带立法若干问题研究[D].青岛:中国海洋大学.

侯精明,李桂伊,李国栋,等,2018.高效高精度水动力模型在洪水演进中的应用研究[J].水力发电学报,37(2):96-107.

侯精明,李钰茜,同玉,等,2020.植草沟径流调控效果对关键设计参数的响应规律模拟[J].水科学进展,31(1):18-28.

胡伟贤,何文华,黄国如,等,2010.城市雨洪模拟技术研究进展[J].水科学进展,21(1):137-144.

环境保护部,2016a.中国近岸海域环境质量公报 2015[R].北京:环境保护部.

环境保护部,2016b.中国环境统计年报 2015[R].北京:环境保护部.

黄崇福,2011.风险分析基本方法探讨[J].自然灾害学报,20(5):1-10.

黄国如,2018.城市暴雨内涝防控与海绵城市建设辨析[J].中国防汛抗旱,2(28):8-14.

黄国如,王欣,2017.基于城市雨洪模型的市政排水与水利排涝标准衔接研究[J].水资源保护,33(2):1-5.

黄国如,黄维,张灵敏,等,2015.基于 GIS 和 SWMM 模型的城市暴雨积水模拟[J].水资源与水工程学报,26(4):1-6.

黄国如,王欣,黄维,2017.基于 InfoWorks ICM 模型的城市暴雨内涝模拟[J].水电能源科学,35(2):66-70.

黄世昌,李玉成,谢亚力,等,2010.杭州湾万内天文潮与风暴潮耦合模式建立与应用[J].大连理工学报,50(3):735-741.

季斌,刘兴胜,2010.2010 年城市配网迎峰度夏运行分析[J].湖北电力,34(增刊):35-43.

贾松涛,徐闻彧,2013.天津市中心城区内涝防治经验与启示[J].城市建设理论研究(电子版),17:1-7.

贾卫红,李琼芳,2015.上海市排水标准与除涝标准衔接研究[J].中国给水排水,31(15):122-126.

江平,吴雪松,陈标,等,2010.防城港核电厂一起送出线路低于强台风能力评估[J].广西电力,38(4):1-5.

姜立晖,2011.欧洲城市水源保护和排水系统规划建设启示[J].建设科技,(17):69-71.

姜荣,陈亮,象伟宁,2016.上海市极端高温天气变化特征[J].气象与环境学报,32(1):66-74.

蒋安丽,2011.南方电网公司社会责任系列报道之四——南方电网:大灾当前,责任在先[J].WTO 经济刊(1):36-38.

蒋祺,郑伯红,2019.城市用地扩展对长沙市水系变化的影响[J].自然资源学报,34(7):1429-1439.

蒋兴良,易辉,2002.输电线路覆冰及其防护[M].北京:中国电力出版社.

蒋兴良,舒立春,孙刁新,2009.电力系统污秽与覆冰绝缘[M].北京:中国电力出版社.

蒋一平,陈安明,蒋兴良,等,2010.预染污方式对瓷和玻璃绝缘子人工覆冰交流闪络电压影响的研究[J].高压电器(5):42-46.

金欣龙,2013.空调负荷对配电网电压稳定性的影响及控制策略[D].长沙:湖南大学.

景学义,刘宇飞,王永波,等,2009.哈尔滨市城市内涝监测预警系统建设[J].灾害学,24(1):54-57.

景根娜,2010.自然灾害风险评估[D].上海:上海师范大学.

匡文慧,2019.全球城市人居环境不透水面与绿地空间特征制图[J].中国科学:地球科学,49(7):1151-1168.

拉姆斯博滕,韦德,汤恩德,2012.英国气候变化风险评估[J].水利水电快报,33(2):53-56.

喇元,胡贤德,彭发东,等,2013.10 kV 与 35 kV 配电线路防雷技术比较[J].能源工程(5):1-4.

雷达,2006.滨海核电站厂址标高的研究[J].广东电力,19(9):30-33.

雷思华,刘培,2019.城市内涝实验及模拟研究进展[J].人民珠江,50(增刊 1):31-35.

雷小途,2010.全球气候变化对台风影响的主要评估结论和问题[J].中国科学基金(2):85-89.

李春林,刘淼,胡远满,等,2017.基于暴雨径流管理模型(SWMM)的海绵城市低影响开发措施控制效果模拟[J].应用生态学报,28(8):2405-2412.

李家彪,雷波,2015.中国近海自然环境与资源基本状况[M].北京:海洋出版社.

李俊奇,刘洋,车伍,2011.发达国家雨水管理机制及政策[J].城乡建设(8):81-82.

李民,朱慰慈,2006.2005 年夏季镇江地区空调负荷特点分析[J].江苏电机工程,25(2):39-41.

李品良,覃光华,曹泠然,等,2018.基于 MIKE URBAN 的城市内涝模型应用[J].水利水电技术,49(12):11-16.

李帅杰,2017.数学模型在城市排水防涝综合规划中的应用[J].中国给水排水,33(15):98-103.

李维涛,王静,陈丽棠,2003.海堤工程防风暴潮标准研究[J].水利规划与设计(4):5-9.

李莹,高歌,宋连春,2014.IPCC 第五次评估报告对气候变化风险及风险管理的新认知[J].气候变化研究进展,10(4):260-267.

李永坤,房亚军,潘兴瑶,等,2019.北京城市典型流域市政排水与水利除涝衔接关系研究[J].北京师范大学学报(自然科学版),55(5):603-608.

梁计和,2016.浅析珠江三角洲城市内涝监测优化设计应用方案[J].人民珠江,37(6):66-69.

梁梅,吴立广,2015.中国东部地区夏季极端高温的特征分析[J].气象科学,35(6):701-709.

梁水林,1995.海平面上升对广东滨海电场的可能影响及对策[J].电力勘测,2(2):1-6.

廖甜,蔡廷禄,刘毅飞,等,2016.近 100 a 来浙江大陆海岸线时空变化特征[J].海洋学研究,24(3):25-33.

林而达,许吟隆,蒋金荷,等,2006.气候变化国家评估报告(Ⅱ):气候变化的影响与适应[J].气候变化研究进展,2(2):51-56.

林挺玲,曾金全,王春杨,2007.福建省雷电灾害特征分析与安全防护[J].福建广播电视大学学报,(1):78-80.

林芷欣,许有鹏,代晓颖,等,2018.城市化对平原河网水系结构及功能的影响——以苏州市为例[J].湖泊科学,30(6):1722-1731.

刘纯一,2010.对我国核电标准体系总体设计的几点看法[J].核标准计量与质量,2(1):1-10.

刘德辅,韩凤亭,庞亮,等,2010.台风作用下核电站海岸防护标准的概率分析[J].中国海洋大学学报,40(2):140-146.

刘杜娟,2004a.相对海平面上升对中国沿海地区的可能影响[J].海洋预报,21(2):21-28.

刘杜娟,2004b.中国沿海地区地面沉降的危害及防治对策——以天津市为例[J].海洋地质动态,20(1):1-7.

刘芳,朱云柏,陈柳保,2010.咸宁电力系统气象灾害影响调查分析[R].北京:第 27 届中国气象学会年会.

刘家宏,李泽锦,梅超,等,2019a.基于 TELEMAC-2D 的不同设计暴雨下厦门岛城市内涝特征分析[J].科学通报,64(19):2055-2066.

刘家宏,王东,李泽锦,等,2019b.厦门海绵化改造区入渗性能测定及特征[J].水资源保护,35(6):9-13.

刘建华,李枫寒,刘大同,2008.大雾天气对输电线路和电气设备的影响研究[J].电力系统装备(7):64-67.

刘力,侯精明,李家科,等,2018.西咸新区海绵城市建设对中型降雨致涝影响[J].水资源与水工程学报,29(1):155-159.

刘梦欣,徐磊,杨鹏,2010.特高压交流电网建成后华东电网的安全稳定性分析[J].高电压技术,36(1):

296-300.

刘兴坡,王天宇,张倩,等,2017.EPA SWMM 和 Mike Urban 等流时线模型比较研究[J].中国给水排水,33(24):30-35.

刘迎,叶碧瑄,2015.城市排水系统与内涝防治新思路[J].建筑工程技术与设计(14):1040.

刘卓,易萱,唐志强,2012.逢雨不涝的世界城市[J].决策与信息(10):59-63.

陆沈钧,戴晶晶,刘增贤,2015.浅谈城市排水防涝监控调度管理系统建设——以苏州市城市中心区为例[J].中国水利(7):58-61.

陆廷春,2012.南京市六合区市政排水与水利排涝设计暴雨重现期衔接关系[J].水利与建筑工程学报,10(6):191-194.

罗英杰,张娜,李琪,等,2020.基于 SWMM 的地表径流量与城市下垫面和降雨特征关系的空间分析——以中国科学院大学雁栖湖校区为例[J].中国科学院大学学报,37(1):27-38.

马晋毅,2015.深圳市内涝形成原因分析与治涝对策研究[J].水利水电技术,46(2):105-111.

马军,2012.模拟雾霾对输电线外绝缘的影响及监测装置的设计[D].武汉:华中科技大学.

马涛,冒丽琴,2014.国外河口城市气候变化适应策略及对中国的启示[J].世界环境(2):60-63.

马万栋,吴传庆,殷守敬,等,2015.环渤海围填海遥感监测及对策建议[J].环境与可持续发展,40(3):63-65.

毛凤麟,王雪松,2000.复合绝缘子均压环对电场分布的影响[J].高电压技术,26(4):40-43.

梅超,刘家宏,王浩,等,2017.SWMM 原理解析与应用展望[J].水利水电技术,48(5):33-42.

孟丹,张志,帅爽,等,2019.武汉城市湖泊动态变化与汛期排渍影响分析[J].地理空间信息,17(1):105-110.

孟伟庆,王秀明,李洪远,等,2012.天津滨海新区围海造地的生态环境影响分析[J].海洋环境科学,31(1):83-87.

孟昭鲁,周玉文,1992.雨水道变径流系数推求[J].给水排水(6):13-15.

倪长健,2013.论自然灾害风险评估的途径[J].灾害学,28(2):1-5.

牛海燕,2012.中国沿海台风灾害风险评估研究[D].上海:华东师范大学.

潘成旭,2014.南宁城市水文效应与城市化水文工作对策探讨[J].广西水利水电(2):64-68.

彭鹏,张韧,洪梅,等,2015.气候变化影响与风险评估方法的研究进展[J].大气科学学报,38(2):155-164.

彭向阳,黄志伟,戴志伟,2010.配电线路台风受损原因及风灾防御措施分析[J].南方电网技术(1):99-102.

秦波,田卉,2012.城市洪涝灾害应急管理体系建设研究[J].现代城市研究(1):29-33.

秦大河,丁永建,穆穆,等,2012.中国气候与环境演变 2012(第二卷):影响与脆弱性[M].北京:气象出版社.

秦鹏程,姚凤梅,曹秀霞,2012.风险评估在气候变化对农业影响评价中的应用研究进展[J].自然灾害学报,21(1):39-46.

覃建明,陈洋波,董礼明,等,2017.广州中心城区内涝观测实践[J].中国防汛抗旱,27(6):34-37.

丘世均,范小平,萧艳娥,2002.CVI 评价研究简介与几点建议[J].热带地理,22(3):283-285.

权瑞松,刘敏,陆敏,等,2010.基于简化内涝模型的上海城区内涝危险性评价[J].人民长江,41(2):32-37.

上海统计局,2014.上海统计年鉴 2014[M].北京:中国统计出版社.

邵鹏飞,赵燕伟,杨明霞,2016.城市内涝监测预警信息系统研究[J].计算机测量与控制,24(2):49-52.

邵尧明,李军,刘俊萍,2013.杭州城市内涝存在问题及对策措施[C]//2013 城市雨水管理国际研讨会论文集:15-23.

沈才华,王浩越,褚明生,2019.构建内涝势冲量的海绵城市内涝程度评价方法[J].哈尔滨工业大学学报,51(3):193-200.

施斯,林开平,陈荣让,等,2014.厦门市城市内涝成因研究与对策分析[J].气象研究与应用,35(4):44-57.

施雅风,朱季文,谢志仁,等,2000.长江三角洲及毗连地区海平面上升影响预测与防治对策[J].中国科学(D辑),30(37):225-232.

石树兰,庞博,赵刚,等,2019.基于有效不透水面识别的城市雨洪过程模拟研究[J].北京师范大学学报(自然科学版),55(5):595-602.

史军,丁一汇,崔林丽,2009.华东极端高温气候特征及成因分析[J].大气科学,33(2):347-358.

司马文霞,邵进,杨庆,2007.应用有限元法计算覆冰合成绝缘子电位分布[J].高电压技术(4):21-25.

司文荣,张锦秀,傅晨钊,等.2012.2003—2011年上海地区雷电活动规律及落雷参数分析[J].华东电力(10):1734-1738.

宋喃喃,刘邕,2015.基于天津各行政区的雷电风险区划初探[J].安徽农业科学,1(4):206-208.

苏红梅,郑雄伟,刘晓冬,2009.雷电定位系统监测的河北省南部电网雷电流分布特征分析[J].河北电力技术,28(6):1-3.

宿志一,2003.防止大面积污闪的根本出路是提高电网的基本外绝缘水平——对我国电网大面积污闪事故的反思[J].中国电力,36(12):57-61.

孙芳,杨修,2005.农业气候变化脆弱性评估研究进展[J].中国农业气象,26(3):170-173.

孙丽,刘洪滨,马万菊,等,2010a.中外围填海管理的比较研究[J].中国海洋大学学报(社会科学版)(5):40-46.

孙丽,于淑琴,李岚,等,2010b.辽宁省雷暴日数的时空变化特征[J].气象与环境学报,26(1):59-62.

孙志林,卢美,聂会,等,2014.气候变化对浙江沿海风暴潮的影响[J].浙江大学学报(理学版),41(1):90-94.

唐亮,2014.秦山核电厂320MW机组夏季运行方式的季节性调整[J].科技传播,2(2):201-203.

唐巧玲,2013.山东省雷电活动特征及雷电灾害风险区划研究[D].兰州:兰州大学.

唐双成,罗纨,贾忠华,等,2015.雨水花园对暴雨径流的削减效果[J].水科学进展,26(6):787-794.

童杭伟,范国武,王海涛,2008.浙江省雷电活动的特点及其与地形和气候的关系[J].电网技术,32(11):99-100.

童旭,覃光华,王俊鸿,等,2019.基于MIKE URBAN模型研究设计暴雨雨型对城市内涝的影响[J].中国农村水利水电(12):80-85.

屠其璞,1991.上海年降水量的准周期振动特性[C]//么枕生主编.气候学研究——统计气候.北京:气象出版社:5-15.

万胜磊,左林远,王松吉,2011.莱西市区道路积水监测系统设计[J].山东水利(11):61-65.

汪东林,2014.缓解广州市城市内涝措施的思考[C].海口:全国给水排水技术信息网42届技术交流会.

王成坤,黄纪萍,2018.基于水力耦合模型的城市内涝积水特征与综合防治方案研究[J].给水排水,44:112-114.

王萃萃,2008.中国大城市极端强降水事件变化的研究[D].北京:中国气象科学研究院.

王东宇,2014.海岸带规划[M].北京:中国建筑工业出版社.

王寒梅,焦珣,2015.海平面上升影响下的上海地面沉降防治策略[J].气候变化研究进展,11(4):256-262.

王昊,张永祥,唐颖,等,2016.改进SWMM的下凹式立交桥内涝灾害模拟方法[J].北京工业大学学报,42(9):1422-1427.

王慧,丁一汇,何金海,2006.西北太平洋夏季风的变化对台风生成的影响[J].气象学报,64(3):345-356.

王建恒,杨仲江,吴孟恒,2010.河北省雷电灾害分布特征研究[J].安徽农业科学,38(23):12720-12723.

王磊,2012.东京如何构建下水道[J].中国报道(103):68-69.

王美雅,徐涵秋,李霞,等,2018.不透水面时空变化及其对城市热环境影响的定量分析——以福州市建成区为例[J].应用基础与工程科学学报,26(6):1316-1326.

王淼,2013.天津市中心市区地面沉降成因分析[D].天津:天津大学.

王强,2014.北京市城市暴雨内涝原因分析和对策建议[J].给水排水(S1):133-136.

王守强,2012.雾霾的成因危害及防护研究[J].农业与技术,32(10):163-164.

王文川,陈阳,康爱卿,2019.基于SWMM模型的城市LID措施优选研究[J].水利规划与设计(11):69-72.

王赟,邓国峰,王淑一,2015.地闪密度及雷电流幅值概率特征讨论[J].高压电器(10):199-204.

王兆坤,2012.洪涝灾害下电力损失及停电经济影响的综合评估研究[D].长沙:湖南大学.

武晟,汪志荣,张建丰,等,2006.不同下垫面径流系数与雨强及历时关系的实验研究[J].中国农业大学学报,11(6):55-59.

文静,2014.船舶冰区航行安全综合评估[D].大连:大连海事大学.

吴斌,2013.一起直流线路山火导致楚穗特高压直流线路事故的处理及分析[J].广东科技(22):79-80.

吴光亚,2000.有机复合绝缘子运行性能分析[J].高电压技术,26(2):59-61.

向念文,谷山强,陈维江,等,2015.京沪高铁沿线临近区域雷电分布特征[J].高电压技术,41(1):49-55.

谢宏,陈志业,牛东晓,等,2001.基于小波分解与气象因素影响的电力系统日负荷预测模型研究[J].中国电机工程学报,21(5):6-10.

谢映霞,2013a.城市排水与内涝灾害防治规划相关问题研究[J].中国给水排水,29(17):105-108.

谢映霞,2013b.从城市内涝灾害频发看排水规划的发展趋势[J].城市规划,37(2):47-52.

解以扬,李大鸣,李培彦,等,2005.城市暴雨内涝数学模型的研究与应用[J].水科学进展,16(3):384-390.

徐冰,雷晓辉,王昊,等,2019.基于 SWMM 模型的沿海城市内涝模拟研究[J].中国水利水电科学研究院学报,17(3):211-2018.

徐丹,2014.从城市内涝灾害频发看排水规划的发展[J].科技与企业(4):123-123.

徐家良,2000.近百余年来上海两次增暖期的特征对比及其成因[J].地理学报,55(4):501-506.

徐进勇,张增祥,赵晓丽,等,2015.近 40 年珠江三角洲主要城市时空扩展特征及驱动力分析[J].北京大学学报(自然科学版),51(6):1119-1131.

徐鸣一,王振会,樊荣,等,2010.江苏省地闪密度及雷电流幅值分布[J].南京信息工程大学学报,2(6):557-561.

徐青松,季洪献,王孟龙,2007.输电线路弧垂的实时监测[J].高电压技术,33(7):206-209.

徐向阳,1998.平原城市雨洪过程模拟[J].水利学报(8):34-37.

徐业平,陈祥,2015.城市内涝成因分析及应急管理对策建议[J].中国防汛抗旱,25(3):16-17.

徐宗学,程涛,任梅芳,2017.“城市看海”何时休——兼论海绵城市功能与作用[J].中国防汛抗旱,27(5):64-66,95.

徐宗学,2018.北京市城市化对暴雨洪水过程的影响及其数值模拟[J].中国防汛抗旱,28(2):4.

许世远,王军,石纯,等,2006.沿海城市自然灾害风险研究[J].地理学报,61(2):127-138.

许翼,徐向舟,于通顺,等,2014.强降雨条件下城市回填土草坪径流系数的影响因子分析[J].水土保持学报,28(6):82-87.

薛丰昌,戈晓峰,田娟,等,2019.城市暴雨积涝数值模拟技术方法[J].气象科技,47(6):1021-1025.

薛丰昌,宋肖依,唐步兴,等,2018.视频监控的城市内涝监测预警[J].测绘科学,43(8):50-55.

闫秋双,2014.1973 年以来苏沪大陆海岸线变迁时空分析[D].青岛:国家海洋局第一海洋研究所.

严岩,2011.上海地区雷暴活动时空变化特征及雷电预警研究[D].上海:华东理工大学.

阳宇恒,2016.基于 WebGIS 的城市内涝模拟系统的设计与实现[D].广州:华南理工大学.

杨东,侯精明,张兆安,等,2019.无人机载激光雷达技术在洪涝过程模拟中的应用[J].中国防汛抗旱,29(8):25-29.

杨桂山,2000.中国沿海风暴潮灾害的历史变化及未来趋向[J].自然灾害学报,9(3):23-30.

杨国庆,2012.基于在线监测系统的输电线路动态增容研究[D].上海:上海电力学院.

叶齐政,1999.运动水滴在尖-板式直流电场中的放电研究[J].高电压技术,25(4):7-8.

易长荣,韦劲松,陆阳,2012.天津市地面沉降特征研究[J].城市地质,7(4):12-14.

殷洁,戴尔阜,吴绍洪,2013.中国台风灾害综合风险评估与区划[J].地理科学(11):1370-1376.

于海波,莫多闻,吴建生,2009.深圳填海造地动态变化及其驱动因素分析[J].地理科学进展,28(4):584-590.

于怀征,2009.山东省雷电活动特征研究及雷电灾害评价[D].兰州:兰州大学.

余锡平,2008.江苏沿海地区滩涂资源评价与合理开发利用研究(江苏沿海地区综合开发战略研究·滩涂卷)[M].南京:江苏人民出版社.

袁凯,姚望玲,刘火胜,等,2014.武汉城市内涝预警预报系统研究[C].北京:第31届中国气象学会年会.

袁媛,王沛永,2016.从防止城市内涝谈海绵城市建设的策略[J].风景园(4):116-121.

约翰·R.克拉克,2000.海岸带管理手册[M].吴克勤,等,译.北京:海洋出版社.

张德政,2015.宁波城市内涝问题分析及对策措施[J].城市建设理论研究,5(15):6128-6129.

张海东,孙照渤,郑艳,等,2009.温度变化对南京城市电力负荷的影响[J].大气科学学报,32(4):536-542.

张继权,李宁,2007.主要气象灾害风险评价与管理的数量化方法及其应用[M].北京:北京师范大学出版社:20-34.

张建云,王银堂,刘翠善,等,2017.中国城市洪涝及防治标准讨论[J].水力发电学报,36(1):1-6.

张凯,姚建刚,李伟,等,2008.负荷预测中的温度热累积效应分析模型及处理方法[J].电网技术,32(4):67-71.

张明珠,曾娇娇,黄国如,等,2015.市政排水与水利排涝设计暴雨重现期衔接关系的分析[J].水资源与水工程学报,26(1):131-135.

张文峰,彭向阳,豆朋,等,2014.广东雷电活动规律及输电线路雷击跳闸分析[J].广东电力(3):101-107.

张弦,2007.输电线路中微地形和微气象的覆冰机制及相应措施[J].电网技术,S2:87-89.

张新华,隆文非,谢和平,等,2007.任意多边形网格2D FVM模型及其在城市洪水淹没中的应用[J].四川大学学报(工程科学版),39(4):6-11.

张阳维,侯精明,齐文超,等,2018.透水铺装下渗率对降雨及地形特征的响应机制研究[J].给水排水,44(S1):121-127.

张勇,赵勇,王景亮,等,2012.台风对电网运行影响及应对措施[J].南方电网技术(1):42-45.

张振鑫,吴立新,李志锋,等,2016.城区内涝淹没模拟算法[J].测绘科学,41(6):87-91.

张志华,2000.城市化对水文特性的影响[J].城市道桥与防洪,2:28-30.

张忠华,胡刚,梁士楚,2006.我国红树林的分布现状、保护及生态价值[J].生物学通报,41(4):9-11.

赵恒强,2011.田湾核电站大气中水溶性阴离子的观测研究[J].环境科学,31(2):2563-2568.

赵印,2017.智慧城市排水管网(内涝)云服务系统设计及监测点优化布置[D].广州:华南理工大学.

赵宗慈,罗勇,高学杰,等,2007.21世纪西北太平洋台风变化预估[J].气候变化研究进展,3(3):158-161.

郑屹,2018.基于移动客户端的城市内涝预警系统设计与实现[D].南京:东南大学.

郑知敏,2000.硅橡胶憎水性的恢复机理研究进展[J].高压电器,36(4):38-41.

中国南方电网公司,2010.电网防冰融冰技术及应用[M].北京:中国电力出版社.

中国南方电网公司,2013a.南方电网提高综合防灾保障能力研究[M].广州:中国电力出版社.

中国南方电网公司,2013b.南方电网全面恢复广东受暴雨影响的客户供电[J].电力安全技术,15(06):44.

中国气象局,2015.中国气象灾害大典[M].北京:气象出版社.

中国气象局气候变化中心,2013.中国气候变化监测公报[M].北京:气象出版社.

中国新闻网,2016.深圳成为中国首个海洋综合管理示范区[EB/OL].http://news.21cn.com/caiji/roll1/a/2016/1230/20/31831941.shtml.

周潮洪,焦飞宇,刘波,2007.地面沉降对天津防洪防潮的影响[C]//城市防洪2007年学术年会论文集:62-66.

周宏,刘俊,高成,等,2018.我国城市内涝防治现状及问题分析[J].灾害学,33(3):147-151.

周洪建,史培军,王静爱,等,2008.近30年来深圳河网变化及其生态效应分析[J].地理学报,63(9):969-980.

周丽英,杨凯,2001.上海降水百年变化趋势及其城郊的差异[J].地理学报,56(4):467-475

周瑶,王静爱,2012.自然灾害脆弱性曲线研究进展[J].地球科学进展,27(4):435-442.

周友斌,忻俊慧,王涛,等,2009.2009年湖北电网大负荷运行情况分析[J].湖北电力,33(增刊):14-28.

周玉文,余永琦,李阳,等,1995.城市雨水管网系统地面径流损失规律研究[J].沈阳建筑工程学院学报(2):

133-137.

周玉文,赵洪宾,1997.城市雨水径流模型研究[J].中国给水排水,13(4):4-6.

朱飙.2008.江苏雷暴活动时空变化特征及南京雷电预报初探[D].南京:南京信息工程大学.

朱呈浩,夏军强,周美蓉,等,2019.雨水口泄流计算对城市洪涝模拟结果影响研究[J].水力发电学报,38(8):75-86.

邹圣权,孙建波,李淼,等,2009.2009年迎峰度夏湖北电网调度运行分析[J].湖北电力,33(增刊):1-9.

左军成,于宜法,陈宗镛,1994.中国沿岸海平面变化原因的探讨[J].地球科学进展,9(5):48-53.

左俊杰,蔡永立,2011.平原河网地区汇水区的划分方法——以上海市为例[J].水科学进展,22(3):337-343.

Andrea,高战朝,2005.公众参与市政规划——海岸带管理的一种手段:瑞典西部案例研究[J].AMBIO-人类环境杂志,34(2),73-82.

Ashley R M,Walker A L,D'Arcy B,et al,2015. UK sustainable drainage systems:past,present and future [J]. Proceedings of ICE-Civil Engineering,168(3):125-130.

Bender M A,Knutson T R,Tuleya R E,et al,2010. Modeled impact of anthropogenic warming on the frequency of intense Atlantic hurricanes[J]. Science,327(5964):454-458.

Blakely E,Carbonell A,2012. Resilient Coastal City Regions:Planning for Climate Change in the United States and Australia[R]. Cambridge:Lincoln Institute of Land Policy.

Burton I,Feenstra J F,Parry M L,et al,1998. UNEP Handbook on Methods for Climate Change Impact Assessment and Adaptation Studies[M]. Amsterdam:Vrije Universiteit.

California Energy Commission,2012. Climate Change Impacts,Vulnerabilities,and Adaptation in the San Francisco Bay Area:A Synthesis of PIER Program Reports and Other Relevant Research [R]. San Francisco.

Chen F,Xie Z H,2013. An evaluation of RegCM3_CERES for regional climate modeling in China[J]. Adv Atmos Sci,30(4):1187-1200.

CIRIA,2007. The SUDS Manual[M]. Dundee,Scotland:CIRIA Report No. C697.

City of Rotterdam,2013. Rotterdam Climate Change Adaptation Strategy[R]. Rotterdam.

Hapuarachchi H A P, Wang Q J, Pagano T C,2011. A review of advances in flash flood forecasting[J]. Hydrological Processes,25:2771-2784.

Hou Jingming,Liang Qiuhua,Simons F,et al,2013. A stable 2D unstructured shallow flow model for simulations of wetting and drying over rough terrains[J]. Computers & Fluids,82:132-147.

Hou J M,Liang Q H,Zhang H B,et al,2015. An efficient unstructured MUSCL scheme for solving the 2D shallow water equations[J]. Environmental Modelling & Software,66:131-152.

IPCC CZMS,1992. Global climate change and the rising challenge of the sea. Report of the Coastal Zone Management Subgroup[R]. IPCC Response Strategies Working Group,Rijkswaterstaat,the Hague.

IPCC,2007. Contribution of Working Group II to the Fourth Assessment Report of the Intergovernmental Panel on Climate Change[R]. Cambridge:Cambridge University Press.

Leatherman S P,Yohe G W,1996. Coastal impact and adaptation assessment. In:Benioff R,Guill S,Lee J (eds),Vulnerability and Adaptation Assessments:An International Handbook,Version 1.1[M]. Dordrecht:Kluwer Academic Publishers:563-576.

Lee Y,2014. Coastal Planning Strategies for Adaptation to Sea Level Rise A Case Study of Mokpo,Korea. Journal of Building Construction and Planning Research,2:74-81.

Mayor of New York City. 2013. A Stronger,More Resilient New York. New York.

Michael E Dietz,2007. Low impact development practices:A review of current research and recommendations for future directions. Water,Air,and Soil Pollution,186:351-363.

Milly P C D,Betancourt J,Falkenmark M,et al,2008. Stationary is dead:Whither water management? [J].

Science,319(1):573-574.

Minguez S,Menendez M,Mendez F J,Losada I J,2010. Sensitivity analysis of time-dependent generalized extreme value models for oceanclimate variables [J]. Adv Water Resour,33:833-845.

Prince George's County,1999. Low-impact development designstrategies: An integrated design approach. Prince George's County,MD Department of Environmental Resources.

Remijn J,2016. Stakeholder engagement coastal zone. Presentation at Workshop on Water Management,Delft, the Netherlands.

Rosenzweig C,Solecki W. 2010. Climate change adaptation in New York city:building a risk management response. The New York City Panel on Climate Change 2010 Report. New York Academy of Sciences,New York.

San Francisco Department of the Environment,2013. San Francisco Climate Action Strategy[R]. San Francisco.

Shamir E,Georgakakos K P,Murphy M J,2013. Frequency analysis of the 7－8 December 2010 extreme precipitationin the Panama Canal Watershed[J]. J Hydrol,480:136-148.

Thieler E R,Hammar-Klose E S. 2001. National assessment of coastal vulnerability to sea-level rise:preliminary results for the U. S. Atlantic Coast[R]. U. S. Geological Survey Open-File Report,99-593.

Tony H F Wong, 2006. An Overview of Water Sensitive Urban Design Practices in Australia[J]. Water Practice & Technology,1(1):1-8.

Wang H, Liu K, Qi D, et al, 2016. Causes of seasonal sea level anomalies in the coastal region of the East China Sea[J]. Acta Oceanol Sin, 35(3):21-29.

Yamada K,Nunn P D,Mimura N et al. 1995. Methodology for the assessment of vulnerability of South Pacific island countries to sea-level rise and climate change[J]. Journal of Global Environment Engineering,1: 101-125.

Yoon S,Cho W,Heo J H,2010. A full Bayesian approach to generalized maximum likelihoodestimation of generalized extreme value distribution [J]. Stoch Environ Res Risk Assess,24:761-770.